项目投融资与财务风险评估管理

王明航　侯海良　刘力方　主编

中国石化出版社
·北京·

图书在版编目(CIP)数据

项目投融资与财务风险评估管理 / 王明航，侯海良，刘力方主编．—北京：中国石化出版社，2023.9
ISBN 978-7-5114-7227-4

Ⅰ．①项… Ⅱ．①王… ②侯… ③刘… Ⅲ．①项目-投资-研究②项目融资-研究 Ⅳ．①F830.59 ②F830.45

中国国家版本馆 CIP 数据核字(2023)第 172557 号

中国石化出版社出版发行

地址：北京市东城区安定门外大街 58 号
邮编：100011　电话：(010)57512500
发行部电话：(010)57512575
http://www.sinopec-press.com
E-mail：press@sinopec.com
北京艾普海德印刷有限公司印刷
全国各地新华书店经销

*

787 毫米×1092 毫米 16 开本 15.75 印张 389 千字
2023 年 9 月第 1 版　2023 年 9 月第 1 次印刷
定价：78.00 元

前言

工程项目投资指的是项目投资主体在工程项目立项、建立直至完工整个过程中产生的投资行为。工程项目融资则指的是项目融资主体结合自身经营状况和资金的应用情况，按照企业经营发展需要，通过科学预测以及相应的途径，采用一定的方式募集资金，组织资金的供应，确保企业日常经营所需的资金充足。工程项目投资与融资相伴而生、相互影响。对工程项目的投资行为能够促进工程项目融资的发展，而工程项目投资资金的一部分就源于项目融资，同理，项目融资当中也可以含有项目投资资金。

投融资体制是我国社会主义经济体制的重要组成部分。改革开放以前，在计划经济体制下，我国投融资体制一直实行高度集中统一的管理模式，投资主体单一，投融资方式单一，投融资来源单一。改革开放40多年来，我国逐步推动形成了投资主体多元化、资金来源多渠道、投资方式多样化、项目建设管理市场化的投融资格局，有力地促进了社会和经济持续健康发展。

但是，在市场经济体制下，市场多元化发展，国家对市场进行宏观调控，对于企业来说影响是非常大的。企业投融资还受到外部经济环境的影响，当金融市场出现波动的时候，也会对企业投融资造成一些不良影响。此外，企业内部经营管理不到位，资本评估结果不科学，也会导致投融资出现盲目性，投融资决策不能充分发挥作用，带来投融资风险。

在项目建设中，如何合理选择投融资模式并控制由此带来的财务风险，成为相关人员值得深思的问题。对此，本书围绕项目投融资和财务风险评估管理两个方面进行编写，主要分为八章：绪论、项目投资的结构、项目融资主要模式和选择、项目投资多方案决策、项目融资方案分析、项目财务数据估算、项目投资风险评估管理以及项目融资风险评估管理。

本书大量引用了相关专业文献和资料，在此对相关专业文献和资料的作者表示感谢。限于编者的理论水平和实践经验，且对新修订的规范学习理解不够，书中难免存在疏漏和不妥之处，恳请广大读者批评指正。

目录

第1章 绪 论

1.1 项目投融资概述

1.1.1 投资与项目投资

1）投资

（1）投资的含义

投资——作为经济学基本范畴之一，其内涵随着社会经济生活的发展而不断发展，迄今已形成多层次、多侧面的经济概念。经济学家一般是从“经济”和“金融”两层含义上来概括和认识投资的。

美国马萨诸塞理工学院经济学教授保罗·A. 萨缪尔森在其著作《经济学》中将投资描述为：“必须注意：对于经济学者而言，投资的意义总是实际的资本形成——增加存货的生产，或新工厂、房屋和工具的生产。……只有当物质资本形成时，才有投资；只有当社会的消费少于它的收入，把资源用于资本形成时才有储蓄。”而美国斯坦福大学财政金融学教授赫伯特·E. 杜格尔与圣克拉拉大学财政金融学教授弗朗西斯·J. 科里根在合著的《投资学》(1920年)一书中对投资的金融概念作了如下描述：“从投资者或资本供给者的角度来看，投资是投入现在的资金以便用利息、股息、租金或退休金等形式取得将来的收入，或者使本金增值。”“从这种金融的立场出发，储蓄和投资是否用于经济意义上的‘生产性’用途是无关紧要的。”“无论是投资者从别人那里买进证券，还是把资金用于新的资产，都没有关系……实际上，一般意义上讲，大多数投资都是金融资产在其所有者之间的转让。”显然，投资在金融意义上的含义，明显地不同于它在经济意义上的含义，其隐含这样的意思，即它是以新的建筑、新的生产者的耐用设备或追加存货等形式构成新的生产性资本。

综合投资在经济和金融意义上的含义，可得到广义的投资的含义，即经济主体为获取预期收益，将经济要素投入经济运动过程并转化为资产的一种行为或活动。在上述广义的投资概念中，经济主体即投资者，包括经济法人和自然人，具体表现为各种类型的企事业单位、个人、政府以及外国投资者等。预期收益不仅体现了投资的动机与目的，也体现了一定的经济关系，既包括可直接计算的微观经济收益，也包括不可直接计算的社会效益和环境效益等。对于可计算的微观经济收益，其应该能补偿预期的通货膨胀率、未来收益的不确定性和投资资金被占用的时间。投入的经济要素，是指从事建设和经营活动所必需的物质条件和生产条件。它可以是现金、机器设备、房屋、运输工具、通信设施、土地等有形资产，也可以是人力资源、专利权、商标、工艺技术、经济信息等无形资产。

在我国，“投资”的内涵和外延随着经济管理体制的变化而不断变化。新中国成立初期，借鉴苏联经验和发展模式，引入“基本建设”的概念和管理体制，即在高度集中的统收统支的财政体制下，企事业单位的一切收入要上缴财政，一切扩大再生产的支出和流动资金都由财政统一拨付，而国家是唯一的投资主体。20 世纪 80 年代后，企业的技术改造开始迅速推进，为满足当时管理更新过程中改造资金的需要，理论界提出了固定资产投资的概念，固定资产投资包括基本建设投资和更新改造投资两部分内容。与固定资产投资相对应的，是流动资金投资。20 世纪 90 年代后，随着证券市场和房地产市场的兴起，出现了证券投资、房地产投资的概念。显然，我国对“投资”概念的概括和理解虽是动态的，但在特定的环境和背景下，投资对象却是一定的。

（2）投资的分类

投资分类的标准较多，在此择其要者进行介绍。

按投资对象划分，可分为实物投资和金融投资。实物投资是指投资者将资金用于建造或购置固定资产和流动资产，直接用于生产经营，并以此获得未来预期收益的投资行为。金融投资，也叫证券投资，是指投资者以获得未来收益为目的，预先垫付一定的资金并获得金融资产（股票、公司债或国债等有价证券）的行为。二者的根本区别在于前者是社会积累的直接实现者，即通过实物投资最终实现社会积累；而后者是一种间接的过程，即投资者以最终获得金融资产为目的，至于这些资金怎样转化成实物形态则与金融投资者无关。

按是否具有参与投资企业的经营管理权划分，可分为直接投资和间接投资。直接投资是指投资者直接将资本用于购买生产资料、劳动力或其他企业一定比例的股份，通过一定的经营组织形式（合资、独资等）进行生产、管理、销售活动以实现预期收益。间接投资是指投资者以购买债券、股票等有价证券的形式所进行的投资行为。

按投资资金周转方式的不同，可分为固定资产投资和流动资产投资。固定资产投资包括基本建设投资和更新改造投资两部分。基本建设投资是指以扩大生产能力或工程效益为主要目的进行新建、扩建、改建工程及相关投资，其经济实质为固定资产的外延扩大再生产。更新改造投资是指以设备更新、企业技术改造为主要形式的固定资产投资，其经济实质为固定资产的内涵扩大再生产。流动资产投资是相对于固定资产投资而言的，是对企业生产经营中所需劳动对象、工资和其他费用方面的货币的预先支付。

2）项目投资

（1）项目与工程项目的内涵

目前，较为常见的项目的定义为：项目是一个专门组织为实现某一特定目标，在一定的约束条件下，所开展的一次性活动或所要完成的一个任务，以形成独特的产品或服务。这一描述的内涵包括：①项目应有专门的组织去实施；②项目应具有预定的目标；③项目的实施会受到某些条件制约；④项目是一次性活动或一个任务；⑤项目的结果一般是独特的产品或服务。

工程项目是指在一定的约束条件下，以形成固定资产为目的的一次性活动或任务。工程项目不仅具有一般项目的特点，而且还具有其自身特殊性，主要表现在工程项目实体和生产过程两个方面，具体为：工程项目实体的单件性、空间的固定性，以及工程项目生产过程的流动性、连续性，且建设周期长、受环境影响大等。

(2) 项目投资的内涵

项目投资有两层含义，一是秉承前述投资内涵，特指经济主体将经济要素投入项目生产过程，以期获得独特的产品或服务的一种行为或活动，从经济角度来看，投入项目生产过程的经济要素最终会转化为某种形式的资产；二是指项目生产过程中所需付出的费用或代价总和。针对工程项目而言，因所处制度环境不同，项目投资总构成也不同，但一般而言，可分为固定资产投资和流动资产投资，其中固定资产投资又可进一步划分为建筑安装工程费用、设备及工器具购置费用和其他费用等。由于工程项目的单件性，其不能像一般工业产品那样按品种、规格、质量成批定价，而只能根据各个工程项目的具体情况单独确定投资。同时从决策、设计、施工整个工程项目的生产过程来看，由于人的有限理性，在工程项目生产不同阶段，对工程项目的认知深度亦有所不同，故而工程项目投资或定价具有动态性和多次性特征。

(3) 项目投资的特点

项目投资具有如下特点：

项目投资的双重性。项目投资有其自然属性和社会属性。自然属性是指项目投资与生产力、社会化大生产、生态环境相联系的属性，因而自然属性要求投资活动应有助于合理组织生产力、发展生产力、保护生态平衡，同时实现项目投资的效益目标，使投资者获得满意的投资回报。社会属性是指项目投资与生产关系、上层建筑相联系的属性，因而社会属性要求投资活动维护现行社会的生产关系，维护生产资料所有者的权益。项目投资的双重性是进行项目投资分析的基本依据和出发点。

项目投资的约束、规范性。项目投资活动的双重性，必然导致投资活动受到各种自然条件和社会条件的约束。而投资活动本身是以人为主体，是因人和社会生产发展的需要而派生出来的一种特殊的经济活动。所以由于自然条件和社会条件的约束，迫使和激励人们充分发挥主观能动性和创造性，开展一系列旨在创造社会精神财富和物质财富的投资活动。但是，投资活动又必须依据投资效用最大、投资风险适度等准则来进行。因此，这种用来作为人们投资行为的依据或准则，就是投资活动的规范性。

项目投资的系统性与科学民主性。项目投资是一项综合性很强的系统工程，它涉及的因素很多，必须遵循客观规律和有关准则规范。因此，为提高投资效用和减少投资失误，在具体投资操作和投资决策过程中，应遵循科学化和民主化原则。

1.1.2 融资与项目融资

1) 融资的含义与分类

(1) 融资的含义

融资(Financing)，顾名思义为融通资金，就是资金需求者通过各种渠道或方式向资金供给者筹集资金的过程或活动，其实质是储蓄向投资转化的过程。融资的内在功能可界定为资金的有效动员能力，也就是以最低的成本为资金需求者提供金融资源的能力。从这一点来看，融资与筹资等同，即资金的动员与筹集。

与融资相关的名词有融资方式。所谓融资方式是指资金由资金盈余部门向资金亏损部门转化的形式、手段、途径和渠道。

（2）融资的分类

融资的分类标准很多，并且不同的分类标准还会产生交叉与重叠。融资常见的分类有以下几种：

按照融资过程中资金来源不同，可将融资划分为内源融资（Internal Financing）与外源融资（External Financing）。最早对这两个概念进行解释的是美国经济学家约翰·格利和爱德华·肖，他们认为内源融资是资金需求者利用自我储蓄进行投资，外源融资是资金需求者通过一定方式向其他经济主体筹集资金。

按照融资过程中有无金融中介，可将融资划分为直接融资和间接融资。直接融资是不经任何金融中介机构，而由资金短缺部门直接与资金盈余部门协商进行借贷，或者发行有价证券进行资金融通；间接融资则是以金融机构为媒介进行的融资活动。

按照融资过程中形成的不同信用关系，可将融资划分为银行信贷融资、证券市场融资和财政融资。银行信贷融资，是银行部门作为资金供给者向资金需求者以偿还为条件的货币借贷行为，其体现的是银行信用；证券市场融资，是资金需求者依托证券市场向资金供给者发行股票和债券等有价证券取得资金的活动，其体现的是证券信用；财政融资是政府凭借国家信用取得资金的活动，其体现的是国家信用。

按照融资过程中形成的不同资金产权关系，可将融资划分为股权融资和债权融资。股权融资，又称所有权融资或权益融资，是企业向其股东（或投资者）筹集资金。股权融资获得的资金是企业的股本，它代表企业的所有权，是企业权益资本的主要构成部分。债权融资，则是通过发行债券、银行借贷的方式向债权人筹集资金。对企业而言，债权融资获得的资金是负债资本，它代表对企业的债权。

按照融资的追索性质不同，可将融资划分为公司融资（Corporation Financing）和项目融资（Project Financing）。所谓追索（Recourse）是指在债务人未按期归还贷款时，债权人要求债务人用除抵押物以外的其他资产偿还债务的权利。融资的追索形式有：完全追索、有限追索和无追索。完全追索（Unlimited Recourse）是指在任何情况下，债务人未按期归还债务时，债权人有权对债务人除抵押物以外的其他资产进行追索，直至债务完全清还；有限追索（Limited Recourse）是指债权人可以在某一特定阶段或在规定范围内对债务人进行追索，但除此之外，无论出现什么情况，债权人均不能追索到债务人除抵押资产以及所承担的义务以外的任何资产；无追索（Non-recourse）是有限追索的特例，即在任何情况下，债权人均不能追索到债务人除抵押资产以外的任何资产。

公司融资是一种传统的融资方式，是指一个公司利用本身的资信能力所安排的融资，一般具有完全追索的性质；而项目融资是一种新型融资方式，其具体含义以及与公司融资的区别，详见下文“3. 项目融资与公司融资的比较”。

2）项目融资的含义和特点

（1）项目融资的含义

项目融资作为一个金融术语至今还没有一个准确、公认的定义。目前国际上对项目融资的界定有广义和狭义之分。广义的项目融资是指一切为了建设一个新项目、收购一个现有的项目以及对一个已有的项目进行重组所进行的融资活动。简言之，是针对一个具体项目所安排的融资活动。对于狭义的项目融资，许多学者和机构给出了类似的定义，如美国银行家彼得·内维特(Peter K. Nevitt)在其著作《项目融资》中将狭义的项目融资描述为：项目融资是为一个特定的经济实体所安排的融资，其债权人最初考虑安排贷款时，满足于使用该经济实体现金流量和收益作为偿还贷款的资金来源，并且满足于使用该经济实体的资金作为贷款的安全保障。国际著名法律公司 Clifford Chance 给出的狭义的项目融资的定义为："融资不是主要依赖项目发起人的信贷或所涉及的有形资产，提供债务的参与方的收益在相当大程度上依赖于项目本身的效益。"

按照上述的狭义项目融资定义，可发现狭义项目融资具有以下三层含义：一是以特定项目为对象安排融资；二是偿还债务的资金来源被限制在项目的现金流量和收益；三是融资的安全保证是特定项目的资产。

综合第二和第三两层含义，可知偿还项目债务的资金来源被限制在融资项目本身的经济强度之中，即项目未来的可用于偿还贷款的净现金流和项目本身的资产价值。

由以上描述可知，项目债务人对项目融资承担的债务责任与其本身拥有的其他资产在一定程度上是分离的。如果项目未来有足够的经济强度偿还债务，则项目债务人的债务责任仅限于其拥有的项目现金流量和项目资产，不涉及或仅在有限的时间和范围内涉及其他资产。如果项目的现金流量和项目资产不足以偿还债务或支撑项目融资时，项目债务人要做出其他形式的担保。需要注意的是，彼得·内维特给出的项目融资定义中的"最初考虑"四个字，对于债务人来说，虽然在项目贷款意向性谈判时可能同意项目贷款完全依赖于项目的现金流量和项目的资产价值，但是也必须考虑在最坏的情况下，贷款能否偿还的问题。如果项目在最坏的情况下，其经济强度不足以支撑项目贷款的偿还，那么债权人就有可能要求债务人以直接担保或其他形式的担保为项目提供信用支持。

综上，可对狭义的项目融资给出以下简明定义：以特定项目的现金流量和资产为基础的有限追索或无追索融资。本书在未特别说明的情形下，项目融资取其狭义含义。

(2) 项目融资的特点

① 以项目为导向

以项目为导向主要是指依赖于项目的现金流量和资产而不是依赖于项目的投资者或发起人的资信来安排融资，这是项目融资的第一个特点。债权人的注意力主要放在项目贷款期间能够产生多少现金流量用于偿还贷款。因此，贷款的数量、融资成本、融资结构与项目未来的现金流量和项目资产的价值相联系。

由于项目导向的特点，有些投资者很难筹到的资金可以利用项目来安排融资。特别是对一些大型、复杂的工程项目，项目的投资风险超出了投资者所能够和所愿意承担的程度。在这种情况下，若采用传统的公司融资方式，投资者可能会望而却步，因为一旦项目失败，投资者受到的损失将不仅是在项目中已有的投入，而且还会涉及其他资产和业务，严重者甚至会破产。项目融资则利用项目本身的现金流量和资产价值安排有限追索融资，使这类大型项目的融资成为可能。在传统公司融资方式中，有些投资者的财务和资信能力不足以支撑一个投资规模巨大的工程项目的融资，而若采用项目融资方式，根据项目的经济强度状况则可获得项目总投资60%~80%的债务资金，对于某些项目甚至可以获得100%的债务资金。有些投资者很难获得的担保条件也可以通过组织项目融资来实现。另外，项目融资的贷款期可以根据项目投资者的具体要求和项目的经济寿命期统筹确定，从而可以获得较一般商业贷款期限长的贷款期，比如有的贷款期长达20年，甚至更长的期限。

以项目为导向的融资方法也为本来由政府投资兴建的基础设施项目提供了灵活多样的融资渠道。政府一方面要增加投资，加快基础设施建设，以满足国民经济快速增长的需要；另一方面往往受到财政预算的严格限制，不能举债过多。此时政府通过安排项目融资就可较为灵活地处理债务对财政预算的影响。例如政府不以直接投资者和直接债权人的身份参与项目，而把基础设施项目授予私营企业经营，获得特许权的私营企业负责项目的融资、建设实施、生产经营，承担项目的债务责任和投资风险，并在特许权期满后，将基础设施项目移交给政府。

② 有限追索

是有限追索还是无追索抑或是完全追索，这是项目融资与传统公司融资的最主要的区别。有限追索是项目融资的第二个特点。图1.1描述的分别是传统公司融资和项目融资的情形。假设某总公司已有工厂A和工厂B，现拟新建工厂C。对于工厂C的建设资金的筹措，在图1.1(a)公司融资中，总公司以自身的资信能力向银行贷款，或者说，债权人(如银行)为总公司提供贷款，考虑的是总公司的资信和整体还贷能力(以工厂A、B、C三个项目的未来现金流量作为还款保障)，因此银行为总公司提供的是完全追索性质的贷款；在图1.1(b)项目融资中，可以看到总公司为新建工厂C成立了专门的项目公司，项目公司拥有工厂C投资所形成的资产所有权，从而总公司仅以其有限投资(可能仅为项目公司的注册资本)承担有限责任，银行与项目公司签署贷款合同，银行提供贷款主要考虑新建项目——工厂C——未来可预期的现金流量和项目资产情况，对总公司的其他资产(如工厂A、B)情况基本不考虑。在某些情况下，银行也可能要求总公司在某一特定阶段或在规定范围内提供有限担保，但除此之外，无论项目(如工厂C)出现什么问题，债权人均不能追索到项目债务人的除项目资产和现金流量以及所承担的义务以外的任何财产。

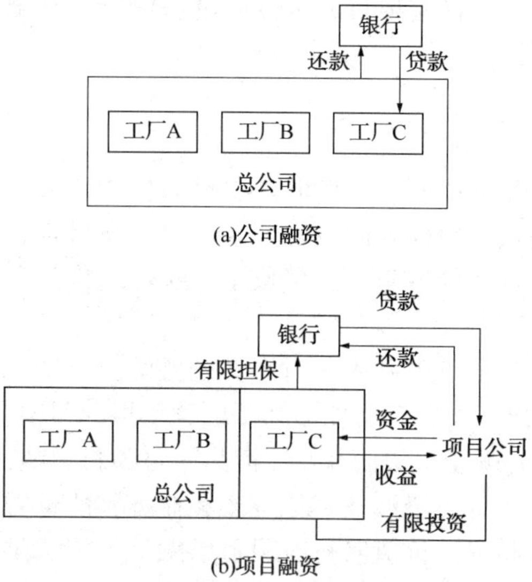

图1.1 公司融资与项目融资比较

有限追索的实质是由于项目本身的经济强度不足以支撑一个“无追索”的项目融资，因而还需要项目债务人在项目的特定阶段提供一定形式的信用支持。影响项目融资追索程度的因素主要有：项目的性质，现金流量的强度及其可预测性，债务人的经验、信誉、管理能力，以及借贷双方对未来风险的分担方式。对于一个具体的融资项目，其追索程度由借贷双方通过谈判来确定。由于项目风险的程度及其表现形式在项目实施的不同阶段有所不同，因此债权人对追索的要求也会随之调整。例如，项目债权人通常要求项目债务人承担项目建设期的全部或大部分风险，而在项目进入正常生产阶段之后，将追索局限于项目的资产及其未来的现金流量。

③ 风险分担

与项目有关的各种风险要以某种形式在项目债权人、债务人和其他参与者或项目利益相关者之间进行分配，这是项目融资的第三个特点。一个成功的项目融资结构应该将项目的各种风险在项目的主要参与者和其他利益相关者之间进行合理分配，而不应该由项目中的任何一方单独承担项目的全部风险。债务人、融资顾问在进行项目融资过程中，要在识别和分析项目的各种风险因素的基础上，确定项目各参与者承担风险的能力和可能性，充分利用一切可以规避风险的方法和策略，设计出具有最低追索性质的融资结构。

尽管项目融资使项目风险分散化，项目公司和项目投资者在一定程度上减轻了承担风险的压力，但项目风险在各项目参与人之间进行合理分配是一项十分复杂的工作，这是因为它涉及众多的项目参与人、法律文件以及相关因素。如债权人与投资者之间的风险分配取决于债权人对债务的追索程度；项目承担者与项目投资者之间的风险分配取决于承包合同的形式和担保类型等。同时由于项目融资是有限追索或无追索融资，如果风险识别不充分、风险分配不当，将给项目的实施和合同的执行留下隐患。

④ 非公司负债型融资

公司的资产负债表是反映一个公司在特定时期财务状况的会计报表，其提供的主要财务信息有：公司拥有的资源、债务、偿债能力、股东在公司中持有的权益，以及公司未来财务状况的变化趋势。

非公司负债型融资(Off-balance Sheet Financing)，亦称表外融资，是指项目的债务不表现在项目投资者的公司资产负债表中的一种融资形式。在项目融资中，通过精心设计项目投资结构和融资结构可以帮助投资者将贷款安排成一种非公司负债型融资。根据项目融资风险分担的原则，债权人对债务的追索仅限于项目公司的资产和现金流量，项目投资者承担的责任是有限的，因而有条件使融资被安排成一种不需要进入投资者公司资产负债表中的一种融资形式。

非公司负债型融资对于项目投资者的价值在于使得投资者以有限的财力从事更多的投资，同时将投资风险分散到更多的项目中。一个公司在从事超过其自身资产规模的项目投资，或者同时进行几个较大的项目开发时，这种融资方式的价值就能充分体现出来。

⑤ 资信结构多样化

在项目融资中，支持贷款的资信结构是灵活、多样化的，这是项目融资的第五个特点。

对于一个成功的项目融资而言，贷款的信用支持可以分配给各项目参与者和利益相关者，贷款信用支持的分配与项目风险在项目参与者和利益相关者之间的分配是相联系的。项目融资的信用支持主要来自项目的产品市场、工程建设、原材料和能源供应等方面。项目产品市场方面的信用支持主要是通过与对项目产品感兴趣的购买者签订长期购买合同，其信用支持的力度取决于合同的形式和购买者的资信。这种信用支持的有效性源于购买者为项目提供了一个基本的现金流量。对于那些受国际市场需求或价格波动影响较大的资源性项目，投资者能否获得一个稳定的、符合贷款银行要求的项目产品的长期销售合同往往成为项目融资成功与否的关键。例如，占世界钻石产量 1/3 的澳大利亚阿盖尔钻石矿

(Argyle Diamond Mine)，在开发初期，其中的一个投资者——澳大利亚阿施敦矿业公司(Ashton Mining Limited)——准备采用项目融资的方式筹集建设资金。由于参与项目融资的银团对钻石的市场价格和销路没有把握，筹资工作久拖不决，难以完成。但是当阿施敦矿业公司与总部设在伦敦、历史悠久的中央钻石销售组织签订了长期包销协议之后，该组织世界一流的销售能力和信誉提高了阿施敦矿业公司与银行谈判的地位，进而很快地完成了项目融资工作。在工程建设方面，为了减少项目实施中的风险，项目公司可以通过严格的招标方式优选承包商，并与承包公司签订固定价格合同、固定工期，将项目实施中的部分风险转嫁给承包商；还可以要求设计者提供工程技术保证。在原材料和能源供应方面，项目公司合同或设计施工总包合同可以要求供应商在保证供应的前提下，在原材料和能源的定价上，根据项目产品的价格变化设计具有合理浮动价格的供货合同，以使项目产品的成本不因能源和原材料价格波动而出现大幅上涨，从而保证项目的最低收益。

上述几种信用支持，可以减少项目融资对投资者资信和其他资产的依赖程度，提高项目的债务承受能力。

⑥ 充分利用税务优惠，降低融资成本

充分利用税务优惠，降低融资成本，提高项目的综合收益率和项目的偿债能力，也是项目融资的一个特点，它贯穿于项目融资的各个阶段。充分利用税务优惠是指在项目所在国法律允许的范围内，通过精心设计投资结构、融资模式，将项目所在国政府对投资的税务优惠政策在项目参与者中最大限度地进行分配和利用，以此降低融资成本，提高项目的偿债能力。不同的国家有不同的税务优惠政策，通常包括加速折旧(Accelerated Depreciation)、利息成本、投资优惠以及其他费用抵税的政策。

⑦ 融资成本较高、时间较长

与传统的公司融资方式比较，项目融资的成本较高、组织融资的时间较长，这是项目融资的又一特点。

项目融资涉及面广，结构复杂，需要做许多方面的工作，如项目风险的分配、税收结构设计、资产抵押等一系列的技术性工作；同时，起草、谈判、签署的融资法律文件比传统的公司融资方式多。所有这些必然导致项目融资的组织时间增加。组织一个项目的融资，从开始准备到完成整个融资计划通常需要3~6个月时间，有些大型融资项目甚至需要几年时间。

项目融资成本高的原因主要有两个方面：一是项目融资要做大量的前期工作，并产生相应的费用，包括融资顾问费、贷款建立费、承诺费及法律费用等。项目融资前期费用与项目的投资规模有直接关系，项目规模越大，前期费用占融资总额的比例越小，反之亦然。一般项目融资前期费用占贷款金额的0.5%~2%。二是项目的贷款成本，由于项目融资主要依赖于项目的现金流量和项目的资产价值，贷款具有一定的风险。因此，项目的贷款成本要比同等条件下的公司融资高出0.3%~1.5%，其增加的幅度与贷款银行承担的风险以及对项目投资者的追索程度有关。然而，这也不是绝对的，国际上的一些项目融资案例表明，如果在一个项目中有几个投资者共同组织项目融资，通过合理的融资结构设计和良好的项目融资组织，以及充分发挥合作伙伴在管理、技术、市场方面的优势，可以提高项目的经济强度，从而降低融资成本。

⑧ 债权人的过度监管

债权人对项目的监管和参与项目的部分决策程度是项目融资的一个重要特点。这是因为项目债务人有将贷款资金投向高风险项目的冲动，即所谓的“资产替代”(Assets Substitution)效应，从而使债权人承担了一定的项目风险。为防止“资产替代”效应的出现，债权人可能采取多种监管措施，有时甚至是过度监管。债权人一般要求债务人提交项目报告、项目经营情况、项目工程技术报告和相关资料，除此之外，有的债权人还提出过度的项目保险要求，并限制项目所有权的转移，以确保经营管理的连续性。

3）项目融资与公司融资的比较

根据以上对项目融资特点的分析，可以看出项目融资与公司融资的区别主要表现在以下几个方面：

(1) 融资主体不同

传统公司融资一般是以项目发起人或项目投资者为融资主体，银行或其他资金供给者是否向该项目贷款或投入资金，一方面取决于拟建项目是否具有良好的经济效益，另一方面取决于项目发起人或项目投资者的总体信用状况，因为公司融资不仅以项目的未来收益偿还贷款，还以项目建成后的资产以及公司的其他资产作为抵押。而项目融资的融资主体一般为专门成立的项目公司，银行或其他资金供给者能否如期收回投入资金，完全取决于项目的未来收益，追索也仅限于项目的未来收益和项目建成后的资产。

(2) 融资依据不同

在项目融资中，贷款的主要依据是项目的资产价值和项目的未来现金流量，而不是企业本身的资信。因此，可预见的项目未来收益以及能否变现的项目资产价值是项目融资成功的基础。如果一个项目本身有充足的经济强度，即使项目投资者当前除新建项目外的资产价值和收益不足以支撑一个高负债比的项目贷款，项目融资也可能成功；反之，即使投资者当前的资产规模和收益良好，而被融资对象的收益前景不佳或存在着潜在风险，项目融资也很难取得成功。在公司融资中，债权人发放贷款的依据是债务人的信用等级、资产状况、经营历史和收益，以及提供的担保。

(3) 追索程度不同

追索程度不同是项目融资与传统公司融资的最主要区别。如前所述，项目融资的核心本质是有限追索或无追索。所谓有限追索是指债权人可以在某个特定阶段或者规定的范围内对项目的债务人追索。除此之外，无论项目出现何种问题，债权人均不能追索到债务人除该项目资产、现金流量以及所承担义务之外的任何财产。有限追索融资的特例是无追索融资，即融资百分之百地依赖于项目的经济实力。实际工作中，无追索的项目融资很少见。由于有限追索或无追索的实现使投资者的其他资产得到有效的保护，这就调动了大批具有资金实力的投资者参与开发和建设的积极性。

传统公司融资方式属于完全追索。所谓完全追索是指债务人必须以本身的资产作抵押，如果项目失败，而该项目不足以还本付息，债权人则有权把债务人的其他资产作为抵押品收走或拍卖，直到贷款本金及利息偿清为止。

(4) 还款资金来源不同

项目融资中偿还贷款的资金来源被限制在项目本身所产生的现金流量和收益。而在传统的公司融资中，偿还贷款的资金来源不仅包括贷款的使用对象所产生的收益，还包括债务人的其他经营收益。

(5) 风险分担程度不同

任何项目的开发与建设都必然存在着各种风险。项目融资与传统公司融资方式相比较，在风险分担方面有三点显著不同：其一，采用项目融资的项目一般都是大型项目，它具有投资数额巨大，建设期长的特点，因而与传统公司融资的项目相比，投资风险大。其二，项目融资作为新型融资方式，与现有政治体制、法律制度体系可能存在冲突。因此，项目融资的风险种类多于传统公司融资，例如，政治风险、法律风险等。其三，传统公司融资的项目风险往往集中于投资者、债权人或担保者，风险相对集中，难以分担；而项目融资的参与方有项目发起人、项目公司、贷款银行、工程承包商、项目设备和原材料供应商、项目产品的购买者和使用者、保险公司、政府机构等，通过严格的法律合同依据各方的利益，可以将责任和风险进行合理分担，从而保证项目融资的顺利实施。由此可见，能否有效、合理地分担风险是项目融资方案中十分关键的问题。

(6) 贷款担保结构不同

在项目融资中，贷款的担保结构比较复杂，它是由项目主要参与者和其他利益相关者提供的各种形式的担保所组成的一个信用保证体系，涉及项目的投资、建设、运行和项目产品或服务的销售等。而在传统的公司融资中，通常采用比较单一的担保结构，如抵押、质押或保证等。

(7) 债权人参与管理程度不同

在项目融资中，银行参与项目监督和部分决策活动。而在传统的公司融资中，债权人按借贷协议发放贷款，不参与公司的管理，也不监督公司的用款行为；债务人则按借贷协议提款还款。

(8) 会计处理不同

如前所述，通过对项目投资结构和融资结构的设计，项目融资可以实现资产负债表外的融资，而在传统公司融资方式下，由于融资主体为公司本身，因此项目债务一般会出现在其资产负债表内，势必影响公司的资产负债率，进而影响公司的再融资能力。这是因为大型工程项目的建设周期和投资回收期都很长，对于项目的投资者而言，如果把大型项目的贷款反映在投资者的资产负债表内，很有可能造成投资者(公司)的资产负债比例失衡，超过银行通常所能接受的安全警戒线，并且在短期内无法改变，这就势必影响投资者筹措新的资金，以及投资其他项目的能力。

4) 项目融资的框架结构与运作程序

融资实践中，尽管难以找到完全一样的项目融资方案，但是其基本框架结构和运作程序却大同小异。

(1) 项目融资的框架结构

项目融资的基本框架包括项目的投资结构、资金结构、资信结构和融资结构。

① 投资结构

项目的投资结构(Investment Structure)是一个宽泛的概念，从不同的角度划分就有不同的投资结构。在投资领域中，经常涉及的投资结构有：投资来源结构、投资产业结构、投资主体结构、投资部门结构、投资地区结构、投资再生产结构、投资技术结构、投资项目规模结构等。采用不同的项目投资结构，投资者对资产的拥有形式，对项目产品、项目现金流量的控制，以及投资者在项目中承担的债务责任和税务结构有很大的差异。这些差异对项目融资结构设计产生着重要影响。因此，应当在项目所在国法律、法规许可的范围内，精心设计项目的投资结构，以满足投资者对项目投资和融资的要求。目前，在国际项目融资领域，通常采用的投资结构主要有：单一项目子公司、代理公司、股权式合资结构、契约型合资结构和合伙制结构等。

② 资金结构

项目的资金结构(Capital Structure)是指不同来源、不同性质、不同期限的项目资金结构比例。如项目的股本资金与债务资金的结构比例。在股本资金中，发起募集的股本资金与社会公开募集股本资金的结构比例；在债务资金中，不同利率的资金比例等。在项目融资中，对项目融资结构和融资成本产生重要影响的是债务资金与股本资金的结构比例。

在项目融资中，资金结构设计的重要任务是确定项目的股本资金、准股本资金和债务资金的形式、来源及其结构比例。项目的资金结构是由项目的投资结构和融资结构决定的，但反过来资金结构又会影响到整个项目融资结构的设计。对同一个项目，采用不同的融资结构和资金结构，最终产生的融资成本会有很大的差异。合理的项目资金结构是项目融资成功和实现融资目标的关键。适当比例的项目股本资金投入，可为项目债务资金的筹集提供可靠的信用支持，促进项目债务融资成功；合适的债务资金形式、较高比例的债务资金，可以降低项目的融资成本，提高项目的经济强度。在项目融资中，经常被采用的准股本资金有：可转换(股)债券、零息债券；经常被采用的债务形式有：普通商业银行贷款、银团贷款、发行债券、出口信贷等。

③ 资信结构

项目的资信结构(Credit Security Structure)是指在项目融资中所采用的一切债权保障手段、方式的组合。在项目融资中，融资的安全性，即债权人提供的项目债务资金得以偿还的安全性，它来自两个方面：一是项目本身的经济强度；二是项目以外的各种直接或间接的担保。这些担保可以由项目的投资者提供，也可以由与项目有直接或间接关系的利益相关者提供。这些担保可以是直接的财务性保证，如完工担保、成本超支担保、不可预见费用担保；也可以是间接的非财务性担保，如项目产品的长期购买协议、技术服务协议、以某种定价公式为基础的能源和原材料供货协议等。

项目本身的经济强度与项目的资信结构是相辅相成的。项目的经济强度越高，融资所要求的资信结构就越简单，保证条件就越宽松；反之，要求的资信结构越复杂，保证条件就越严格。

④ 融资结构

项目的融资结构(Financing Structure)是上述三种结构的集成，它是项目融资的核心。项目融资结构的设计是一项十分复杂的工作，不是一般的投资者所能胜任的，因此投资者通常要聘请投融资经验丰富的投资银行作为融资顾问为其设计项目的融资结构。项目融资通常采用的融资结构主要有：杠杆租赁、生产支付、利用设施使用协议融资、BOT(Build-Operate-Transfer，建设—经营—转让)、ABS(Asset-Backed Securities，“资产支持证券化”融

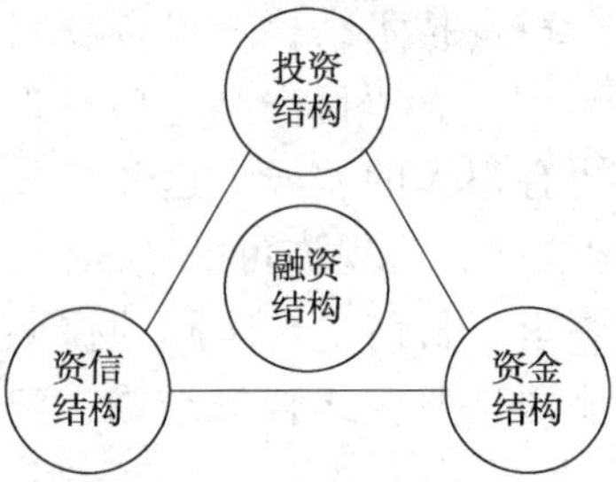

图 1.2　项目融资框架结构

资模式）等。项目融资顾问可以根据投资者的要求，对几种结构模式进行组合、拼装，以实现预期目标。

上述项目融资基本框架的 4 个结构模块是互相影响、紧密联系的有机整体，见图 1.2。因此，项目融资的整体结构设计要统筹安排，不能孤立地设计各个模块，然后像搭积木一样将各部分结合起来。项目融资整体结构设计的实际过程是通过投资者之间，投资者与贷款银行，投资者与项目产品消费者、生产设备制造商、能源和原材料供应商、政府部门、税务机关等反复谈判，完成融资的模块设计和确定模块之间的组合关系。这个过程需要经过多次反复，通过对不同方案的比较、选择和调整，最后产生一个最佳方案。在产生最佳方案的过程中，对其中任何一个模块的调整，都有可能影响到其他模块的结构设计以及相互之间的组合关系。虽然项目融资结构设计的原则框架相同，但是由于项目千差万别，项目参与者各异。所以，每一个项目的融资结构设计都有其独特的创造性。

(2) 项目融资的运作程序

如图 1.3 所示，从项目的投资决策到最后完成项目融资，大致需经历五个阶段，即投资决策分析、融资决策分析、融资结构分析、项目融资谈判和项目融资执行。

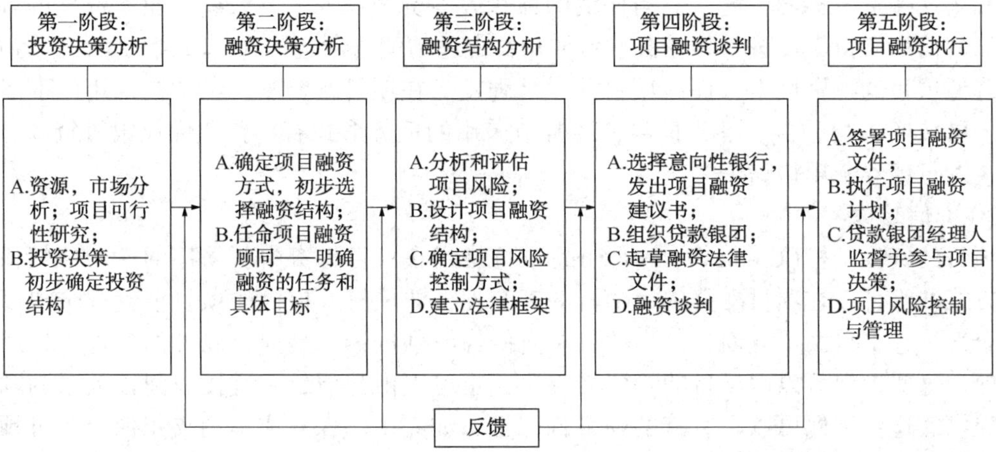

图 1.3　项目融资运作程序

① 投资决策分析

从项目投资者的角度看，项目投资决策是项目建设程序的一个阶段，从这个意义上来说，项目投资决策分析可以不作为项目融资的一个过程。但是，从项目债权人的角度看，项目投资决策分析（可行性研究或项目评估）也是贷款程序的一个环节，如世界银行的贷款程序中就有项目准备（项目投资者的可行性研究）和项目评估（世界银行对项目的评估）。而从项目融资的角度看，项目投资决策分析是项目融资工作得以开展的基础和前提。因此，无论从哪一个角度看，对项目都要进行投资决策分析。

项目投资决策分析主要包括宏观经济形势分析、工业部门的发展趋势以及项目所在工业部门的竞争性分析、项目技术可行性分析、项目财务分析、国民经济评价、环境评价和社会评价等。在上述研究分析的基础上形成可行性研究报告，投资者据此作出投资决策。在很多情况下，项目的投资决策与项目的可融资性以及如何融资有紧密联系。

投资者在做出项目投资决策的基础上，要选择和确定项目的投资结构。项目投资结构的选择影响项目融资的结构和资金来源的选择；反过来，项目融资结构的设计也影响投资结构的安排。

② 融资决策分析

在这个阶段，项目投资者将决定采用何种融资方式为项目开发筹集资金。是否采用项目融资，取决于投资者对债务责任分担、贷款资金数量、时间、融资费用以及诸如债务会计处理等方面要求的综合评价。

如果决定选择采用项目融资作为筹资手段，投资者就需要选择和任命融资顾问，开始研究和设计项目的融资结构。有时，项目的投资者自己也无法准确判断应采取何种融资方式，在这种情况下，投资者可以聘请融资顾问对项目的融资能力以及可能的融资方式(如项目融资或公司融资)作出分析和比较，在获得一定的信息反馈后，再确定项目融资方式。

③ 融资结构分析

投资者在完成了项目融资决策分析，并做出采用何种融资方式(如有限追索性质的融资方式)后，正式聘请融资顾问开始研究和设计项目的融资结构。项目融资结构设计的一项关键性工作就是要完成项目的风险分析和评估，项目融资顾问与项目投资者一起对项目的有关风险因素进行全面的分析和判断，在此基础上，根据项目的经济强度和各利益主体与项目的契约关系，确定项目的债务承受能力、项目风险在项目参与者之间的合理分配方式及其相关的项目资信结构，从而设计出适合于特定项目的切实可行的融资模式，形成初步的融资方案。项目融资结构以及相应的资金结构的设计和选择必须全面反映投资者的融资战略要求和愿望。

④ 项目融资谈判

在初步确定项目融资结构之后，融资顾问将会有选择性地向商业银行或其他金融机构发出参加项目融资的邀请书，组织银团贷款，着手起草与项目融资的有关文件。这一阶段要经过多次反复，因为在与银行的谈判中，不仅会对有关的法律文件作出修改，而且在很多情况下，还会涉及融资结构和资金来源的调整。有时应贷款银团的要求，甚至会对项目投资结构作出修改。在融资谈判阶段，融资顾问、法律顾问和税务顾问起着十分重要的作用。强有力的融资顾问和法律顾问有助于增强项目投资者的谈判力量，维护投资者的利益，并在谈判陷入僵局时，及时、灵活地采取变通办法解决问题。在谈判达成一致意见后，借贷双方签订贷款协议。国际上一般将融资双方完成融资谈判并签署融资协议称为融资关闭(Financial Closure)。

⑤ 项目融资执行

项目融资的相关法律文件签订后，项目融资进入执行阶段。在传统的公司融资方式中，一旦进入贷款执行阶段，借贷双方的关系便相对简单，债权人按照借贷协议发放贷款，债务人按照借贷协议的规定提款和偿还贷款的本金及利息。但是在项目融资中，贷款银团通过经理人(代理行)除按借贷协议的规定发放贷款外，更注重对项目实施经常性的监督，监督项目的进度、质量和费用的使用情况，以及根据贷款协议有关条款的规定，参与项目的部分决策程序，管理和控制项目贷款资金的投入和部分现金流量。贷款银团经理人参与项目监管分为三个阶段：

一是项目建设期。贷款银团经理人将经常性地监管项目的进展，根据项目进度计划和资金预算，安排贷款的发放；除此之外，有的银团（或银行）还为债权人提供咨询服务，如提供有关项目的技术咨询和多货币资金安排的建议等。

二是项目试生产期。贷款银团经理人监督项目的试生产情况，将实际的生产成本和技术指标与融资文件规定的指标进行对比，确认项目是否达到了商业完工的标准。

三是项目正常生产期。项目投资者提供的完工担保被解除，贷款的偿还将主要依赖于项目的现金流量。贷款银团经理人将根据融资文件的规定管理全部或部分的项目现金流量，以确保债务的偿还。除此之外，贷款银团经理人也参与项目的部分生产决策，在项目的重大决策问题上有一定的发言权，如新增资本支出、停产、资产处理等。

项目融资的上述运作程序是从融资者的角度根据项目融资的通常做法总结出来的基本步骤。在实际融资活动中，项目融资阶段划分的标准不同，阶段的名称各异，然而，融资程序的实质内容是基本一致的。需要说明的是，参与项目融资的不同主体归纳总结的程序步骤也有所区别，如世界银行规定的项目融资程序是：项目选定、项目准备、项目评估、项目谈判、项目执行、项目评价。

5）项目融资的参与者

相对于传统公司融资而言，项目融资方式筹集资金量大、风险高，且参与者众多，概括起来有项目发起人/投资者、项目经济实体、贷款银行（团）/财团、融资顾问、法律与税务顾问、工程公司、项目产品购买者、项目供应商、政府机构等。图 1.4 展示了项目融资主要参与者之间的基本关系。

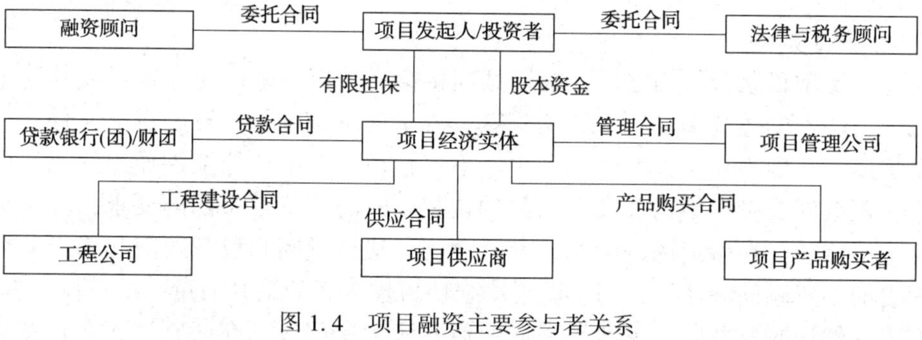

图 1.4　项目融资主要参与者关系

（1）项目发起人/投资者

项目发起人（Project Sponsor），也称项目主办人，是项目的倡导者。项目发起人可以是一家公司，也可以是由多方组成的联合体，例如由承包商、供应商、项目产品的购买者或项目产品的使用者以及政府机构等多方组成的联合体。项目发起人也可能是项目的利益相关者，包括项目的直接受益者和间接受益者，如项目的投资者，但项目发起人通常只负责发起项目，并不负责项目的建设和运营。

项目投资者是项目的出资方，是指利用资金（本）投入形成项目资产，再利用项目资产运营收回资金并获得盈利的经济主体。

(2) 项目经济实体

项目经济实体(Project Entity)是由项目发起人/投资者组建的经济实体，一般承担项目投资、融资和管理责任。在实践中，对于项目的投资、融资和管理责任，项目发起人/投资者可能会组建一家经济实体承担，也可能会组建若干(2~3)家经济实体分别承担，如菲律宾 Pagbilao 电力项目中的 Pagbilao 发电有限公司就是项目投资者，其仅负责融资、贷款的偿还，并不直接参与项目的建设和运营，而将电厂的运营和售电等委托给电厂经营者负责。显然 Pagbilao 发电有限公司仅起到资产运营公司的作用。又如国际上一些银行和金融机构，对国有企业融资设置一定的障碍，如不向国有企业提供贷款和担保等，为此，国有企业可设立专门的机构，如"受托借款机构"——TBV(Trustee Borrowing Vehicle)，通过受托借款机构向银行借款，间接实现国有企业项目融资。银行向受托借款机构提供贷款，受托借款机构向承建商支付工程费用，承建商按建设合同规定向国有企业项目公司提供产品及服务。承购商将产品贷款支付给受托借款机构，该机构用此款还本付息。但在项目融资中一种普遍的做法是投资各方共同成立一个单一目的项目公司(Project Company)，该单一目的项目公司承担项目投资、融资和管理责任，以及项目债务偿还责任和项目风险，架起了项目发起人和项目其他参与者之间的桥梁，使无追索或有限追索项目融资得以实现，其主要的法律形式为有限责任公司和股份有限公司。

(3) 贷款银行(团)/财团

商业银行、非银行金融机构(如租赁公司、财务公司、投资基金等)和一些国家的政府出口信贷机构，是项目债务资金的主要提供者。参与项目融资的贷款银行数目视项目风险和贷款规模而定，由一家到几十家甚至上百家。选择项目贷款银行时，应考虑贷款银行和项目债务人或项目投资者的友好关系、银行规模与项目贷款规模相适应，以及贷款银行熟悉项目或其所属工业部门等因素。

国际金融机构和区域性金融机构经常参与发展中国家的项目融资。国际金融机构的参与对项目融资有很多好处。首先，可降低融资成本，世界银行通常为发展中国家的项目提供长期低息的优惠贷款。其次，国家金融机构的参与，使项目参与各方减轻对项目所在国政治风险的担心。最后，世界银行的贷款通常不要求担保。但是在国际金融机构提供优惠贷款的同时，也有很多附加条件，有些条件非常苛刻，不容忽视。

(4) 融资顾问

由于项目融资结构的复杂性，大多数项目融资需要在专业的融资顾问(Financial Advisor)的帮助下才能成功实现，可以说项目融资顾问是项目投资者通向资本市场之路的"引路人"。担任项目融资顾问的条件是能够准确理解项目投资者的目标和具体要求，熟悉项目所在地的政治经济、法律税务等投资环境，掌握国际金融市场的操作规则和变化趋势，对项目本身以及所属行业的技术发展趋势、成本结构等有清晰的认识，同时还要与主要银行和金融机构有良好关系，具有丰富的谈判经验和技巧。实践中，项目融资顾问通常由投资银行、财务公司或商业银行中的项目融资部门来担任。

由于历史发展的原因，投资银行(Investment Bank)的称谓在各国不尽相同。"投资银行"是该类金融机构的美国式称谓，在英国称为"商人银行"，在我国和日本称为"证券公司"，在法国称为"实业银行"。美国著名的《格拉斯—斯蒂格尔法案》(1933 年)的颁布实施，让投资银行与商业银行的业务有了明确的区分。商业银行主营业务为存贷款、办理汇兑、结算，存贷款利差为其利润主要来源，履行间接融资功能；投资银行主营业务为证券发行与承销、公司并购、项目融资顾问等，作为直接融资的中介活跃在资本市场上，其利润来源主要是证券发行价差和佣金。

（5）法律与税务顾问

经验丰富的法律顾问（Legal Advisor）和税务顾问（Tax Advisor）是项目投资者在安排项目融资时必不可少的助手。项目融资中需要起草和签署大量法律文件，而法律文件的合法性、严谨性、完整性和公平性要依赖于法律顾问的专业知识和经验。以尽可能低的成本筹集到所需资金，是资金需求者追求的目标。由于项目融资自身风险较高，因此项目融资成本也较高，这就需要利用其他方式手段降低成本，合理避税即成为首选方式。不同国家和地区税法规定的税务处理和税收优惠差异极大，如美国国会 1986 年批准的税法第 382 条规定企业在并购空壳公司时，不能利用所购空壳公司的损失冲抵账目盈利，而在我国，根据《国家税务总局关于企业股权投资业务若干所得税问题的通知》（国税发〔2000〕118 号）的规定，企业合并视情况不同，可分为应税合并和免税合并。因此，不同国家和地区的避税方法极为丰富和隐蔽，必须由具有丰富经验的税务顾问来审查避税手段是否符合项目所在地的有关规定，是否存在潜在的问题或风险。

（6）工程公司

项目建设的工程公司（Construction Company）或承包商（Contractor）负责项目的设计和建设，其技术水平、财务能力和经营业绩在很大程度上会影响项目贷款银行对项目建设风险的判断。项目承包商可以通过与项目公司签署固定价格的"一揽子承包合同"，从而成为项目融资的重要信用保证者，有利于提高贷款银行对项目完工的信心。

（7）项目产品购买者

项目产品的购买者（Production Buyer）或项目设施的使用者（Facility User）（统称"项目使用者"）在项目融资中发挥着相当重要的作用。项目使用者通过与项目经济实体签署项目产品长期购买或者设施服务合同，保证了项目产品的市场和现金流量，为项目融资提供了重要的信用支持。一般情况下，项目使用者可以由项目发起人本身、对项目有需求的第三方，或者政府有关机构承担。

（8）项目供应商

项目供应商（Project Supplier）主要包括项目所需设备供应商和能源、原材料供应商。项目所需设备供应商通常通过延期付款或者低息优惠出口信贷安排，成为项目资金的一个重要提供者，同时为项目融资提供信用保证。项目所需能源、原材料供应商以长期的优惠价格为项目提供稳定的能源、原材料供给，以减少项目建设和运营期间的能源、原材料供应风险，为项目融资提供便利条件，因而也成为项目融资的重要参与者之一。

（9）政府机构

政府机构（Government Authorities）能够在项目融资中发挥关键作用。微观方面，有关政府机构可为项目的开发提供土地、长期稳定的能源供应、某种形式的特许权，减少项目风险；或者提供优惠贷款；或者以某种形式提供贷款银行可接受的、具有担保作用的支持函；等等。宏观方面，政府可通过制定相关的税收政策、外汇政策等为项目融资提供优惠待遇，降低项目的综合债务成本，提高项目的经济强度和可融资性。

1.2 项目融资的产生和发展

1.2.1 国际上工程项目融资的产生和发展

项目融资虽然是20世纪50年代出现的新型融资方式，但究其历史渊源迄今已有300余年。早在17世纪，英国的私营业主建造灯塔的投资方式与项目融资中的BOT形式就极为相似。当时，私营业主建造灯塔的过程是：私营业主首先向政府提出建造和经营灯塔的申请，在获得政府批准后，私营业主向政府租用土地建造灯塔，在特许期内管理灯塔并向过往船只收取过路费，特许期后由政府收回灯塔并移交给领港公会管理和继续收费。不过由于种种原因，这种投资方式并没有引起人们的重视。

工程项目融资是在20世纪80年代中期开始迅速发展的。它在一些发达国家，以及亚太和拉美地区的一些发展中国家和地区取得了相当大的成功。这种模式突破了长期以来国家的主要公共基础设施建设都是由国库出资、政府主办的专有范围和框架。由于各个国家国民经济的发展，以及公共基础设施建设项目的大量兴建，为了减少国家的直接投入和政府借贷形成的国债，各国不得不重新寻找出路，转向致力于将某些公共基础设施项目特许给民营或私营部门。工程项目融资正是在这种形势下迅速发展起来的。

工程项目融资大多应用在基础设施建设或公用事业建设上，目前，在新兴的发展中国家和地区更是得到了广泛应用。中国香港从第一条海底隧道项目开始到东港海底隧道再到西港海底隧道建设，利用工程项目融资方式为开发和实施项目提供了有效的资金保障。菲律宾为了解决全国电力不足的问题，从1991年起，仅用了三年时间轰轰烈烈地推行工程项目融资方式，由私营部门负责筹资建设需要的发电设施(配电公司已主要由私营部门经营)。不仅项目建设时间短，而且造价明显降低25%~30%，三年前困扰国家的电力短缺问题已经消失。马来西亚、泰国、印度尼西亚等国家采用工程项目融资，正在承建、经营或实施一批国家高速公路、供水和污水处理项目，在农村通信项目和大型电站工程等项目中也取得了不少成功的经验。智利、阿根廷、秘鲁、墨西哥等拉美国家推行工程项目融资的主要做法是在电信、航空和电力以及一些港口、供水和污水处理等部门向私人特许商出卖股权或转让经营权，用以改善现有设施的技术性能和管理水平。这与亚太地区国家采用完整的工程项目融资用以建设新项目，开发新能源、新电力的做法有着明显的不同。

从目前工程项目融资的实践中可见，融资模式不是一成不变的。由于各国政府、国际金融机构和组织(如世界银行、亚洲开发银行以及大型私人财团等)的共同努力，项目的操作模式和框架正在日趋系统化、多样化和规范化。国际工程界和金融界把工程项目融资的发展视为一种全球性倾向，认为它的推行为国际私人财团、私营部门参与各个国家重大基础设施项目的建设和运营开创了新纪元，提供了史无前例的开拓全球性业务的机遇；为各国大型承包商进入国际市场创造了新机会；为各国著名咨询公司、大型跨国公司和财团开发了接受东道国的委托担当项目发起人和主办人的新业务；也为建立和发展国际经济合作关系提供了新的模式。一些新的工程理论和学科正在产生和发展，如项目融资技术(Project Financing Techniques)、融资工程学(Financial Engineering)、项目风险管理(Risk Management of Projects)等。

随着工程项目融资的广泛开展，各种新型机构也应运而生。例如，美国成立了多家融资担保机构，新加坡、印度尼西亚等国也成立了类似的担保公司，专门从事各国政府不愿担保的国际融资担保业务。世界银行、亚洲开发银行等为了适应和促进此类业务的发展，也在成立新机构的基础上，积极发挥集团作用，扩大职能和服务范围。如世界银行利用成立不久的多边投资担保机构(Multilateral Investment Guarantee Agency，MIGA)、解决投资争端国际中心(The International Center for Settlement of Investment Disputes，ICSID)，配合原来的国际复兴开发银行(International Bank for Reconstruction and Development，IBRD)、国际开发协会(International Development Association，IDA)和国际金融公司(International Finance Center，IFC)等成员机构，积极发挥集团作用。2015 年，由我国发起并建立的亚洲基础设施投资银行(Asian Infrastructure Investment Bank，AIIB)正式成立，利用一系列支持方式为亚洲各国的基础设施项目提供融资支持。许多大型跨国公司也从战略上在体制和业务开发计划方面进行调整，工程项目融资方式正在步入全球性的扩展和推广之中。

1.2.2 项目融资发展的原因

如同每一新生事物一样，项目融资的产生和发展都有其具体的原因。从项目融资产生和发展的过程看，项目融资的出现是经济发展、经济建设的客观需要，也是经济发展的必然结果。但是世界各国经济发展的不均衡性决定了项目融资在不同国家和地区发展的原因是不同的。

1) 发达国家和地区采用项目融资的原因

从经济发展的历史看，许多发达国家和地区以往的基础设施建设项目主要由国家财政预算安排，政府直接拨款建设。进入 20 世纪 80 年代，这些国家和地区经济发展的现实迫使其不得不改变传统的做法。其一，随着经济的快速发展、人口增长和城市化水平的提高，各国对交通、电力及供水等基础设施的需求日益增长，但同时这些国家和地区也面临财政赤字、债务负担过重、政府投资能力下降的困境，无力承担耗资巨大的基础设施建设项目。其二，一些发达国家和地区的企业私有化程度较高，而政府又允许私人企业和投资进入基础设施建设领域，这既调动了私人投资的积极性，又缓解了国家财政困难，为项目融资的发展和应用提供了较好的客观条件。因此，减轻政府财政负担，吸引私人资本参与基础设施建设，是这些国家和地区采用项目融资的根本原因。

2) 发展中国家采用项目融资的原因

长期以来，许多发展中国家都存在严重的资金短缺问题，但想尽快地改变本国经济长期落后的状况，就必须大力加强基础设施建设，以消除制约经济发展的瓶颈。因此，资金严重短缺成为经济发展中的主要矛盾。与此同时，发展中国家还存在国有部门效率低下，基础设施管理不善的问题。为解决这些矛盾和问题，许多国家制定了引进民间资本和国外资金投资基础设施建设的政策，以此缓解财政上的紧张局面并促使国有部门提高效率。正是在这样的经济背景下，项目融资不但被广泛采用，而且还成为引进外资的一种新形式。

1.2.3 我国实施工程项目融资的实践

运用工程项目融资加快基础设施建设，既是我国经济发展的客观需要，也是顺应经济体制和投融资体制改革、有效利用外资的一项重要举措。

在我国，工程项目融资由于与传统直接投资方式相比有诸多优势，受到有关部门和境外投资者的青睐和重视。1995年，广西来宾市城市开发投资有限责任公司成功地操作了我国第一个经政府批准正式实施的融资项目——来宾B电厂；而1996年11月18日竣工的福建泉州刺桐大桥则开了我国民营企业投资交通基础设施建设的先河。

由于工程项目融资是一种高级、复杂的融资方式，国内相应的政策、法律以及市场发育等方面都存在着一些待发展和完善的地方，因此，许多项目在实施中遇到不少困难和障碍，制约了其在我国的充分发展。

从1993年开始，国家开始研究规范引进投资方式，并于1995年8月由国家计划委员会(简称“国家计委”，现为“国家发展和改革委员会”)、电力部(现已撤销)、交通部(现为“交通运输部”)联合发布了《关于试办外商投资特许权项目审批管理有关问题的通知》。随后，国家计委和国家外汇管理局又联合签发了《境外进行项目融资管理暂行办法》，对包括在国内的工程项目融资的适用领域、审批程序、审批内容、主要投资者资格、履约担保、利益冲突、产品定价原则、外汇管理等进行了一系列具体规定，这为我国规范和发展投融资方式铺平了道路。

为使我国项目融资尽快走上正轨，并按国际惯例运作，对外贸易经济合作部于1995年发布了《关于以BOT方式吸收外商投资有关问题的通知》(外经贸法函〔1994〕89号)，国家发展计划委员会与国家外汇管理局也于1997年4月发布了《境外进行项目融资管理暂行办法》(计外资〔1997〕612号)，连同以前公布的《指导外商投资方向暂行规定》(国务院令第346号)和《外商投资产业指导目录》一起，基本构成了中国BOT项目融资的法律框架。

在这些政策的指导下，进入20世纪90年代，我国陆续出现了一些类似BOT方式进行建设的项目，如上海黄浦江延安东路隧道复线工程、广州至深圳高速公路、上海大场自来水处理厂、海南东线高速公路、三亚凤凰国际机场、重庆地铁、深圳地铁、北京京通快速公路、广西来宾B电厂等。这些项目虽然相继采用BOT模式进行建设，但只有重庆地铁、深圳地铁、北京京通快速公路等项目被国家正式认定为采用BOT模式的基础设施项目。广西来宾B电厂BOT项目是经国家批准的第一试点项目，经过各方的多年努力，该项目取得了全面成功。

纵观20世纪80年代以来EPC(Engineering Procurement Construction，设计采购施工)、BT(Build-Transfer，建设—转让)、BOT等形式的应用，它们的核心在于解决政府市场融资问题，可以说是PPP(Public-Private Partnership，政府和社会资本合作)的初级阶段。从2014年开始，按照中共中央、国务院的部署，财政部统筹推进新一轮PPP改革，2014年以财政部《关于推广运用政府和社会资本合作模式有关问题的通知》(财金〔2014〕76号)和《关于印发政府和社会资本合作模式操作指南(试行)的通知》(财金〔2014〕113号)，以及《国家发展改革委关于开展政府和社会资本合作的指导意见》(发改投资〔2014〕2724号)等政策文件为标志，PPP 被赋予新内涵，成为一种市场化供给公共产品和服务的新渠道，不仅具有融资功能，而且更强调从建设到运营服务全生命周期的整体优化功能。

但是目前项目融资在中国的发展还处于挑战与机遇并存的阶段。

项目融资面临的挑战主要来自两个方面：其一，过去曾长期制约中国经济发展的基础产业瓶颈，虽制约局面已有很大的改变，但随着市场结构的变化，一些领域或地区的某些产品出现了相对过剩或供求不平衡现象。其二，某些垄断行业的改革正朝着市场化的方向迈进。例如电力工业体制正在以“厂网分离，竞价上网”为目标进行市场化改革，并在许多省份开展试点，然后全面推行。按照这一改革的思路，电力项目融资中的长期购电协议的签署就不具备以往的条件。上述两个方面都将影响项目融资的实施。

特别是特许经营 BOT 项目和 PPP 项目，毕竟属于新生事物，在中国的发展也仅有三十几年的历史，多数项目缺乏成功的建设、运营、移交经验，仅依据目前的一些有关特许经营的原则性规定，还远不能满足实践的需要。而在英、美、日等发达国家，目前在特许经营方面已经形成完善的法律法规体系，制定出一套操作性非常强的特许经营指南，详细规定了项目融资各个环节的具体事项，使得 BOT 项目运作非常规范。这正是中国目前尚需完善的一个重要方面。

在正视项目融资面临挑战的同时，还必须看到，随着中国经济的进一步发展，新的投资领域和投资机会的出现，为项目融资的进一步发展提供了有利时机。例如，我国在“十五”期间开始加速了城市化的进程，加大了对城市基础设施建设的投资力度；“十三五”规划更是提出加快新型城镇化步伐；“十四五”规划则提出推进以人为核心的新型城镇化，并于 2022 年 7 月由中华人民共和国国家发展和改革委员会发布《“十四五”新型城镇化实施方案》。政府的公共财政将无法满足巨大的资金投入需求，必须采用项目融资等多方融资渠道。

项目融资的发展方向可重点考虑城市轨道交通、城市供水及污水处理等项目。国家和地方也在不断出台相应的鼓励措施。例如 2015 年，《国务院办公厅转发财政部、发展改革委、人民银行关于在公共服务领域推广政府和社会资本合作模式指导意见的通知》（国办发〔2015〕42 号）中提出“在公共服务领域推广政府和社会资本合作模式，是转变政府职能、激发市场活力、打造经济新增长点的重要改革举措”。2016 年，国家发展改革委发布的《关于切实做好传统基础设施领域政府和社会资本合作有关工作的通知》（发改投资〔2016〕1744 号）中提出“经济新常态下，继续做好基础设施领域 PPP 有关工作，有利于推进结构性改革尤其是供给侧结构性改革，增加有效供给，实施创新驱动发展战略，促进稳增长、补短板、扩就业、惠民生；有利于打破基础设施领域准入限制，鼓励引导民间投资，提高基础设施项目建设、运营和管理效率，激发经济活力，增强发展动力；有利于创新投融资机制，推动各类资本相互融合、优势互补，积极发展混合所有制经济；有利于理顺政府与市场关系，加快政府职能转变，充分发挥市场配置资源的决定性作用和更好发挥政府作用”。2016 年，财政部发布的《关于在公共服务领域深入推进政府和社会资本合作工作的通知》（财金〔2016〕90 号）中提出“各级财政部门要联合有关部门，继续坚持推广 PPP 模式‘促改革、惠民生、稳增长’的定位，切实践行供给侧结构性改革的最新要求，进一步推动公共服务从政府供给向合作供给、从单一投入向多元投入、从短期平衡向中长期平衡转变。要以改革实现公共服务供给结构调整，扩大有效供给，提高公共服务的供给质量和效率。要以改革激发社会资本活力和创造力，形成经济增长的内生动力，推动经济社会持续健康发展”。可以说，未来中国的PPP项目具有非常广阔的发展空间，也迫切地需要相关理论的指导，将PPP项目融资模式在基础设施项目建设领域的优势最大限度地发挥出来。

1.3 我国投融资相关政策

1.3.1 行业法规

为加强项目融资业务风险管理，促进项目融资业务健康发展，2009年7月18日，中国银行业监督管理委员会(现为“国家金融监督管理总局”)发布了《项目融资业务指引》(银监发〔2009〕71号)(以下简称《指引》)，标志着银行业金融机构在项目融资业务实践中积累的良好做法和国际先进经验首度以监管法规的形式得以制度化。

《指引》共有6个关键点：一是明确了项目融资的定义；二是要求区分建设期与经营期两类风险；三是明确和增加保证债权人权益的措施；四是提出债权人受托支付原则；五是加强项目收入账户的管理；六是强调银团贷款原则。

1）项目融资的定义

项目融资的早期形式可以追溯到20世纪50年代，美国一些银行利用产品贷款的方式为石油天然气项目安排融资活动。60年代中期在英国北海油田开发中所使用的有限追索项目贷款使得项目融资开始被人们重视，成为国际金融的一个独立分支。70年代第一次石油危机之后能源工业的繁荣时期，项目融资得到大规模发展，成为当时大型能源项目国际性融资的主要手段。

对项目融资的定义历来存在着广义与狭义之分，从广义上来说，一切针对具体项目安排的融资都归为项目融资的范畴；从狭义上来说，项目融资只包括具有无追索或有限追索形式的融资活动。作为一个特定的金融术语，狭义上的理解为学术界和实务界所普遍接受。《指引》对项目融资的特征总结为三点，一是贷款用途通常用于建造大型生产装置、基础设施、房地产项目等；二是债务人通常是专门组建的企事业法人；三是还款资金来源主要依赖该项目产生的销售收入、补贴收入或其他收入。《指引》对项目融资的定义在《新资本协议》对项目融资的定义的基础上，又结合了我国的实际情况。

上文所说的追索，是指在债务人未按期偿还债务时，债权人要求债务人用除抵押资产之外的其他资产偿还债务的权利。是否具备无追索或有限追索的特征，是区分一个贷款业务属于项目融资还是传统的公司融资的重要标志。在传统的公司融资中，银行审核贷款的基础是债务人的整体资信状况，一旦出现到期未能偿还，银行当然要向债务人进行全面追索，并不局限于用贷款资金支付购买的资产。但在项目融资中，银行如完全以项目产生的现金流量作为还款来源和安全保障，就属于无追索性质；如果通过压力测试发现项目的财务强度(Financial Strength)不足以支撑还款安排，银行需要债务人及项目发起人提供其他形式的担保，就属于有限追索性质。

2）建设期风险与经营期风险的区分

项目融资的风险具有明显的阶段性，主要可以分为项目建设开发阶段和生产经营阶段，在每个阶段，项目的风险与现金流量都具有不同特征。《指引》第六条要求，债权人从事项目融资业务，应当充分识别和评估融资项目中存在的建设期风险和经营期风险，包括政策风险、筹资风险、完工风险、产品市场风险、超支风险、原材料风险、营运风险、汇率风险、环保风险和其他相关风险。

经过规划、可行性研究、工程设计等前期工作，项目以正式开工建设为标志进入建设开发阶段。此后大量的资金投入在工程用地、工程设备、施工费当中，银行贷款的风险暴露也逐步达到最高点，在这个阶段，一旦发生政府叫停项目（政策风险）、资本不到位（筹资风险）、不能按期完工或项目无法完成（完工风险）等，银行将面临最大的贷款损失风险。

项目完工标志着建设期的结束，通常采用商业完工（Commercial Completion）的概念，只有项目在规定的时间范围内满足融资文件中规定的产品产量、质量、原料、能耗标准及其他技术经济指标后，贷款银行方能认可项目正式完工。之所以有此做法，是因为如果投产的项目无法达到事先预测的有关指标，就意味着此前对项目现金流量的评估也是不准确的，直接影响项目能否按约定期限还款。

当项目生产满足了商业完工的有关指标，项目便进入经营期，如果项目可行性研究报告中的假设条件符合实际情况，项目就能产生出足够的现金流量来支付生产经营费用、偿还债务并为投资者提供投资收益。在这个阶段，项目的风险主要体现在产品市场、原材料、营运、环保等方面。

3）保证债权人权益的必要措施

正是因为项目融资具有无追索或有限追索的性质，使得参与其中的银行必须通过严密的合同安排把自己承担的风险限定在一个可以接受的范围内。《指引》的第十一条指出，债权人应当要求将符合抵质押条件的项目资产和/或项目预期收益等权利为贷款设定担保，并可以根据需要，将项目发起人持有的项目公司股权为贷款设定质押担保。债权人应当要求成为项目所投保商业保险的第一顺位保险金请求权人，或采取其他措施有效控制保险赔款权益。

项目担保是项目融资结构中的一个重要组成部分，在一定程度上可以说是项目融资结构的生命线。在项目融资中，担保的功能与一般担保实务的特征并不相同。一般商业贷款业务中银行对担保的要求是：担保人应有足够的资产弥补债务人不能按期还款可能带来的损失；而项目融资的贷款者关注的重点是项目的成功与否，而不是担保资产的价值，其对担保的要求是：保证项目按期完工、正常经营，获取足够的现金流量来回收贷款。因此，项目融资的担保更多地具有“防御性”的特征，是通过成为项目公司的“高级债权人”以防止其他非债权人支配项目的现金流量。

保险是项目融资中一个非常重要的资信增级工具，理论上说凡是在项目中可能涉及的风险均可以通过购买保险来得到保障。商业保险的范围可以覆盖项目建设与经营两个阶段，一般有以下险种：（1）建设工程一切险，主要为工程项目的财产损坏和灭失提供保障。（2）预期利润损失险，为因开工延误导致业主的经济损失提供补偿。（3）第三者责任险，对因施工而造成的第三者的身体伤害和财产损失所导致的法律责任进行保险。（4）经营一切险，对商业经营过程中发生的损失和损坏提供保障。(5)经营利润损失险，对经营一切险所保险的事件的发生而导致的项目财务利润减少提供的保险。(6)雇主责任险，为被保险人对所雇佣的员工在受雇过程中遭受意外或患职业性疾病，导致伤残或死亡应承担的医药费用及经济赔偿责任提供的保险。

在购买商业保险的基础上，银行和债务人之间还会签署一份保险权益转让协议，详细规定债务人向债权人转让的权利内容(获得保险赔付和向保险公司索赔的权利等)、使转让生效的条件，如登记、公证和告知以及具体转让的方式。对于债务人，协议规定：虽然其在保险单项下的权利业已转让，但为了保证项目的正常实施，债务人仍应严格履行保险单约定的义务和行使其权利，如缴纳保费、按时续保、出险后进行索赔等。因保险权益的转让，使贷款银行对该项目具有可保利益，可以与债务人(项目公司)一起成为各险种保障下的被保险人。

4) 提出受托支付原则

《指引》除要求按照《固定资产贷款管理暂行办法》的规定进行“债权人受托支付”外，还进一步提出了根据债权人、独立中介机构和承包商出具的、符合约定条件的共同签证单进行贷款支付。债权人受托支付是指债权人根据债务人的提款申请和支付委托，将贷款资金支付给符合合同约定用途的债务人交易对手。单笔金额超过项目总投资5%或超过500万元的贷款资金支付，应采用债权人受托支付方式。

债权人受托支付并非一项创新做法，这种支付方式目前在国际上已经得到广泛应用，国内一些银行在业务实践中也已有所应用。通过监管法规的形式把受托支付的原则固定为行业普遍遵守的规范，至少有以下三点好处。一是债务人挪用贷款的空间被压缩，信贷资金的流向更加透明。在债务人自主支付的情况下，银行将贷款打入债务人账户，再由债务人自主支付交易款项，贷款的最终用途银行难以掌控，只能通过信贷员“加强贷后监控”控制风险，这种“人控”模式的道德风险难以控制，是银行违规操作和案件风险的高发区；而采用受托支付原则后，贷款资金将直接打给债务人交易对手的账户，贷款实现了一步到位。二是促进市场的公平竞争环境。在强制采用受托支付原则前，一些银行对这种做法往往是“选择性应用”，即对小企业、谈判地位低的企业应用，而对大企业、银行积极争取的“黄金客户”不应用，一个贷款管理的工具成了银行参与同业竞争的砝码。三是节约企业的利息支出。在挤占、挪用贷款空间受限的情况下，有上述企图的企业将重新审视自己的贷款计划，既然项目不需要又挪不走，那部分贷款就不再列入贷款申请计划了。

5) 项目收入账户的管理

《指引》第十七条规定，债权人应当与债务人约定专门的项目收入账户，并要求所有项目收入进入约定账户，并按照事先约定的条件和方式对外支付。债权人应当对项目收入账户进行动态监测，当账户资金流动出现异常时，应当及时查明原因并采取相应措施。

项目收入的现金流量是贷款偿还的最主要来源，债权人通过与债务人约定专门的项目收入账户并保有对其充分的控制和监测权而让自身处于更加安全的地位。在项目融资实践中，债权人普遍通过一些合同条款的约束来提升贷款安全性，上述的约定收入账户便是典型一例。透过《新资本协议》中的“监管当局对项目融资风险暴露评级表”的“安全包”(Security Package)部分，我们可以得到一个更全面的认识。“安全包”的主要内容包括：合同与账户的权利分配；抵押资产的质量、价值和流动性；债权人对现金流量的控制；合同条款的约束力；储备金水平。贷款银行对上述安全措施的使用情况直接影响到监管机构对其办理的项目融资风险暴露的评级，进而面临不同的监管资本要求，可见其重要性。

6）强调银团贷款原则

《指引》第十九条规定，多家银行业金融机构参与同一项目融资的，原则上应当采用银团贷款方式。

银团贷款是指由两家或两家以上银行基于相同贷款条件，依据同一贷款协议，按约定时间和比例，通过代理行向债务人提供的本外币贷款或授信业务。银团贷款的基本特点在于其贷款规模较大，是国际通行的满足企业大额融资的贷款组织模式，是大企业寻求战略融资支持的一条有效路径。同时，银团贷款在克服各参与行信息不对称、识别并分散贷款风险、防止银行间以降低贷款条件进行不正当竞争、缩短企业筹资时间、降低筹资成本等方面存在诸多优势。

1.3.2 中央有关文件

1）《关于做好地方政府专项债券发行及项目配套融资工作的通知》

为贯彻落实党中央、国务院决策部署，加大逆周期调节力度，更好发挥地方政府专项债券（以下简称专项债券）的重要作用，着力加大对重点领域和薄弱环节的支持力度，增加有效投资、优化经济结构、稳定总需求，保持经济持续健康发展，2019 年 6 月 10 日，中共中央办公厅、国务院办公厅印发了《关于做好地方政府专项债券发行及项目配套融资工作的通知》（以下简称《通知》）。

财政部、国家发展改革委、人民银行、审计署、银保监会、证监会有关负责人接受了新华社记者的采访，解读《通知》亮点，即《用改革的方法开大开好地方政府规范举债融资“前门”——六部门相关负责人解读两办地方专项债新规》，具体内容如下。

（1）为金融支持专项债项目划范围

《通知》一大亮点，就是改变过去专项债券封闭运行的模式，根据专项债券项目特点，合理明确金融支持的标准。

《通知》提出，合理明确金融支持专项债券项目标准，资金支持精准聚焦国家重点领域和重大项目，积极引导金融机构对符合标准的项目提供配套融资支持，允许将专项债券作为符合条件的重大项目资本金，确保落实专项债券项目和市场化融资项目到期债务偿还责任。这是用改革的方法开大开好地方政府规范举债融资的“前门”。

《通知》鼓励地方政府和金融机构依法合规使用专项债券和其他市场化融资方式，重点支持京津冀协同发展、长江经济带发展、“一带一路”建设、粤港澳大湾区建设、长三角区域一体化发展、推进海南全面深化改革开放等重大战略和乡村振兴战略等。

值得一提的是，《通知》允许将专项债券作为符合条件的重大公益性项目资本金。这类项目主要是国家重点支持的铁路、国家高速公路和支持推进国家重大战略实施的地方高速公路、供电、供气等项目。

此外，在评估项目收益偿还专项债券本息后其他经营性专项收入具备融资条件的，允许将部分专项债券资金作为一定比例的项目资本金，但不得超越项目收益实际水平过度融资。

（2）坚持市场化发行，扩大投资群体

2019 年 3 月，浙江省和宁波市开始通过商业银行柜台市场发行地方政府债券，这标志着我国地方债券柜台发行成功推出，个人和中小机构均可认购地方债券。

在“进一步完善专项债券管理及配套措施”章节，《通知》提出要大力做好专项债券项目推介、保障专项债券项目融资与偿债能力相匹配、强化信用评级和差别定价、提升地方政府债券发行定价市场化程度、丰富地方政府债券投资群体、合理提高长期专项债券期限比例、加快专项债券发行使用进度等要求。

以市场化发行为例，《通知》要求，进一步减少对地方政府债券发行的行政干预和窗口指导，严禁地方政府及其部门通过金融机构排名、财政资金存放、设立信贷目标等方式，直接或间接向金融机构施压。

在丰富投资群体方面，《通知》提出，推动地方政府债券通过商业银行柜台在本地区范围内向个人和中小机构投资者发售，扩大对个人投资者发售量，提高商业银行柜台发售比例。鼓励和引导商业银行、保险公司、基金公司、社会保险基金等机构投资者和个人投资者参与投资地方政府债券。

《通知》既支持做好专项债券发行及项目配套融资工作，又推动地方政府债券沿着市场化改革方向发展，实现让市场在金融资源配置中发挥决定性作用。

（3）既突出正向激励，又坚决防控风险

发行地方政府专项债券，是加大逆周期调节的重要手段。

《通知》贯彻落实党中央关于坚持“三个区分开来”的精神和要求，在强化责任意识、坚决查处违法违规行为的同时，针对可能存在的部分地方政府和金融机构担心问责而不作为的情况，从建立正向激励、依法合规予以免责两方面，既提出相关激励性措施，又设定合规免责的边界，着力消除地方政府、金融机构合法合规行为的不必要顾虑。

在正向激励方面，《通知》提出，研究建立正向激励机制，将做好专项债券发行及项目配套融资工作、加快专项债券发行使用进度与全年专项债券额度分配挂钩，对专项债券资金发行使用进度较快的地区予以适当倾斜。适当提高地方政府债券作为信贷政策支持再贷款担保品的质押率，进一步提高金融机构持有地方政府债券的积极性。

在依法合规予以免责方面，《通知》提出，对金融机构依法合规支持专项债券项目配套融资等情形，凡偿债资金来源为经营性收入、不新增隐性债务的，不认定为隐性债务问责情形。对金融机构支持存量隐性债务中的必要在建项目后续融资且不新增隐性债务的，也不认定为隐性债务问责情形。

但这不意味着放松债务风险管控。《通知》强调，严禁利用专项债券作为重大项目资本金政策层层放大杠杆，严禁超越项目收益实际水平过度融资。

用改革的办法“开大前门”的同时，坚决打好防范化解重大风险攻坚战。使专项债券更好助力增加有效投资、优化经济结构、稳定总需求，保持经济持续健康发展。

2）《地方政府专项债券用途调整操作指引》

为贯彻落实党中央、国务院决策部署，进一步规范和加强地方政府专项债券管理，提高专项债券资金使用绩效，防范化解地方政府债务风险，2021 年 11 月 11 日，中华人民共和国财政部发布《地方政府专项债券用途调整操作指引》（财预〔2021〕110 号）（以下简称《操作指引》)。

《操作指引》强调，专项债券资金使用应坚持以不调整为常态、调整为例外，严禁擅自随意调整专项债券用途，严禁先挪用、后调整等行为，这是对于地方政府专项债券的合规性的进一步完善，以更好发挥财政资金的作用。

(1) 让专项债券切实发挥作用

2021 年前三季度，全国地方已发行新增地方政府债券 28986 亿元，其中专项债券 22167 亿元，专项债券发行进度 61%，其中 8 月以来发行进度明显加快。按照党中央、国务院确定的重点投资领域，前三季度，全国地方发行的新增专项债券约五成投向交通基础设施、市政和产业园区领域重大项目，约三成投向保障性安居工程以及卫生健康、教育、养老、文化旅游等社会事业领域重大项目，约两成投向农林水利、能源、城乡冷链物流等领域重大项目。这对带动扩大有效投资、保持经济平稳运行发挥了重要作用。

当前也有一些地方存在专项债资金闲置、违规使用以及使用绩效不高等问题。《操作指引》的出台正是为了提高专项债券资金的使用绩效并防范化解地方政府债务风险，使其真正发挥出跨周期调节和补短板的作用。

各地《2020 年度省级预算执行和其他财政收支的审计工作报告》显示，有些省份的部分市县项目资金闲置超过 1 年。某省 4 市 20 县将 29. 04 亿元债券资金出借给乡镇、企业等周转使用，甚至用于购买理财产品或其他项目建设等。

这些问题降低了地方政府偿债能力，提高了地方政府债务风险。审计署数据显示，2020 年底，在 55 个地区专项债余额 1. 27 万亿元中，有 413. 21 亿元(占 3. 25%)未严格按用途使用，其中有 5 个地区将 204. 67 亿元投向无收益或年收入不足本息支出的项目，偿债能力堪忧。

2021 年以来，财政部持续强化专项债券资金使用管理，进一步强化制度约束。但是，一些地方政府债券发行节奏、使用进度偏慢，基建增速低迷，资金未能较快地匹配到项目上，专项债券形成投资稳定经济的作用有待进一步发挥。

《操作指引》的出台可以更有效地解决之前部分专项债券实施过程中无法及时、有效使用等问题，一方面可以更好地解决部分专项债项目的资金沉淀、资金低效使用问题；另一方面可以防范资金挪用、随意调整问题。此外，按规范调整到其他领域，可以更好地发挥资金的高效配置、拉动有效投资的作用。

《操作指引》要求在调整过程中，应当严格履行规定程序，不得“先挪用、后调整”。同时，调整到其他项目时要符合相应条件、程序，确保融资与收益自平衡、尽早形成实物工作量。

(2) 严格专项债券使用负面清单管理

《操作指引》明确，专项债券资金已安排的项目调整规模大、频次多的地区或部门，省级财政部门可适当扣减下一年度新增专项债券额度。

专项债券用途调整仅限于特殊情况。《操作指引》列出四类：项目实施过程中发生重大变化，确无专项债券资金需求或需求少于预期的；项目竣工后，专项债券资金有结余的；财政、审计等发现专项债券使用存在违规问题，按照监督检查意见或审计等意见确需调整的；其他需要调整的。

《操作指引》明确了专项债券用途调整四大原则。调整安排的项目必须属于有一定收益的公益性项目，且预期收益与融资规模自求平衡，项目前期准备充分、可尽早形成实物工作量，项目周期应当与申请调整的债券剩余期限相匹配；调整安排的专项债券资金，优先支持党中央、国务院明确的重点领域重大项目；调整安排的专项债券资金，优先选择与原已安排的项目属于相同类型和领域的项目，确需改变项目类型的，应当进行必要的解释说明；调整安排的专项债券资金，严禁用于置换存量债务，严禁用于楼堂馆所、形象工程和政绩工程以及非公益性资本支出项目，不得用于经常性支出。

《操作指引》是在前期文件和政策实践基础上的进一步规范和提升，强调合规、高效调整专项债券用途。一是对项目调整条件、调整程序、执行管理、信息公开等债券项目全过程进行了较为详细的规定，规则更清晰、更具操作性。二是赋予省级政府更大自主权，由省级政府统筹安排、报财政部备案。三是坚持以不调整为常态、调整为例外，加强了监督管理，引导各地提升项目安排的精准性、规范性，形成激励约束机制。

专项债券作为地方政府重要融资工具，不仅有拉动有效投资的作用，还有"开前门、堵后门"、降低地方政府隐性债务的功能。因此，《操作指引》的出台也旨在进一步规范地方政府专项债券使用中的不规范做法，使专项债券资金体现应有的作用，防范潜在的风险。

《操作指引》明确了专项债券资金使用坚持以不调整为常态、调整为例外，指出了专项债券用途调整的原则，严格了专项债券使用负面清单管理。"确因特殊情况需要调整的，应符合若干原则，如调整安排的项目须属于有一定收益的公益性项目，严禁用于置换存量债务等。"

（3）提高专项债资金使用绩效

2021 年以来，财政部持续强化专项债券资金使用管理，会同有关部门加强对地方项目储备和前期工作的指导，同时加强对地方申报专项债券项目的审核把关，推动提高项目储备质量。印发《地方政府专项债券项目资金绩效管理办法》等文件，启动专项债券穿透式监测试点，强化专项债券全生命周期管理；印发《地方政府专项债券资金投向领域禁止类项目清单》，常态化开展专项债券资金使用情况核查，进一步强化制度约束，严肃财经纪律。

近年来，财政部多次要求规范专项债券用途调整，提高资金使用效率，《操作指引》是对调整细则的进一步明确，有助于督促专项债券资金用在"刀刃"上，提高专项债券资金使用绩效，防范化解地方政府债务风险。

2020 年 7 月，财政部在《关于加快地方政府专项债券发行使用有关工作的通知》中明确，赋予地方政府一定的自主权，对因准备不足短期内难以建设实施的项目，允许省级政府及时按程序调整用途。

2021 年 6 月，财政部在《地方政府专项债券项目资金绩效管理办法》中指出，"对专项债券项目实行穿透式监管""项目无法实施或存在严重问题的要及时追回专项债券资金并按程序调整用途"。

《操作指引》赋予省级政府较大自主权和清晰的调整路径，有利于发挥地方政府主观能动性，不仅可以进一步降低资金闲置、资金挪用、低效或无效使用等现象，而且可以更好地发挥盘活资金、拉动有效投资的作用。这将有助于引导地方加强项目储备、使用和调整管理，防范化解地方政府债务风险，提高专项债券资金使用绩效。

《操作指引》旨在引导地方政府进一步挖掘发行专项债券项目的潜力，通过盘活存量资金推动专项债券资金支出尽快形成实物工作量。

3）“十四五”规划相关政策

中华人民共和国国家发展和改革委员会高技术司于2021年11月29日发布《“十四五”新型基础设施建设解读稿之九：新型基础设施建设呼唤新型投融资体系》。

新型基础设施建设包括信息基础设施、融合基础设施、创新基础设施，是支撑新业态、新产业、新服务发展的战略性基石，是引领新一轮科技革命与产业变革、打造中长期经济发展新动能的先导性布局。以习近平同志为核心的党中央高度重视新型基础设施建设工作，总体部署推进5G、大数据中心、人工智能等新型基础设施建设。“十四五”时期，新型基础设施建设在疫情冲击下逆势而上，成为“两新一重”投资的重点领域，全国有20多个省份出台实施新型基础设施建设计划。

（1）新型基础设施建设投融资具有鲜明特征

新型基础设施建设既是立足当前，也是面向未来的投资，新型基础设施建设将短期的需求和长期的潜在增长机遇相结合，在许多行业、许多领域都带来空前的发展机会。据有关研究机构估算，2020年我国新基建投资规模超万亿元，未来新基建投资将持续扩大，投资增速达到两位数，在基建投资中的占比将逐步提高15%~20%，到2025年带动累计投资规模有望达到20万亿元。与传统基础设施建设的投融资方式不同，新型基础设施建设的投融资方式具有明显独特性。

新型基础设施建设投融资规模更加差异化。新型基础设施建设项目投融资规模从几十万元到数千亿元不等，项目形式更多样、范围更广泛、规模更分散、技术更高端，不能简单套用传统基础设施建设的一种或几种投融资模式。

新型基础设施建设投融资主体更加多元化。公路、铁路、机场等传统基础设施建设多由政府、地方平台公司或大型国有企业作为投资主体，新型基础设施建设的投资主体主要为通信运营商、互联网平台企业以及其他社会投资机构，各级地方政府也积极参与融合基础设施的投资建设。

新型基础设施建设投融资运营更加市场化。传统基础设施建设运营模式相对固定，已形成较成熟的收费模式、定价机制等，通过服务收费、特许经营、财政补贴、土地补偿等方式取得收入，以土地、设施等固定资产作为抵押，利用债券、信贷、租赁、信托等金融工具获得社会资金。新型基础设施能够有效激发新的产业和市场需求，不断拓宽应用场景、突破技术瓶颈、验证商业模式，这决定了新型基础设施建设的投融资更加具有市场化的特点。

（2）新型基础设施建设投融资面临诸多挑战

新型基础设施建设是高达万亿元级的新兴投融资领域，各地积极布局推进新型基础设施建设，但仍然面临“谁来投”“怎样投”“钱哪来”等问题和困难，尚未形成政府引导、企业主导、市场运作的投融资格局。

新型基础设施建设具有较大技术迭代风险。新型基础设施建设既包括5G基站、大数据中心设施、充电桩等硬件设施，又包括网络平台、操作系统等软件设施，新型基础设施所依赖的5G、人工智能、区块链等新一代信息技术更新速度快、迭代周期短，而5G基站、大数据中心等新型基础设施前期投入大、资金回收慢，投资不确定性风险较大，影响社会资本投入新型基础设施建设的积极性。

传统投资主体投资新型基础设施建设面临限制。各级政府、银行等是传统基础设施项目的投资主体，通过政府发行专项债券和增加赤字率为基础设施项目提供专项资金支持，但近年来国家对政府隐性债务和非标融资的监管力度不断加大，各级政府对新型基础设施建设的增量投资受限。而新型基础设施建设项目普遍是轻资产、缺乏抵押品，较难适应银行贷款对抵押品的要求。

新型基础设施建设的盈利模式存在不确定性。信息基础设施建设的价值在"用"不在"建"，由于不少行业、企业信息化程度和设备联网率较低，"信息孤岛"状态尚未完全打破，面临数据共享、商业合作等壁垒，部分创新和融合基础设施有较强的社会公益属性和正外部性，社会化资本受资金、技术和人才制约，对新型基础设施应用的参与度不高、主动性不强，限制了新型基础设施的有效市场规模。

（3）建立健全新型基础设施建设投融资体系

新型基础设施建设"不能穿新鞋走老路"，要发挥政府资金对投资的引导带动作用，充分利用市场手段、发挥市场力量，拓宽资金来源、创新投融资方式，有效调动社会资本参与积极性，加快构建政府引导、企业主导、市场运作的新型基础设施投融资模式。

创新政府资金投入模式。按照"资金跟着项目走、项目跟着规划走"的原则，引导各地加快新型基础设施建设的规划与项目储备。建立国家、省市基金联动机制，加大对新型基础设施建设的支持力度。用好中央预算内投资、中央专项建设资金和地方政府专项债券资金，发挥政府资金"四两拨千斤"的引导作用，通过产业引导基金、担保基金、信托基金、PPP 等方式不断吸引社会资本参与新型基础设施建设。将云计算、大数据、人工智能等新型基础设施产品和服务列入政府采购目录。通过税收优惠、财政补贴等方式支持新型基础设施建设项目。例如天津通过专项债券筹措新基建项目资本金，并发挥财政资金撬动作用，吸引社会资本投资新基建。

创新金融信贷投入模式。针对新型基础设施建设投入大、专业性强、风险高等特点，引导金融机构开展金融产品创新。鼓励开发性金融机构发挥"投贷债租证"综合金融优势，提供新型基础设施建设相关的全产业链金融服务。针对新型基础设施相关科技项目前期投入大、研发周期长等特点，支持商业性金融机构开发股权基金投资、投贷联动产品、"软贷款+期权"等新模式。建立新型基础设施建设优惠利率信贷专项，加大新型基础设施建设中长期贷款投放力度。例如浙江地区金融机构创新差异化金融服务，有效解决新基建企业融资问题。

创新投融资产品与服务。针对新型基础设施建设涉及产业链长的特点，鼓励发挥龙头企业对上下游的辐射带动作用，延伸新型基础设施建设的金融服务链条。例如河北、上海、山西等地通过建立政银企对接长效机制，提高新基建融资服务效率。鼓励符合条件的新型基础设施项目积极参与基础设施领域不动产投资信托基金（Real Estate Investment Trusts, REITs）试点，盘活存量资产形成投资良性循环。根据有关机构介绍，REITs 自诞生以来的 60 余年间，已发展至美国、澳大利亚、日本、新加坡、中国香港等 40 多个国家和地区，基础资产从商业物业逐步拓展到了交通、能源、零售、医疗等领域，在 2019 年美国 REITs 市值已达一万亿美元左右。

创新企业参与投融资机制。支持新型基础设施建设领域企业登陆资本市场，特别是到科创板、创业板上市，支持到“新三板”、区域性股权市场挂牌融资。放开新型基础设施项目投资的市场准入限制，为企业和社会资本拓宽投资渠道。实施市场准入负面清单，给予各类市场主体公平参与的机会，科学合理地确定新型基础设施项目的投资资格，不设置超过新型基础设施项目实际需要的注册资本金、资产规模、银行存款证明或融资意向函等条件，不设置与新型基础设施项目投融资、建设、运营无关的准入条件。

培育可持续的投资收益闭环。探索新型基础设施的应用场景，规划可持续的商业模式，推动新型基础设施与配套产业协同发展，促进产业经济反哺新型基础设施建设，发挥新型基础设施建设的“乘数效应”和“裂变功能”。在5G网络、人工智能、云计算、工业互联网等领域，促进新型基础设施建设与应用场景协同发展，基于场景应用构建产业链分享收入和盈利。

1.4 财务风险评估管理的作用和影响因素

1.4.1 风险基础理论

1）风险的概念

“风险”最初是指不确定性。西方古典经济学派早在19世纪就提出了风险的概念，他们认为风险是经营活动的伴随产物，而经营收益是经营者在经营活动中因承担风险所得的报酬。美国学者海恩斯(Haynes)最早提出了风险的概念，在1895年出版的著作*Risk as an Economic Factor*中，他提出：“风险一词在经济学和其他学术领域中并无任何技术上的内容，它意味着损害或者损失的可能性。偶然性的因素是划分风险的本质特征，某种行为能否产生有害的后果应该以其不确定性而定。如果某种行为具有不确定性，则该行为就承担了风险。”

1921年，美国经济学家奈特(Knight)提出风险就是“可测定的不确定性”，而真正意义上的不确定性是指“不可测定的不确定性”。1972年，若森布鲁姆(J. S. Rosenbloom)认为风险就是未来损失的不确定性。1993年，日本学者武井勋就在他的著作《风险、不确定性和利润》中，对风险的概念做出了新的表述，他认为在特定环境和特定期间内，自然存在的导致经济损失的这种变化就可称为风险。他还提出了三个要素：一是风险与不确定性有差异；二是风险是客观存在的；三是风险可以被测量。

对企业的发展而言，风险是必需的，风险本身并不是坏事，有风险才有机会，风险是机会生存的土壤。对风险的厌恶和恐惧并不能解决实际问题，反而会因为未能利用机会而导致更大的风险。因此，我们需要区分风险的正面和负面，把正面的风险称为机会，负面的风险称为威胁。随着全球经济环境的日益复杂，新技术与新的经营模式不断出现，全球范围内的竞争日益激烈，企业只有了解并有能力控制住所面临的风险，战胜威胁，寻求机遇才能够在现代经济领域中占有一席之地。

2）风险的分类

从不同角度我们可以对风险进行不同的划分。不同的经营主体和理财项目在不同的理财环境和理财阶段，会有不同的风险种类，见表1.1。

表1.1 风险分类

风险分类依据	风险种类
按资金运动的过程	筹资风险、投资风险、资金回收风险和收益分配风险
按产生原因	制度性财务风险、固有财务风险和操作性财务风险
根据企业中部门	战略性财务风险、总体性财务风险、部门性财务风险
根据财务风险的表现层次	轻微财务风险、一般财务风险、重大财务风险
根据财务管理的主题	所有者风险、经营者风险
根据财务活动涉及的频率	普通时期财务风险、特殊时期财务风险

1.4.2 风险管理基础理论

1）风险管理的概念与发展

任何决策过程都会存在风险，企业或组织为了避免风险发生以及尽量减少风险造成的损失而采取一定的管理手段，并期望通过管理手段对风险进行有效的控制，以尽可能获得最大收益，这一过程称为风险管理。

风险管理于20世纪30年代起源于美国。当时，由于受到世界经济危机影响，美国大量银行和企业破产。为了应对经营上的危机，许多企业都设立了保险管理部口，主要负责企业的各种保险项目。所以，保险手段应该算是当时的一种风险管理。

1938年以后，美国企业开始采用科学的方法进行风险管理，并积累了丰富的经验。1950年后，风险管理一词形成，风险管理逐渐成为一门新兴的管理学科。随着企业经营风险的增加，1970年后，法国和日本也引进了风险管理，并开始对风险管理进行研究。近年来，很多国家都开始重视风险管理。在1983年风险和保险管理协会年会上，各国专家共同讨论通过了“101条风险管理准则”，自此，风险管理进入一个新的发展阶段。

在中国，风险管理学作为一门新兴学科仍处于起步阶段，中国在20世纪80年代才开始对风险管理进行研究。当时，中国大部分企业对风险管理缺乏认识，而且没有专门的风险管理机构。近年来，很多企业开始了解到风险管理的重要性，并开始对风险管理进行研究。

2）风险管理的内容

风险管理的过程不仅包括风险识别、风险估测、风险评价、风险控制，还包括风险管理技术选择和风险管理效果评价等。

风险识别是风险管理的第一个环节，是对企业所面临的风险进行判断、分类和确定性质的过程。只有全面了解了各种风险，才能准确预测危险可能造成的危害，并在此基础之上选择处理风险的有效技术手段。风险识别的方法有很多，最常用的有生产流程分析法、财务表格分析法、保险调查法。其中，财务表格分析法是指通过对企业的资产负债表、损益表、营业报告书以及其他相关资料进行分析，继而识别和发现企业所面临的风险。

风险估测是在风险识别的基础上，对收集到的风险资料进行分析，并运用概率论和数理统计，对风险发生的概率以及损失幅度进行估计和预测。

风险评价是指根据一些安全指标去衡量风险的程度，并确定风险是否需要处理以及处理的程度。

风险控制是根据风险评估的结果做出风险控制决策，这也是财务风险管理中最关键的一环。风险控制的目的在于降低企业所承受的风险程度，帮助企业规避风险，减少损失。当风险无法避免时，应当尽量降低风险给企业带来的不利影响。风险控制是根据风险程度的不同，做出风险回避、风险转移、风险自保以及风险自担等风险控制决策。风险控制是风险管理过程中的最后一个环节，也是风险管理成功与否的关键所在。

风险管理技术选择是指根据风险评价的结果以及风险管理的目标来选择最佳风险管理技术。在实际风险管理过程中，我们通常会将多种管理技术进行优化组合，以期达到最佳状态。

风险管理效果评价是对风险管理技术以及通过该技术所取得的效果进行分析、检查、修正与评估。

1.4.3 财务风险管理基础理论

1）财务风险的概述

财务风险管理是风险管理中的一个分支，是在风险管理经验的基础上发展起来的一门新的管理科学。财务风险是指由于企业财务经营效果具有不确定性，即由于企业的财务系统中客观存在着各种无法预料和控制的因素，致使企业实现的财务收益与预期财务收益发生背离，从而会产生收益减损的可能。财务管理工作的各个环节都有可能发生财务风险，不同的财务风险产生的具体原因也不相同。

财务风险管理的目标是降低财务风险，减少风险损失。因此，在财务风险管理中，做出决策就是要处理好成本和效率的关系，并以最经济合理的方式来处置风险，最后制定财务风险管理策略。但风险的动态性决定了财务风险管理是一个动态的过程。由于企业内外部环境在不断变化，因此，在财务风险管理的实施过程中，应根据财务风险状态的变化，对财务风险管理方案进行及时调整，并及时修正偏离财务风险管理目标的行为。

从狭义的角度上来说，财务风险是指企业在筹资过程中，由于未来收益不确定而产生的风险，也可以说是企业利用财务杠杆而产生的风险。从广义的角度上来说，财务风险是指在企业各项财务工作中，由于内外部环境以及各种无法控制的因素而导致财务系统的运行偏离了预期目标，从而导致经济损失的可能性。企业财务活动由筹资活动、投资活动、资金回收及收益分配四个方面组成，所以，财务风险可以相应地分为筹资风险、投资风险、资金回收风险和收益分配风险。

2）财务风险的特征

（1）客观性。财务风险是客观存在的，不以人的主观意识而转移。

（2）全面性。财务风险存在于财务管理工作中的所有环节，因此，财务风险的控制与防范必须贯穿整个财务管理工作的始末。所以，财务风险管理是全员、全过程、全方位的管理。

(3) 不确定性。财务风险是客观存在的，但具体到某个项目上，是否发生、何时发生、是否造成损失、损失程度如何，这些都是不确定的。财务风险管理的过程就是不断减少和控制这种不确定性的过程。

(4) 共存性。财务风险与企业收益是共存的。两者成正比，财务风险越大，企业收益越高。

(5) 激励性。因为财务风险的客观性与全面性，使得企业积极采取财务风险防范措施，通过努力提高生产力，增强自身竞争力来降低风险，获得更高的经济效益。

3) 财务风险管理的作用及现实意义

财务风险管理的作用主要有，有效维持经营稳定，提高安全保障程度，增加经营效益，减少不确定性。

财务风险管理的目标就是权衡风险和收益的利弊关系，并在此基础上运用风险管理技术做出最优决策，使得损失最小化，收益最大化。并且力求将风险控制在企业能承受的范围之内，努力提高企业收益，增加企业价值。我国加入国际贸易组织(World Trade Organization，WTO)后，我国企业进一步融入了全球经济竞争中，企业所面临的理财环境发生了很大变化，财务风险愈加多样化和复杂化，其对企业造成的危害和损失也日益加剧。因此，企业在加强对财务风险的防范与控制的同时，构建良好的企业财务风险防范控制体系，才能有效防止财务风险给企业造成灾难性的后果，才能使企业在复杂多变的市场经济浪潮中立于不败之地。

第2章 项目投资的结构

在项目融资中，项目的投资结构是指项目实体(Project Entity)的法律组织结构，反映项目发起人对项目权益的法律拥有形式和发起人之间的法律合作关系。项目投资结构对项目融资的组织和运行起着决定性的作用，一个法律结构严谨的投资结构是项目融资得以实现的前提条件。本章将详细介绍影响项目投资结构的主要因素及在项目融资中较常使用的几种投资结构。

2.1 影响项目投资结构的主要因素

项目投资结构设计，是指在项目所在国的法律、法规、会计、税务等客观因素的制约下，寻求一种能够最大限度地实现投资目标的项目资产所有权结构，是项目前期开发阶段的核心内容。因为，项目实体不同的组织结构将影响诸如项目融资的谈判与签订、项目管理等项目开发的各个方面。如有些国家法律上不允许特许权授予项目发起人之后再转让给项目公司；或者如果项目开发协议中有禁止项目转让的条款，项目发起人就无法将该项目转让给实际经营该项目的项目公司，这表明最初设计的项目投资结构——公司型合资结构是不理想的。所以，以何种形式组建项目实体，应在项目进行全面的可行性研究之前的前期开发阶段尽早确定下来。

当然，并不是在任何项目融资中都面临这一问题，如果项目发起人只有一个而且想自己独立从事项目的开发与建设，其他单位只是以一般参与者的身份参与项目的建设(如工程承包商建设项目取得承包费后就撤离该项目)就不存在项目投资结构设计的问题。

但是，在大多数项目融资中，都会存在两个以上的项目发起人，这是因为由多个投资者共同投资具有以下优势：(1)共同投资、共担风险。项目融资应用的主要领域是一些基础设施项目和资源性开发项目，这些项目的共同特点是资金占用量大，投资回收期长，受政治性因素或国际市场周期性波动影响大，任何一个投资者都很难全面承担项目的风险。如果由多个投资者共同投资，项目的风险就可以由多个投资者共同承担。(2)充分利用不同背景投资者之间所具有的互补性效益。如有的投资者可为项目提供长期稳定的市场，有的拥有资源，有的可以提供技术和管理服务。到一个不熟悉的国家去投资，如果有一个了解当地情况的公司作为合作伙伴无疑会提高投资成功的机会。(3)利用不同投资者的信誉等级获得优惠的贷款条件。投资者之间不同优势的结合可以为项目争取到较为有利的贷款条件。例如，有的投资者具备较好的生产、管理和财务资信，可以构成对项目融资有力的信用支持，从而有可能在安排项目融资时获得较为有利的贷款条件，如贷款利率、贷款期限、贷款限制等方面的优惠。(4)如投资方来自不同国家，则可以充分利用各投资方国内的有关优惠政策。各国税法规定的内容不尽相同，但可以通过做出某种合理的安排，使其中一个或几个投资方充分利用项目投资可能带来的税收优惠，再以某种形式将这些优惠与其他投资方分享，提高投资者实际的投资收益。

项目投资结构的设计是一个非常复杂的过程，针对一个具体的投资项目，确定最优投资结构方案没有一个统一的标准和尺度，概括起来，在设计项目投资结构时，应考虑以下几个方面的因素。

1）项目风险的分担和项目债务的隔离程度

实现融资的有限追索是采取项目融资方式的基本要求。在项目投资结构设计时，必须考虑如何根据各项目投资方的特点和要求，实现项目风险的合理分配，使项目债务隔离程度符合各自的要求。例如，若项目投资者只愿意承担间接的、有限的风险和责任，则大多偏好于有限责任公司投资结构；若投资者有能力且愿意承担更多的风险和责任，以期获得更大的投资回报，则可能会倾向于采用非法人的契约型合资结构或合伙制型投资结构。

2）利用税务优惠条件

许多国家对于建设项目的投资活动都有税收优惠政策，并且在某些特定条件下，允许税收优惠在不同公司之间合并，统一纳税，从而得到利用税务亏损冲抵公司盈利的好处，最终降低项目的综合投资成本和融资成本。税务问题在某种程度上也是项目投资结构和融资结构设计时需要考虑的重要问题之一。

不同的项目投资结构，其税务结构的灵活性也不同。如在公司型合资结构中，项目公司作为一级法人，是纳税的主体，其应纳税收入或亏损全部留在公司内部，较难为其他投资者所利用。而在非法人式的契约型合资结构中，项目资产、项目产品以及销售收入均是投资者分别直接拥有，故非法人式合作组织本身不是纳税主体，投资者才是纳税主体。此时项目投资者可以将项目的亏损或盈利与公司所有的收入合并起来，统一纳税，这样可以得到利用税务亏损冲抵公司盈利的好处。

3）财务处理方法

项目投资结构不同，其财务处理方法也有差异。这种差异主要体现在两个方面：一是财务资料的公开披露程度；二是财务报表的账务处理方法。按照各国公司法、证券法等相关法律规定，上市的股份公司具有信息公开披露的责任和义务，如果投资者不愿意将项目相关资料公开，就会对股份有限公司这种投资结构持谨慎态度。此外，按照各国相关法律规定，采用不同的投资结构，或者虽然投资结构相同但采用的投资比例不同，最后在投资者自身的公司财务报表中所反映出来的结果可能会不一样，这样，就会对投资者的其他经营活动带来不同影响。因此，在进行项目投资结构设计时，应该尽量满足投资者对财务处理的要求。

例如，对非法人式的契约型合资结构，不管投资比例大小，该项投资全部资产负债和损益状况都必须在投资者自身的公司财务报表中全面反映出来。而对于公司型合资结构来说，可以根据具体情况进行不同的财务处理(以我国目前有关的制度要求为例)。

（1）持股比例超过 50%

如果投资者在一个项目公司中持股比例超过 50%，此时，被认为拥有被投资项目公司的控制权，该项目公司的资产负债表需要全面合并到投资者自身的公司财务报表中去，以达到全面真实地反映该投资者财务状况的目的。

（2）持股比例介于 20%～50%

如果投资者在一个项目公司中持股比例介于 20%～50%，此时，投资者对公司没有控制权，不存在合并财务报表的问题，但由于持股比例较大，对公司的决策有很大的影响，因此，应在投资者自身的公司财务报表中按投资比例反映出该项投资的实际盈亏情况。

（3）持股比例低于 20%

如果投资者在一个项目公司中持股比例低于 20%，其对公司决策的影响有限，所以只要求在其自身的公司财务报表中反映出实际投资成本，而不需要反映任何被投资公司的财务状况。

综上所述，投资者在设计项目投资结构时，应根据自身要求，设计出对自己有利的投资结构。如果投资者不希望将新项目的融资安排反映在自身的公司财务报表上，同时又不失去对项目的实际控制权，就需要小心处理投资者在项目公司中的投资比例。反之，如果投资者尽管在一个项目中所占比例较小，但仍希望能够将其投资合并进自身的公司资产负债表中以增强公司的形象，则可适当选择非法人式的契约型合资结构和合伙制型投资结构等。

4）产品分配形式和利润提取的难易程度

项目投资者参与项目的投资、开发建设的目的，或是获得项目产品，或是获得项目利润。项目和投资者自身特点不同，对项目产品的分配形式和利润提取方式也会有不同要求。在设计项目投资结构时，需要考虑以下两个方面：

（1）投资者的经济背景

不同的投资结构，对利润的提取方式有不同的规定。在公司型合资结构中，项目产品由项目公司统一对外销售，统一结算，统一纳税，在弥补项目经常性支出和资本性支出后，将项目利润在投资者之间进行分配。而在契约型合资结构中，项目产品一般是直接分配给各投资者由其自己支配的。在这种情况下，如果投资者拥有较广泛的销售渠道和市场知名度，就很容易将产品变现，取得收入，赚取利润。因此，从这个意义上说，大型跨国公司参与项目融资时，会偏向于选择契约型合资结构，而中小型公司参与项目融资时往往采用公司型合资结构。

（2）投资项目的不同性质

一般来讲，在资源开发类项目中，投资者愿意直接获得项目产品。因为这些产品是重要的资源，可能是投资者下游产业所必需的原材料，也可能是对投资者所在国具有重要战略意义的物资。这也是大多数跨国公司在资源丰富的发展中国家和地区从事投资活动的一个重要原因。而在基础设施项目投资中，多数投资者一般不会十分重视对项目产品的直接拥有，只是为了拓展公司的业务活动领域，增加公司利润。因此，在资源开发类项目中，一般以契约型合资结构从事项目的开发和建设，而在基础设施项目中则以公司型合资结构为主要形式。

5）项目投资变动的要求

项目投资的变动包括投资的可转让性和再融资的便利性两个方面。这两个方面的不同要求会促使投资者选择不同的项目投资结构。

（1）投资的可转让性

投资者在一个项目中的投资权益能否转让、转让程序以及转让时的难易程度是评价投资结构有效性的一个考虑因素，其结果对于项目的投资安排也会产生一定的影响。作为一个投资者，在项目经营期间，出于战略上或者经济上的原因，需要出售项目资产或权益时，转让程序、转让成本等问题是很重要的制约因素。一般情况下，若采用公司型合资结构，则投资的转让就比较简单；而若采用契约型合资结构或合伙制型投资结构，因转让投资时要征得其他投资者的同意，转让就显得相对麻烦、复杂些。

（2）再融资的便利性

项目融资的另一个明显特点就是较高的债务比例。当项目经营出现困难时，可能会要求注入一定数量的补充资本。因此，在设计项目投资结构时，也要考虑到这一问题。若项目经营中出现注入补充资本的可能性较大时，一般倾向于选择公司型合资结构，以增加增资扩股时的便利。而如果项目出现财务困境的概率较小时，则会偏向选择契约型合资结构。

6）项目管理的决策方式与程序

在不同投资结构中，各投资者在投资项目管理中的经营决策权及行使方式是不同的。在契约型合资结构和合伙制型投资结构中，不论投资者投资比例的大小，投资者均可直接参与投资项目的经营决策；但在公司型合资结构中，投资比例不大的投资者往往难以在项目的经营方面产生重要的影响，从而难以实现自己的意志。如果投资者在项目中的投资比例不大，但又想拥有一定的经营决策权，则首要考虑采用非法人式契约型合资结构或合伙制型投资结构。

7）投资项目的类型

在基础设施项目中，项目没有直接的有形产品，投资者更注重项目所带来的收益。投资该类型的项目通常是为了拓展企业的业务活动领域，增加企业利润。此时，投资者会采用股权式投资结构。

在资源开发项目中，项目产品是下游产业的原材料，也是特定用户和特定市场必需的关键性资源，因此多数投资者愿意直接获得项目产品，从而获得丰厚的利润。对于该类型的项目，投资者倾向于选择契约型或合伙制型投资结构。

8）潜在投资者的数量

股权式投资结构因为成立有项目公司，因此投资者只需依据对项目经济强度的判断和自身的经济实力，决定投入项目公司的资金数量，而不得随意干预项目公司的正常经营活动，也不能随意撤回投资。在这种投资结构下，投资者之间的关系容易确定，特别适用于存在较多的潜在投资者的情况。而契约型合资结构或合伙制型投资结构必须通过协议明确各方的权利和义务，所以比较适用于只有少数几个大的投资者共同参与项目投资的情况。如果存在大量投资者，采用此类投资结构会使合作谈判过程变得异常艰难和复杂。

9）项目的经济强度

如果项目的经济强度不高，出现经营困难时，可能会要求投资者注入一定的资本金。

当经常出现这种情况时，一般倾向于选择股权式投资结构，这样便于增资扩股。而如果项目的经济强度较高，出现财务困境的可能性很小，则可以考虑采用契约型合资结构或合伙制型投资结构。

按照中国的外资立法，目前利用外资的三种形式是中外合资经营企业、中外合作经营企业和外商独资企业。如果项目融资想要吸引外资，则可以考虑采用中外合资或中外合作经营企业的形式；而在基础设施项目融资中，采用外商独资的形式要慎重，因为能源、公路、机场、桥梁等基础设施项目关系国计民生，如果全部由外商投资并控制，可能会影响我国的经济安全和国防安全。

以上几个方面只是原则性地阐述了设计项目投资结构时所需考虑的几个因素。但在实际工作中，确定项目投资结构的过程是一个在长远目标和短期目标之间，在不同投资者之间，进行利益平衡和风险平衡的过程，因此，具体设计一个项目的投资结构可能会更为复杂，还需考虑其他影响因素，比如贷款银行的要求在一定程度上也会对投资结构的设计起到决定性的作用。

国际上，较为普遍采用的投资结构有四种基本的法律形式：公司型合资结构、契约型合资结构、合伙制型投资结构、信托基金投资结构。下面几节就项目融资中经常采用的这几种投资结构进行分析。

2.2 公司型合资结构

公司型合资结构(Incorporated Joint Venture)的基础是有限责任公司(Limited Liability Company)，这种投资结构是按照公司法成立的、与投资者完全分离的独立法律实体。作为一个独立的法人，公司拥有一切项目资产和处置资产的权利，公司股东既没有直接的法律权益也没有直接的受益人权益。由合作方共同组成有限责任公司，共同经营、共负盈亏、共担风险，并按照出资份额分配利润。

2.2.1 公司型合资结构的优点

公司型合资结构具有以下五个优点。

第一，公司股东承担有限责任。即投资者的责任是有限的，仅限于其对公司投入的股本金额，这就是所谓的风险隔离，它使投资者的投资风险大大降低。这是项目发起人选择公司型合资结构的重要影响因素，以此将项目的融资风险和经营风险大部分限制在项目公司内，项目公司对偿还贷款承担直接责任，实现对项目投资者的债务有限追索。

第二，可以安排成表外融资。根据一些国家的会计制度，成立项目公司进行融资可以避免将有限追索的融资安排作为债务列入项目发起人自身的公司资产负债表上，实现非公司负债型融资安排，从而降低项目发起人的债务比率。

第三，便于集中管理。通过组建项目公司，便于把项目资产的所有权集中在项目公司，而不是分散在各个发起人所拥有的公司，便于项目资产的管理。项目公司可以拥有项目管理所必须具备的生产技术、管理能力、人员条件，也可以将项目的运营与管理委托给具有经验的管理公司。

第四，投资转让比较容易。公司股票代表着投资者在一个公司中的投资权益。投资者只要转让其股票也就达到了转让投资权益的目的，这比转让项目资产本身容易得多，而且转让后不影响公司的继续存在。

第五，融资安排比较灵活。从债权人的角度，公司型合资结构便于其在项目资产上设定抵押担保权益。一方面，可以通过发行新股筹集资金，吸收新的投资者。另一方面，也较容易取得银行的项目贷款，因为银行可以通过取得项目资产的抵押权和担保权，来降低债务人的违约风险。

由于以上特点，国际上大多数的制造业项目、加工业项目甚至资源性开发项目都采用公司型合资结构。

2.2.2 公司型合资结构的弊端

公司型合资结构的弊端主要表现在以下两个方面。

第一，投资者对项目的现金流量缺乏直接的控制。这对于投资者希望利用项目的现金流量自行安排融资就成为一个不利的因素。

第二，项目的税务结构灵活性差。即不能利用项目公司的亏损去冲抵发起人其他项目的利润。项目开发前期的税务亏损或优惠只能保留在项目公司，并在一定年限内使用，这就造成如果项目公司在几年内不盈利，税务亏损就会有完全损失掉的可能性，也就降低了项目的综合投资效益。而且，在这种投资结构中，还存在着“双重征税”的现象，即项目公司如有盈利时要缴纳公司所得税，项目发起人取得股东红利后还要缴纳公司所得税或个人所得税，这样，无形中降低了项目的综合投资回报率。

2.2.3 公司型合资结构的灵活运用

由于存在以上优缺点，国外许多公司在法律许可的范围内尽量对公司型合资结构加以改建，创造出种种复杂的公司结构，以达到充分利用其优势、克服其不足的目的，即争取尽快地、尽早地利用项目的税务亏损(以亏损抵减收益后纳税)或优惠，提高项目投资的综合经济效益。其中，一种流行的做法就是在项目公司中做出某种合理的安排，使其中一个或几个发起人充分利用项目投资前期的税务亏损或优惠，而后将其所取得的部分收益以某种形式与其他发起人分享。这种法律创新结构可以分为以下几个步骤。举例如下：

假定A公司需要煤，但缺乏经营煤矿的经验且不能充分利用税务优惠，B公司是一家煤矿经营公司，且能享受税务优惠。因此，两家公司决定利用下列条款成立项目公司开发煤矿项目。

(1) 成立项目公司。由B公司认购项目公司的所有股票，这些股票是项目公司全部的原始股，这样，项目公司就变成了B公司的全资控股公司，为其利用税收优惠提供了法律保证。

(2) 贷款或认购优先股。A公司贷款或认购项目公司的无投票权的优先股，并规定这些优先股可在10年后转换成项目公司的普通股。

(3) 签订项目经营协议。项目公司与B公司签订10年期的煤矿项目经营协议，根据这一协议，B公司负责该煤矿项目的经营和管理。

（4）签订产品购买协议。A 公司与项目公司签订 10 年期的煤炭产品购买协议，根据这一协议，A 公司履行向项目公司付款的义务。购买协议的价格设定要考虑 B 公司利用税务优惠的情况，即购买价格应有所优惠。

（5）统一纳税。B 公司将项目公司的财务报表与自己的财务报表合并后统一纳税，这样，B 公司就可以充分分享项目公司的折旧、税收优惠、投资优惠等好处。

（6）优先股转换成普通股。10 年后，A 公司将其贷款或优先股转换成普通股，这时，A 公司和 B 公司在项目公司中就具有了同等的股本投资者地位。

前六个步骤的具体操作过程如图 2.1 所示。

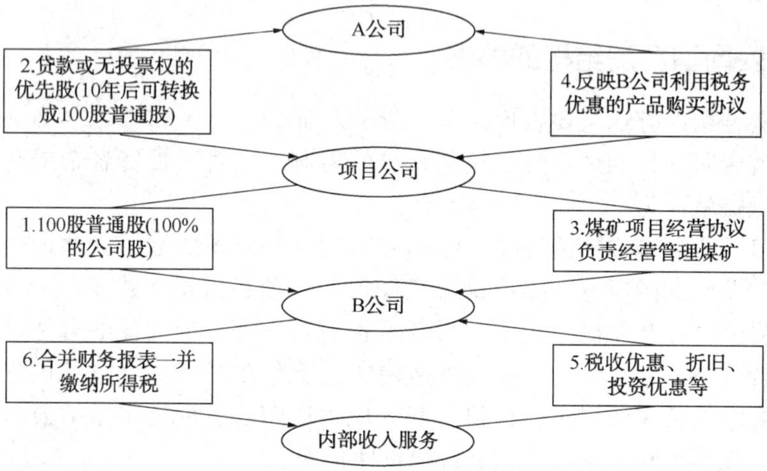

图 2.1　公司型合资结构的具体操作步骤

2.3　契约型合资结构

契约型合资结构，是一种被广泛接受和使用的投资结构。即项目发起人为实现共同的目的根据合作经营协议结合在一起的一种投资结构。具体是指，各项目发起人（通常是项目发起人专门为投资这一项目成立的单一目的子公司）根据各自在合资企业中的出资比例，持有项目全部不可分割的资产和生产出来的产品中的一部分。每一个项目发起人都将在项目中的投资作为直接投资，无论比例大小全部反映在各自的公司财务报表上。在项目融资中，这种投资结构主要集中在石油、天然气开发，采矿，初级矿产加工，钢铁及有色金属等领域。这种投资结构从严格的法律意义上说，不是一种法人实体，只是项目发起人之间所建立的一种契约合作关系。选择这种投资结构可能是因为在这些领域仅由一个投资者来开发并融资，能力有限，所以联合其他投资者来共同融资，共同解决技术和管理问题，并共同承担风险，但又不失去对投资项目的控制。或因投资者具有进行项目开发所需要的所有条件，如技术、经验及融资能力等，但缺少当地政府授予的经营合同，此时，就可与当地的经营者联合起来共同投资。

2.3.1 契约型合资结构的特点及不足之处

1）契约型合资结构的特点

契约型合资结构具有以下特点。

第一，在该投资结构中，每一个投资者直接拥有全部项目资产的一个不可分割的部分，直接拥有并有权独自处理其投资比例范围内的最终产品。相应地，投资者只承担与其投资比例相应的责任，投资者之间没有任何的连带责任或共同责任。

第二，一般通过成立项目管理委员会对项目实施管理。根据联合经营协议成立项目管理委员会，该委员会由每个投资者的代表组成，每个代表都代表本公司的利益在项目管理委员会进行投票，每个投资者都有权独立作出其相应投资比例的项目投资、原材料供应、产品处置等重大商业决策。项目管理委员会往往选定其中一个投资者作为经营者经营该项目。

第三，投资者之间是一种合作性质的关系，其合作不以“获取利润”为目的，而是根据投资协议使每一个投资者从投资项目中获得相应份额的产品，即合作生产“产品”，或“为取得产品而合作”。

第四，可以有效地分配和利用税务优惠。因为合资结构不是一个法人实体，所以项目本身不必缴纳所得税，其经营业绩可以完全合并到各个投资者自身的公司财务报表中去。因此，如果项目投资者本身具有很好的经营业绩，新的投资项目就可以采用契约型合资结构以利用项目建设期和试生产期的税务亏损和各种投资优惠，冲抵公司所得税，从而降低项目的综合投资成本。

第五，融资安排的灵活性。由于项目投资者在该结构中直接拥有项目的资产，直接掌握项目的产品，直接控制项目的现金流量，并且可以独立设计项目的税务结构，这就为投资者提供了一个相对独立的融资活动空间。每一个投资者均可以按照自身发展战略和财务状况来安排项目融资。

第六，项目经营所需的资金由一种被称为资金支付要求的机制（Cash Calls System）来提供。这种资金支付要求机制是由各个投资者分别出资开立一个共同账户，然后，考虑各投资者承担债务的比例和下月项目费用支出预算来估算每个月各个投资者应出资的数额。如果某个投资者违约，则其他投资者将不得不代其履行支付义务，然后再要求违约者偿还。

2）契约型合资结构的不足之处

契约型合资结构有以下两个不足之处。

第一，投资转让程序比较复杂，交易成本比较高。在契约型合资结构中，投资转让的是投资者在项目中直接拥有的资产和合约权益。与股份转让或其他资产形式的转让相比，转让程序比较复杂，与此相关的费用也比较高。

第二，管理程序比较复杂。由于缺乏现成的法律来规范契约型合资结构的行为，参加该种结构的投资者权益的保护基本上依赖于合资协议，因而必须在合资协议中对所有的决策和管理程序按照问题的重要性清楚地加以规定。尤其对于投资比例较小的投资者，一定要在合资协议中提出保护其在重大问题上的发言权和决策权。因此，管理程序比较复杂。

2.3.2 契约型合资结构的案例分析

中国国际信托投资公司在澳大利亚波特兰铝厂的投资就是以契约型合资结构实现的。澳大利亚波特兰铝厂采用契约型合资结构，项目的投资者分别是：①美国铝业公司在澳大利亚的子公司——美铝澳大利亚公司；②当地政府——澳大利亚维多利亚州政府(简称“维州政府”)；③中国国际信托投资公司直属地区性子公司——中信澳大利亚公司；④澳大利亚第一国民资源信托基金——第一国民信托；⑤日本丸红商社在澳大利亚的子公司——丸红铝业澳大利亚公司。

根据合资协议：①每个投资者在项目中分别投入相应的资金，作为项目固定资产的投入和再投入资金，以及支付项目管理公司的生产费用和管理费用。②项目需要的两种主要原材料——氧化铝和电力供应，由每个投资者独立安排。③每个投资者根据自身资金实力和税务结构等独立地安排融资，筹集其所需投入的资金。④项目完工后，投资者将从项目中获得相应份额的最终产品——电解铝锭，独立地在市场上销售。下面具体分析在该投资结构中各投资者是如何根据自身税务结构和资金实力的要求来灵活安排融资的。

美铝澳大利亚公司的融资：该公司在澳大利亚拥有三个氧化铝厂和两个电解铝厂，资金雄厚，技术先进，在该项目投资中还担任项目经理。因此，该公司凭借其雄厚实力在资本市场上以传统的公司融资方式筹集到了较低成本的资金。

维州政府的融资：维州政府为了鼓励当地工业的发展和刺激就业，在项目投资中提供的是由政府担保的银团贷款。而且政府在该投资中不直接拥有项目资产，而是以一个百分之百拥有的信托基金作为中介机构。这样使政府在资金管理上增强了灵活性，必要时，政府可以将信托基金在股票市场上出售，从中收回资金用于偿还政府担保的银团贷款。

中信澳大利亚公司采用的是百分之百的项目融资方式——有限追索杠杆租赁融资模式，以杠杆租赁方式将项目的税务好处转让给澳大利亚几家主要银行组成的合伙制机构，从而换取成本较低的资金安排。

第一国民信托的融资：它是一个公开市场的信托基金，通过在股票市场上发行信托单位筹资，很容易就能筹集到所需资金，而且不构成其债务。

丸红铝业澳大利亚公司的融资与美铝澳大利亚公司的融资一样，采用的是传统的公司融资方式，由其总公司日本丸红商社担保的银行贷款。

通过这个例子，我们可以清楚地看出，契约型合资结构在融资上所具有的灵活性。

2.4 合伙制型投资结构

合伙制(Partnership)型投资结构是指两个或两个以上合伙人(Partners)之间以获取利润为目的共同从事某项投资活动而建立起来的一种法律关系。合伙制型投资结构不是一个独立的法人实体，它只是通过合伙人之间的法律合约建立起来，这一点与合作经营企业相似。当然，在多数国家仍有健全的法律来规范合伙制投资结构的组成及其行为。在实际运用中，合伙制型投资结构有两种基本形式：一般合伙制和有限合伙制。

2.4.1 一般合伙制

一般合伙制(The General Partnership)，或称普通合伙制，是指所有的合伙人对于合伙制投资结构的经营、合伙制投资结构的债务以及其他经济责任和民事责任均负连带无限责任的一种合伙制型投资结构。正因为如此，在大型投资项目中很少采用一般合伙制投资结构。只是在单个项目发起人的资金实力不足以开发项目，而多个投资者之间的地位又相对平等，即拥有相同的资金实力、相同的管理能力等，都希望在项目中掌握一定的管理和控制权力时，才可能选择一般合伙制形式的投资结构。

1）一般合伙制投资结构的特点

合伙企业要比其他形式企业存在的时间更长久，也是经济生活中数量众多的组织形式，特别是在专业服务领域中，大多是采用合伙制。一般合伙制投资结构具有以下特点。

第一，合伙协议是合伙企业存在的基础。在合伙协议中规定了合伙人的权利义务、利润分配和亏损分担以及事务执行、退伙解散等重要事项。

第二，合伙企业资产的转让。在合伙企业存续期间，合伙人向合伙人以外的人转让其在合伙企业中的全部或者部分财产份额时，须经其他合伙人一致同意；而合伙人之间转让在合伙企业中的全部或者部分财产份额时，也应当通知其他合伙人。这是因为合伙企业是典型的人合企业，合伙人之间彼此的信任和熟悉程度是企业存在的基础之一。

第三，连带责任。合伙企业的连带性不仅体现在合伙人对合伙企业方面，同时也体现在合伙人之间。也就是说，即使合伙人之间约定了分担债务的比例，债权人依然可以根据自己的意愿向任何一个合伙人要求清偿全部债务。

第四，每个合伙人都有经营管理权。一般合伙制企业的资产由一般合伙人(General Partners)所拥有，每个一般合伙人都有权参与合伙企业的经营管理，因此，不容易发生少数人的权利得不到保障的问题。同时，合伙人不得自营或者同他人合作经营与本合伙企业相竞争的业务，在涉及重大事项时，必须经全体合伙人同意。

第五，可以充分利用税务优惠。由于合伙制不是一个纳税主体，合伙制投资结构在一个财政年度内的净收入或亏损将全部按投资比例直接转移给一般合伙人，一般合伙人单独申报自己在合伙制投资结构中的收入，并且从合伙制投资结构中获取的收益(或亏损)允许与合伙人其他来源的收入进行税务合并，从而有利于合伙人较灵活地作出自己的税务安排。

2）一般合伙制投资结构的缺陷

一般合伙制投资结构主要有以下三个缺陷。

第一，每个合伙人都承担着无限连带责任。合伙企业属于自然人企业的范畴，需要合伙人负无限连带责任。一旦项目出现问题，或者如果某些合伙人由于种种原因无力承担其应负的责任，其他合伙人就面临着要承担超出其在合伙制投资结构中所占投资比例的责任的风险。这一问题严重限制了一般合伙制在项目融资中的广泛使用。

第二，每个一般合伙人对合伙企业都有约束力。每个一般合伙人均可以要求以所有合伙人的名义去行使合伙企业的权利，即当一个合伙人与第三者签订合同时，也就表明一般合伙人也必须承担该合同的责任。相应地，合伙制投资结构的法律权益的转让必须得到其他合伙人的同意。

第三，融资安排比较复杂。由于合伙制投资结构在法律上并不拥有项目资产，因此，合伙制投资结构的融资安排需要每个合伙人同意将项目中属于自己的一部分资产权益拿出来作为抵押或担保，并共同承担融资安排中的责任和风险。这样操作起来要比公司型合资结构复杂得多。

2.4.2 有限合伙制

有限合伙制(The Limited Partnership)是在一般合伙制基础上发展起来的一种合伙制形式，它是指包括至少一个一般合伙人和至少一个有限合伙人在内的合伙制形式。其中，一般合伙人负责合伙制项目的组织、经营和管理，并承担对合伙制债务的无限责任；有限合伙人则不参与项目的日常经营和管理，只承担与其投资比例相对应的有限责任，其主要责任是提供一定的资金，通常称为“被动项目投资者”(Passive Project Investors)。在这种结构中，一般合伙人和有限合伙人起到了互相合作、扬长避短的作用。即在该种投资结构中，一般合伙人大多是在该项目投资领域有技术管理特长并准备利用这些特长从事项目开发的公司。由于资金、风险、投资成本等多种因素的制约，一般合伙人愿意组织一个有限合伙制的投资结构，吸引更广泛的有限合伙人参与到项目中来，以共同分担项目的投资风险和分享项目的投资收益。

有限合伙制投资结构作为一种特殊的合伙制投资结构，一方面仍具有一般合伙制在税务安排上的优点，另一方面又在一定程度上避免了一般合伙制的责任连带问题，因而在项目融资中被经常使用。

1）有限合伙制的优点

有限合伙制具有以下四个优点。

第一，税务安排比较灵活。由于有限合伙制投资结构本身不是一个纳税主体，其在一个财政年度内的净收入或亏损可以全部按投资比例直接转移给合伙人，合伙人单独申报自己在合伙制投资结构中的收入并与其他收入合并后确定最终的纳税义务。

第二，每个一般合伙人有权直接参加企业的管理，有利于发挥各合伙人的业务专长和管理能力，做到资源的充分利用。

第三，成立手续简便。许多国家都没有形成关于对有限合伙制投资结构成立的法律法规，因此，其所受的限制较少。

第四，在一定程度上避免了一般合伙制的责任连带问题。在有限合伙制投资结构中出现了一种有限合伙人，而有限合伙人仅以其投入和承诺投入的资本额为限来对合伙制投资结构承担债务责任；同时，它仍然不是一个法律实体组织。所以，对于有雄厚资金实力的投资公司和金融机构来说，既可以承担有限的债务责任，又可以充分利用合伙制在税务扣减方面的优势，这是在项目融资中采用有限合伙制投资结构的主要原因。

2）有限合伙制的缺陷

有限合伙制也有以下四个缺陷。

第一，一般合伙人仍然要承担无限的债务连带责任。

第二，每个一般合伙人对合伙制投资结构都有约束力，而不受投资份额大小的影响。

第三，融资安排比较复杂。由于有限合伙制投资结构在法律上仍然不拥有项目的资产，在安排项目融资时需要每个一般合伙人均同意将项目中属于自己的一部分资产权益拿出来作抵押或担保，并共同承担项目融资安排中的责任和风险。此外，如果贷款银行由于执行抵押或担保权利进而控制了企业的财务活动，有可能导致在法律上贷款银行也被视为一个一般合伙人，从而被要求承担合伙制投资结构所有的经济和法律责任。

第四，在法律处理上的复杂性。在对有限合伙制投资结构的税务规定和对有限合伙人的定义上，有关的法律在不同国家之间差别很大。在实际操作中，很可能陷入以下两种极端情况：一种情况是，如果结构安排不好，有限合伙制有可能被作为公司结构处理，失去了采用合伙制投资结构的意义。因为有限合伙人的责任类似公司制结构中股东的责任，很可能就不能再利用合伙制投资结构在税务处理上的优越性了。另一种情况是，如果对于“参与管理”的界定不清楚，有限合伙人有可能被认为“参与管理”而变成需承担无限连带债务责任的一般合伙人，从而增加其在项目中的投资风险。

2.4.3 合伙制型投资结构在项目投资中的应用

当在项目投资中采用合伙制时，项目发起人一般都是通过一家专门为参与这个项目成立的特殊目的的子公司介入项目的，这样就可以保证项目发起人其他的资产和业务不受合伙制造成的承担无限连带责任的影响。有限合伙制投资结构在美国被普遍采用。主要应用在以下两个领域。

1）在基础设施项目中采用合伙制

对于公用设施和基础设施项目，如电站、公路等的投资活动，由于其具有资本密集、周期长但风险较低的特点，有限合伙人可以充分利用项目前期的税务亏损或优惠冲抵其他的收入，提前回收一部分投资资金。

2）在资源类地质勘探项目中采用合伙制

在资源类地质勘探项目中，如石油、天然气和一些矿产资源的开发，由于其投资风险大，许多国家对资源类项目的前期勘探费用支出给予优惠的税收政策。在设计合伙制型投资结构时，通常由项目的主要投资者作为一般合伙人，邀请一些其他的投资者作为有限合伙人为项目提供前期勘探的高风险资金，而一般合伙人则承担全部或大部分项目建设开发的投资费用以及项目前期勘探、建设和生产阶段的管理工作，如图 2.2 所示。

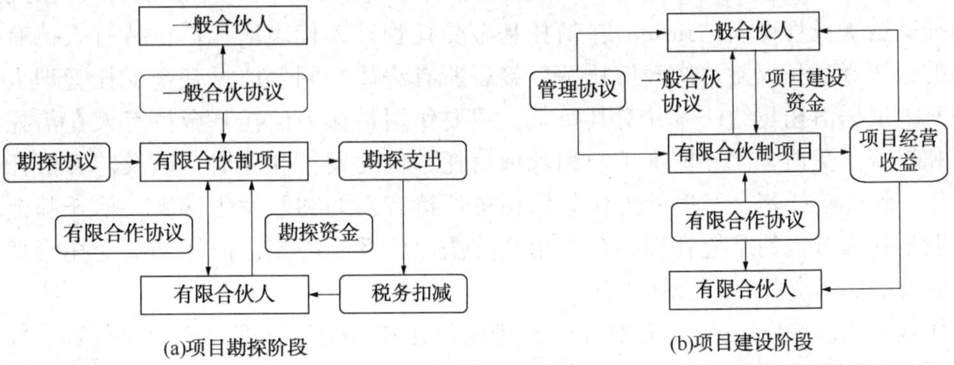

图 2.2 合伙制型投资结构在资源类项目开发中的应用

由于有限合伙人在勘探阶段投入的全部费用基本上可抵税，已获得相当比例的投资回报，并且项目又具有一定的发展前景，所以，对许多存在充足资金又不具备这一领域经营管理能力的公司来说，这种投资形式具有很大的吸引力。这是在工业国家中许多公司愿意对勘探前景较好的项目进行风险投资的重要原因之一。作为一般合伙人，在勘探工作结束并认为有开发价值后再投入项目的建设开发资金，虽然税务结构上不如有限合伙人，但是所承担的资金风险却相对小得多，而且作为项目的主要投资者，可以在项目的开发中获得更多的利益。因此，有限合伙制成为受投资者青睐的投资结构之一。

2.5 信托基金投资结构

在 2.3.2 中介绍的澳大利亚波特兰铝厂项目投资结构中，第一国民信托就是一个采取信托基金投资结构方式参与项目融资的案例。这表明，利用信托基金吸引国内外资金参与项目融资活动也是可行的。信托基金有多种形式，其中在房地产项目和其他不动产项目的投资、在资源类项目的开发以及在项目融资安排中经常使用的一种信托基金是单位信托基金(Unit Trust)。严格意义上说，信托基金不是一种项目投资结构，而是一种投资基金的管理结构，在投资方式中这种结构属于间接投资形式。

2.5.1 信托基金的运作

信托基金，是指通过专门的经营机构将众多投资者的资金汇集起来，由专业投资人士集中进行投资管理，投资者按其投资比例享受投资收益的一种信用工具。关于信托基金的称谓各国和地区不尽相同。如美国称其为互惠基金；英国及中国香港称其为单位信托基金(Unit Trust)；日本和中国台湾称其为证券投资信托基金。一般说来，一个信托基金的建立和运作是建立在信托契约的基础之上的，所谓信托契约(Trust Deed)，它与公司的股东协议相似，是规定和规范信托单位持有人、信托基金受托管理人和基金经理人之间法律关系的基本协议。信托基金的运作基本涉及三个当事人，分别是：

信托单位持有人(Unit-holders)：信托单位持有人类似于公司中的股东，是信托基金资产的所有者。理论上，信托单位持有人不参加信托基金以及信托基金所投资项目的管理。

信托基金受托管理人(Trustee)：信托基金受托管理人代表信托单位持有人持有信托基金结构的一切资产和权益，代表信托基金签署所有法律合同。信托基金受托管理人由信托单位持有人根据信托契约任命并对其负责，主要作用是保护信托基金持有人在信托基金中的资产和权益不受损害，并负责控制和管理信托单位的发行和注册，以及监督信托基金经理的工作。除非信托基金经理的工作与信托单位持有人的利益发生冲突，信托基金受托管理人一般不介入日常的基金管理。在采用英美法律体系的国家，信托基金受托管理人一般由银行或者职业的受托管理公司担任。

信托基金经理(Manager)：信托基金经理由信托基金受托管理人任命，负责信托基金及其投资项目的日常经营管理。一些国家规定，信托基金受托管理人和信托基金经理必须由两个完全独立的机构担任。

因此，信托基金的结构在形式上与公司型合资结构近似，也是将信托基金划分为类似于公司股票的信托单位，通过发行信托单位来筹集资金。但是，与公司型合资结构相比较，信托基金投资结构还具有以下几个方面的特点：

(1) 信托基金是通过信托契约建立起来的。这一点与根据国家有关法律组建的有限责任公司是有区别的。组建信托基金必须有信托资产，这种资产可以是动产，也可以是不动产。

(2) 信托基金与公司法人不同，不能被作为一个独立法人而在法律上具有起诉权和被起诉权。信托基金受托管理人承担信托基金的起诉和被起诉的责任。

(3) 信托基金受托管理人作为信托基金的法定代表，其所代表的责任与其个人责任是不能够分割的。例如，信托基金受托管理人代表信托基金签署一项银行贷款协议，信托基金受托管理人也就同时为这项贷款承担了个人责任，信托基金的债权人有权利就债务偿还问题追索到信托基金受托管理人的个人资产。但是，除极个别的情况，债权人一般同意受托管理人的债务责任被限制于信托基金的资产。

(4) 在信托基金结构中，信托基金受托管理人只是受信托单位持有人的委托持有资产，信托单位持有人对信托基金资产按比例拥有直接的法律和受益人权益，在任何时候，每一个信托单位的价值均等于信托基金净资产的价值除以信托单位总数。

2.5.2 信托基金投资结构在项目融资中的运用

一般而言，信托基金参与项目融资的方式主要有：同银行等机构一样为项目提供贷款；购买项目的股权、可转换债券等。而且，信托基金投资结构在项目融资中的应用，主要是作为一种被动投资形式，或者是为实现投资者特殊融资要求而采用的一种措施。这种投资结构的一个显著特点是易于转让，在不需要时可以很容易地将信托基金中的一切资产资金返还给信托单位持有人。如果一家公司在开发或收购一个项目时不愿意新项目的融资安排反映在公司的财务报表上，但是又希望新项目的投资结构只是作为一种临时性的安排，信托基金结构就是一种能够达到双重目的的投资结构选择。在澳大利亚波特兰铝厂项目中，第一国民信托也许正是出于这一考虑选择了信托基金这一投资结构形式。作为基金经理的第一国民管理公司隶属于澳大利亚国民银行，是该银行的分支机构，主要从事项目投资咨询、基金管理、项目融资等业务。当1985年美铝澳大利亚公司为波特兰铝厂寻找投资合作伙伴时，澳大利亚国民银行认为这是一个很好的投资机会，从而发起组建了第一国民资源信托基金，在证券市场公开上市集资，投资收购了波特兰铝厂10%的资产。其投资结构如图2.3所示。

在图2.3中，第一国民管理公司在信托基金中没有任何投资，只是被基金的受托管理人任命为基金经理，负责信托基金的管理，并以项目投资经理人的身份参与澳大利亚波特兰铝厂项目的管理，负责项目的产品销售、财务安排和其他经营活动。通过这一投资结构，澳大利亚国民银行以公众集资方式参与了铝工业的生产和市场开发，并从信托基金中获得管理费收入。但是，由于进行融资的项目一般都是大型基础设施项目，如能源、交通、电信网络等，因而只有规模较大的基金才能参与项目，并且这些基金的管理比较复杂。

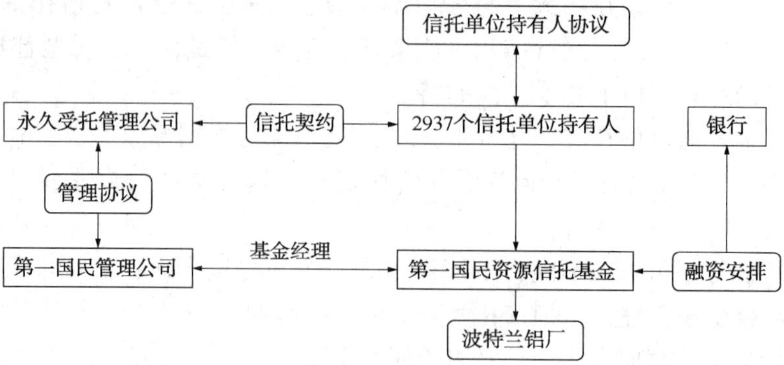

图 2.3　澳大利亚波特兰铝厂第一国民资源信托基金投资结构

2.5.3　信托基金投资结构应用于项目融资的利弊分析

信托基金结构应用于项目融资具有以下三个优点。

第一，有限责任。一般来说，信托单位持有人在信托基金结构中的责任是有限的，其责任仅限于在信托基金中已投入的和承诺投入的资金。然而，信托基金受托管理人需要承担信托基金投资结构的全部债务责任，并有权要求以信托基金的资产作为补偿。

第二，融资安排比较容易。信托基金投资结构与公司型合资结构类似，可为银行贷款提供一个完整的项目资产和权益做抵押来安排融资。信托基金结构也易于被资本市场接受，需要时可以通过信托单位上市等手段筹集资金。

第三，项目现金流量的控制相对比较容易。信托基金投资结构在资金分配上与公司型合资结构不同，法律规定信托基金中的项目净现金流量在扣除生产准备金和还债准备金以后都必须分配给信托单位持有人。从投资者角度看，采用信托基金投资结构将比公司型合资结构能够更好地掌握项目的现金流量。

信托基金投资结构应用于项目融资中也存在着以下两个方面的不足。

第一，税务结构灵活性差。虽然信托基金投资结构是以信托基金持有人作为纳税主体，信托基金的应纳税收入以基金作为核算单位，以税前利润形式分配给信托单位持有人，由其负责缴纳所得税。但是，信托基金的经营亏损在很多情况下却被局限在基金内部结转，用以冲抵未来年份的盈利，而不能像合伙制型投资结构那样将这些亏损直接转移给信托单位持有人，由其根据需要进行税务安排。

第二，投资结构比较复杂。与前三种投资结构相比，信托基金投资结构有其复杂性的一面，除投资者即信托单位持有人和管理公司外，还设有信托基金受托管理人，需要有专门的法律协议来规定各个方面在决策中的作用和对项目的控制方法。

第3章　项目融资主要模式和选择

项目融资模式是项目融资整体结构组成中的核心部分。设计项目的融资模式，需要与项目投资结构的设计同步考虑，并在项目的投资结构确定下来之后，进一步细化完成融资模式的设计工作。目前，国际上主要的项目融资模式有 BOT 及其衍生模式、ABS 融资模式、PFI(Private Finance Initiative，英文原意为“私人融资活动”，在中国被译为“民间主动融资”)融资模式以及 PPP 融资模式。由于项目在行业领域性质、投资结构、收益分配与风险承担等方面的差异，以及投资者对项目的信用支持、融资战略等方面的不同，每种项目融资模式的运作程序及特点又各不相同。

3.1　BOT 项目融资模式

BOT 是英文 Build-Operate-Transfer(建造—运营—移交)的缩写形式，代表一种新的项目融资和管理模式，也是一种吸引社会资本参与资源开发、基础设施和公共设施建设的项目运作方式。2014 年 11 月国务院印发《关于创新重点领域投融资机制鼓励社会投资的指导意见》，2015 年 5 月财政部、国家发展改革委、人民银行出台《关于在公共服务领域推广政府和社会资本合作模式的指导意见》等多项政策鼓励社会资本参与政府项目投资。BOT 模式作为一种主要的项目运营方式，已经广泛应用于发电、公路、隧道、桥梁、港口、码头、铁路、机场、地铁、电信、供水、垃圾处理等多类项目中。

BOT 模式通常由东道国政府或地方政府提出拟建项目，通过公开招标的方式选出项目发起人。由项目发起人与政府进行谈判并签署项目特许权协议，并组建项目公司。政府将特许经营的基础设施和公用事业项目在一定期限内的特许经营权授予项目公司；在特定的期限内，项目公司需要进行项目投融资设计，并承担项目的建设、运营以及维护的责任；通过运营项目，在特许期内以整个项目的现金流量来偿还筹资本息并获取一定的利润；当特许期结束时，项目公司不再具有特许经营此项目的权利，需要将项目无偿移交给相应的政府部门。

3.1.1　BOT 模式的起源与发展

第一次世界大战以前，各国基础设施建设主要依靠政府，虽然私人投资已经开始介入部分基础设施建设中，如铁路、公路、桥梁、电站、港口等，但是这些私人投资者为了赚取利润，不得不承担所有风险。BOT 项目融资方式的雏形出现在法国巴黎，1782 年银行家皮埃尔（Perier）兄弟获得巴黎市政府授权建造相关供水设备及供水网络，目的是提高塞纳河的水位并向巴黎部分地区供应自来水。项目运营前期取得了良好的社会效益：城市供水网络迅速发展，巴黎市区自来水供应量增加了三倍。但由于法国大革命影响，巴黎市政府取消了这一特许权。

另一个早期案例是苏伊士运河项目，1854 年法国人勒塞普获得了修建和使用苏伊士运河的特许权，并同埃及政府签订了《关于修建和使用苏伊士运河的租让合同》，运河租期为 99 年。随后，埃及、英、法等国投资成立了国际苏伊士海运运河公司，1859 年运河破土动工，1869 年正式通航，直到 1956 年，埃及政府才收回苏伊士运河的主权。

随后爆发了两次世界大战，大战期间以及战后相当长的一段时间，仍然由各国政府承担基础设施建设。这种方式导致政府背负了沉重的经济负担，在发展中国家里，情况更为严峻。

19 世纪 70 年代末到 80 年代初，世界经济形势发生了日新月异的变化，人口增长带动的经济发展和城市化导致各国对能源、基础设施、公共设施的需求激增；经济危机和巨额财政赤字大大减弱了政府的投资能力；债务危机导致许多国家借贷能力锐减。巨大的债务负担和财政赤字迫使这些国家实行紧缩政策，并转而寻求私营部门的投资。各国逐渐重视挖掘私营部门的能力和创造性，开始在基础设施建设中引入私营部门资金。

1984 年土耳其总理奥热扎尔首先提出了 BOT 的概念，试图采用 BOT 这种市场化运作方式进行基础设施的融资和建设，还将 BOT 融资模式纳入了土耳其公共项目私营化的框架。随后用这种方式建设了土耳其火力发电厂、机场和博斯普鲁斯第二大桥。自此，BOT 作为一种基础设施项目建设的有效融资方式逐渐流行起来，并得到广泛发展。澳大利亚悉尼港隧道工程、中国香港海底隧道、马来西亚南北高速公路、法国世界杯足球决赛的体育场均采用 BOT 模式兴建。现在，全世界已有近百个 BOT 项目正在运作与实施中。

20 世纪 80 年代初，我国按照先从一些大型水利、电力项目中试点，再有序放开的方式逐步将 BOT 模式引入。1984 年，由中国香港合和实业与中国发展投资公司共同作为承包商，投资兴建的深圳沙角 B 电厂 BOT 项目，是 BOT 在中国内地的第一次“试水”。1994 年，对外经贸部发布《关于以 BOT 方式吸收外商投资有关问题的通知》，为规范 BOT 项目运作提供了法定依据。1995 年国家计委、电力部、交通部联合发布《关于试办外商投资特许权项目审批管理有关问题的通知》，不但阐明了中国推行 BOT 模式的工作方针和策略，还规定了政府部门和项目公司的权利与义务，促进 BOT 项目的规范运作。1995 年 5 月，广西来宾 B 电厂成为第一个正式批准的 BOT 试点项目。2001 年成都自来水六厂 B 厂建成投产标志着中国城市供水第一个 BOT 试点项目正式竣工。广西来宾 B 电厂和成都自来水六厂 B 厂的成功，推动了 BOT 模式在我国的发展。时至今日，BOT 项目融资模式如雨后春笋般遍布中华大地，2016 年 3 月由河北建工集团省安装二分公司实施的 BOT 项目——唐山达丰焦化有限公司 3 号焦炉余热回收工程已投入运营，开启了 BOT 项目助力绿色环保的新征程；4 月，清新环境公司（乙方）与江苏徐矿综合利用发电有限公司（甲方）正式签订了《江苏徐矿综合利用发电有限公司 2×300MW 级循环流化床机组烟气脱硫除尘改造项目（BOT 模式）合同》，拟投资 9489 万元。

3.1.2　BOT的典型结构及操作程序

1）BOT的典型结构

从融资和法律角度来看，BOT项目是十分复杂的项目融资方式和项目管理模式，涉及政府、投资者、项目公司、贷款银行、承建商、供应商、保险公司、租赁公司、管理公司、用户或消费者以及律师、会计师、咨询顾问等。BOT项目有几十份合同需要谈判、起草和签订，包括特许权协议、融资合同、承包合同、供应合同、技术合同、管理合同、供销合同等，众多合同纳入一个项目中，且项目参与各方关系复杂。用BOT典型结构框架图(图3.1)展示BOT的结构框架和参与各方之间的相互关系。

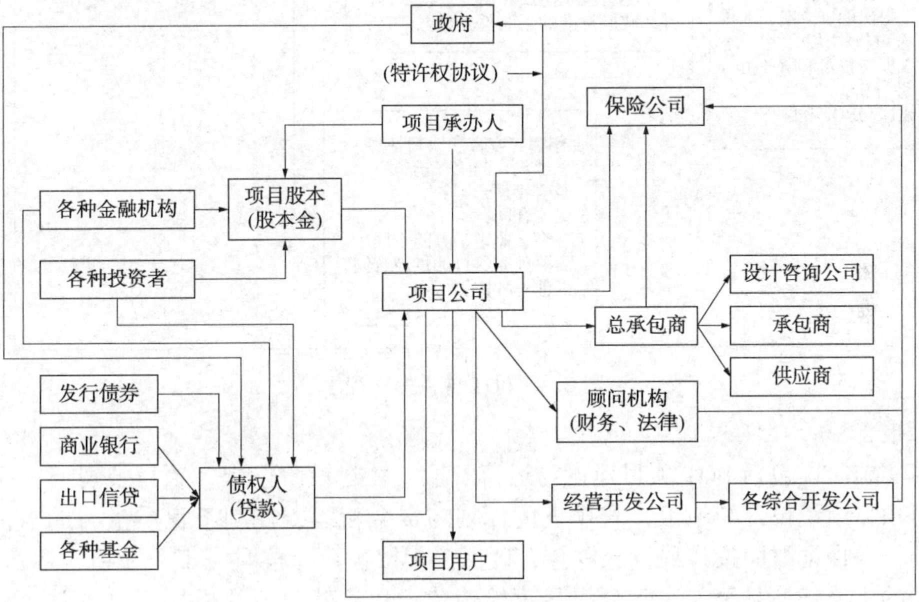

图3.1　BOT典型结构框架

BOT的参与人主要包括政府、项目承办人(被授予特许权的私营部门)、投资者、债权人、保险和保证人、总承包商(承担项目的设计、建造)、经营开发商(承担项目建成后的营运和管理)。此外，项目用户也会因投资、贷款或保证而成为BOT项目的参与人。各参与方之间的权利与义务依各种合同、协议而确定。例如政府与项目承办人之间订立特许权协议，各债权人与项目公司之间有贷款协议等。

2）BOT的典型操作程序

BOT运作程序的全过程可以分为三个阶段，即项目准备阶段、项目实施阶段与项目移交阶段。BOT项目操作程序如图3.2所示。

项目准备阶段主要是选定BOT项目，通过资格预审与招标，选定项目承办人。项目承办人选择合作伙伴并取得合作意向，提交项目融资与项目实施方案文件，项目各参与方草签合作合同，申请成立项目公司。政府依据项目发起人的申请，批准成立项目公司，并通过特许权协议，授予项目公司特许权。项目公司股东之间签订股东协议，项目公司与财团签订融资合同等主合同以后，项目公司另与BOT项目建设、运营等各参与方签订子合同，

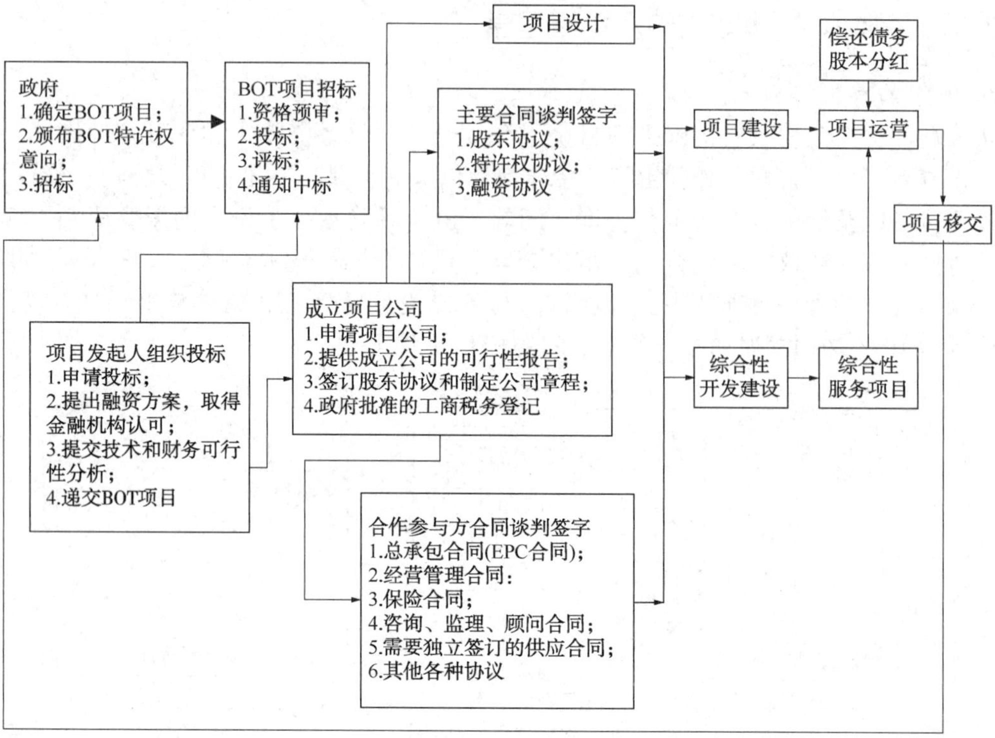

图 3.2　BOT 项目操作程序

提交开工报告。

项目实施阶段包括 BOT 项目建设与运营阶段。在建设阶段中，项目公司通过顾问咨询机构，对项目组织设计与施工，安排进度计划与资金营运，控制工程质量与成本，监督工程承包商，并保证财团按计划投入资金，确保工程按预算、按时完工。在项目运营阶段中，项目公司的主要任务是要求运营公司尽可能边建设边运营，争取早投入早收益，特别要注意外汇资产的风险管理及现金流量的安排，以保证按时还本付息，并最终使股东获得一定的利润。同时，在营运过程中注意项目的维修与保养，以期项目最后顺利移交。

项目移交阶段是指特许期结束时，项目公司无偿把项目移交政府。特许期结束后，政府组织验收。验收合格，可将项目移交政府；验收不合格，由项目公司组织维修养护，合格后移交政府。项目移交包括资产评估、利润分红、债务清偿、纠纷仲裁等。

3）BOT 模式的关键影响因素

BOT 模式作为项目融资的主要模式之一，其精髓在于有限追索权。所谓有限追索权指的是债务人无法偿还银行贷款时，债权人只能就项目的现金流量和资产对债务人进行追索。其特点在于：债权人的追索权是有限的，也就是说仅以项目发起人投到项目中的资产为限，不能要求项目发起人承担项目举债的全部责任，债权人对项目发起人没有完全的追索权。这样，项目融资既达到了合理配置风险的目的，又可以减轻政府担保的负担。

BOT 项目融资获得成功的关键因素可以归纳为以下几点。

（1）项目立项前的充分论证

采用 BOT 方式融资最关键的因素是在项目立项前认真进行项目的可行性研究与评价，

包括经济、建设和生产条件、法律、技术、市场、环境等。BOT 项目的可行性研究和评价与一般项目不同，除法律环境允许外，最重要的是经济评价，包括财务评价和国民经济评价，只有评价结论和指标都是可行的，政府才会批准立项。在可行性研究中一般包括以下内容。

① 经济可行性(Economic Viability)。第一，要根据大量数据，衡量该项目总的效益与全面合理性。第二，根据该国经济发展战略要求，衡量该项目与国家的各项计划相衔接的程度。第三，对该项目的潜在市场进行充分详尽的分析。根据市场条件与信息，核算项目的成本与费用，并对世界市场的价格趋势做出科学的预测与分析。只有销售市场得以保证，才能确保项目的收入和贷款的偿还。这是经济可行性中最重要的一项。

② 财务效益的可行性。首先应对投资成本、项目建设期内投资支出及其来源、销售收入、税金和产品成本(包括固定成本和可变成本)、利润、贷款的还本付息(按规定利润和折旧费等资金归还项目贷款本息)等方面进行预测。再以预测数据为依据，以静态法和现值法分析项目的财务效益，从而判断项目的盈利能力。

③ 销售安排(Marketing Arrangement)。由于 BOT 项目的产品销售有合同保证，降低了贷款到期不能归还的风险。这就保证了债权人的资金安全，有利于项目公司的对外筹资。

④ 原材料与基础设施的安排。签订长期供应合同，保证原材料供应可靠，并且合同条件要与该工程的经济要求相适应。如果项目属于能源开发，就必须使债权人确信项目资源储藏量满足整个贷款期内的开发。

⑤ 费用估计。对工程费用的估计要实事求是，尽可能精确，要考虑到建设期间的利息和投资后的流动资金需求、偶然事件和超支问题，并充分考虑通货膨胀的发展趋势对费用的影响。同时，应安排一定数额的不可预见费用和应急资金。

⑥ 环境规划。选定项目的建设地域，要适应项目本身的发展，项目对周围环境的影响要为该地区所容许。如考虑不周，或违反环境保护法，将导致工程建设时间推迟，严重者甚至半途而废。

(2) 政府的立法保障

如果一个国家的中央政府和地方政府准备采用 BOT 方式进行基础设施的建设，就必须使外国投资人和债权人了解，东道国政府是否有利用外资实施 BOT 项目的比较健全的法律和规章制度。这种法律环境可以使项目公司和债权人解除一部分后顾之忧。

(3) 政府的优惠政策

采用 BOT 模式的项目都是要对设施用户采取收费的方式，在特许期内收回资金成本和得到较高的股东利润，但是对公益事业设施的收费又不能太高，否则将遭到民众的反对。要解决这一矛盾，一方面要合理地计算和确定特许期，另一方面政府要采用其他优惠政策帮助项目公司增加收入。

(4) 风险的合理分担

BOT 项目一般由项目公司承担大部分风险，政府承担政治风险和不可抗力风险。一般来说 BOT 项目承担风险的原则是哪一方容易控制风险就由哪一方承担风险，对于不属于任何一方或任何一方都无法控制的风险则由双方承担。这部分内容详见 BOT 项目融资风险部分。

（5）本国金融机构参与融资

由于 BOT 项目中，国外财团十分重视项目的国家风险和政治风险，通常认为项目所在国银行和金融机构对本国政治风险的分析判断比外国银行要准确得多。因而在 BOT 项目融资中，如果能吸引本国金融机构的积极参加，则可起到事半功倍的作用。马来西亚南北高速公路项目融资安排中，由英国 Morgan Grenfell 投资银行作为项目的融资顾问为项目组织了为期 15 年总金额 25.36 亿马元（合 9.21 亿美元）的有限追索项目贷款，占项目总建设费用的 44.5%，其中 16 亿马元（合 5.81 亿美元）来自马来西亚的银行和其他金融机构，是当时马来西亚国内银行提供的最大一笔金融贷款。另外由十几家外国银行组成的国际银团提供了 9.36 亿马元（合 3.4 亿美元）的贷款。这一本国金融机构积极参与融资的方式被国际金融界认为是十分成功的经验。

（6）高水平的咨询公司和顾问

BOT 项目周期长，开发过程和合同文件极其复杂，涉及金融、技术、法律、工程、保险、贸易、环保、管理等许多方面的专业知识。任何一个政府部门或发起人不可能完全依靠自己的能力完成项目。因此，无论是政府还是项目发起人均须聘请高水平的咨询顾问，包括法律顾问、技术顾问和财务顾问等。

对政府而言，咨询顾问不仅能为政府做项目规划、可行性研究等工作，以帮助政府选定合适的项目，还能帮助政府制定合适的法律法规和政策，为项目的实施创造合适的法律环境。同时，咨询顾问还可以参加评标过程，协助政府选定中标人。对项目发起人和项目公司而言，咨询顾问在整个项目周期中发挥着积极的重要作用。

（7）创造性的技术方案

技术方案包括项目的规划、布局和设计。技术方案的创新能加快项目进度、减少施工干扰和降低工程造价，因而极大地增加了项目的效益。

澳大利亚悉尼港隧道工程由 TransField 公司和日本熊谷公司组成的悉尼速度公司负责建设。经过充分的调研，悉尼速度公司提出在悉尼大桥下建造隧道并与大桥两端公路连接起来，该方案不仅解决了交通堵塞，而且不需征用私人土地、不拆迁一幢房屋，大大节约了建设费用。

3.1.3 BOT 模式的衍生模式

根据世界银行《1994 年世界发展报告》报道，通常所说的 BOT 模式有 3 种，即 BOT、BOOT（Build-Own-Operate-Transfer，建设—拥有—运营—移交）以及 BOO（Build-Own-Operate，建设—拥有—经营）。每一种 BOT 形式及其变形，都体现了对于基础设施部分政府所愿意提供的私有化程度。BOT 意味着一种很低的私有化程度，因为项目设施的所有权并不转移给私人。BOOT 代表了一种居中的私有化程度，因为设施的所有权在特定有限的时间内转给私人。因此，就项目设施没有任何时间限制地被私有化并转移给私人而言，BOO 代表的是一种最高级别的私有化。

实际上 BOT 模式的衍生模式并不仅限于上述三种具体模式。例如有 BT 模式，这是 BOT 模式的一种变换形式；TOT（Transfer-Operate-Transfer，移交—经营—移交）模式，这是一种全新的经营性政府工程投融资模式；还有将 TOT 与 BOT 项目融资模式结合起来，以

BOT为主的TOT(Transfer- Operate-Transfer，转让—经营—转让)模式；以及从传统BOT融资建设模式中发展延伸出来的BLT(Build-Lease-Transfer，建设—租赁—移交)模式。

换句话说，一国政府所采纳的建设基础设施的不同模式，反映出其所愿意接受的使某一行业私有化的不同程度。由于基础设施项目通常直接对社会产生影响，并且要使用到公共资源，诸如土地、公路、铁路、管道、广播电视网等。因此，基础设施的私有化是一个特别严重的问题。

1) BOOT模式

BOOT模式是由私人合伙或某国际财团融资建设基础产业项目，项目建成后，在规定的期限内拥有所有权并进行经营，在规定的期限届满后移交给当地政府部门。

BOOT与BOT的区别有两点：一是所有权的区别。采用BOT模式，项目建成后，私人只拥有所建成项目的经营权；而BOOT模式，在项目建成后，在规定的期限内，私人既有经营权，也有所有权。二是时间上的差别。采取BOT模式，从项目建成到移交给政府这一段时间一般比采取BOOT模式短一些。

对比两种模式结构，可以发现在相同投入条件下，运用BOOT模式投资的项目，投资企业拥有的项目价值比BOT模式增加了产权价值。一般地，如果某一公共项目预期收益稳定可观，通常会采用BOT模式，如果预期收益较低，则选择BOOT模式较为合适，因产权价值可以弥补项目收益低的缺陷。

作为投资主体的企业最关注的是项目效益的最大化，所以在项目策划时会考虑通过改良建筑设计、改善施工管理、改进运营模式等手段来增加项目的利润点，提高项目的附加值。政府对于项目通过BOOT模式招商引资建设的目标是既省钱省力又促进项目的实施。而对于贷款银行来讲其目标只有一个，就是确保贷款本息的回收。

政府机构、投资企业和金融机构所关注的BOOT项目融资的焦点问题在于如何实现BOOT项目产权价值的变现。通常预期效益低的公共项目产权很难在市场上公开交易成功，所以只有政府提供协议收购才能促进项目的合作成功。

BOOT模式的操作要点如下：一是资源配置调整。整合“类资源”，政府通过对所辖区域“类资源”信息的全面真实掌握，发挥政府的宏观统筹职能，科学规划、综合开发区域内项目“类资源”，杜绝零散开发，有条件的项目还可以策划成区域内唯一性项目，以确保项目收益基本稳定。二是项目产权收购。为了保证投资者的基本收益，政府在协议期间以项目总投资为基价，根据其预期收益进行分析，可以选择计息分期、免息分期、折价分期等支付方式完成对项目产权的收购，这样政府同样可以达到缓和财政压力的目标。三是协议执行的保障。为了规避政府的信用风险，在签订协议时可以要求政府对投资保障、回购资金保障等重要问题在法律和经济上予以双重保证。

2) BOO模式

BOO模式的承包商根据政府赋予的特许权，建设并经营某项基础产业项目，但是并不将此项基础产业项目移交给公共部门。

BOO与BOT模式最重要的相同之处在于它们都是利用私人投资承担公共基础设施项目。在这两种融资模式中，私人投资者根据东道国政府或政府机构授予的特许协议或许可证，以自己的名义从事授权项目的设计、融资、建设及经营。在特许期内，项目公司拥有项目的占有权、收益权以及为特许项目进行投融资、工程设计、施工建设、设备采购、运营管理和合理收费等的权利，并承担对项目设施进行维修、保养的义务。在我国，为保证特许项目的顺利实施，在特许期内，如因我国政府政策调整因素影响，使项目公司受到重大损失的，允许项目公司合理提高经营收费或延长项目公司特许期对于项目公司偿还贷款本金、利息或红利所需要外汇的时间，国家保证兑换和外汇出境。但是，项目公司也要承担投融资以及建设、采购设备、维护等方面的风险，政府不提供固定投资回报率的保证，国内金融机构和非金融机构也不为其融资提供担保。

在 BOT 项目中，项目公司在特许期结束后必须将项目设施交还给原始权益人，而在 BOO 项目中，项目公司有权不受任何时间限制地拥有并经营项目设施。从 BOT 的字面含义，也可以推断出基础设施国家独有的含义，作为私人投资者在经济利益驱动下，本着高风险、高回报的原则，投资于基础设施的开发建设；为收回投资并获得投资回报，私人投资者被授权在项目建成后的一定期限内对项目享有经营权，并获得经营收入；期限届满后，将项目设施经营权无偿移交给项目东道国政府。而 BOO 模式中，项目的所有权不再交还给政府。

3）BT 模式

BT 模式是由业主通过公开招标的方式确定建设方，由建设方负责项目资金筹措和工程建设，项目建成竣工验收合格后由业主回购，并由业主向建设方支付回购价款的一种融资建设方式。

（1）采用 BT 模式的意义

发展 BT 模式使产业资本和金融资本全新对接，形成了一种新的融资格局，既为政府提供了一种解决基础设施建设项目资金周转困难的新融资模式，又为投资方提供了新的利润分配体系的追求目标，为剩余价值找到了新的投资途径。

BT 模式使银行或其他金融机构获得了稳定的融资贷款利息，分享了项目收益。

BT 模式倡导风险和收益在政府与投资方之间公平分担与共享，追求安全合理利润，强调各参与方发挥各自优势的主观能动性，提高了各参与方对项目抗政治风险、金融风险、债务风险的分析、识别、评价及转移能力。

BT 模式不仅获取了较大的投资效益，还提高了项目管理的效率和投资方的经营管理水平及参与市场的竞争能力，积累了 BT 模式融资的经验，增加了施工业绩，为以后打入融资建筑市场创造了条件。

（2）BT 模式的优势

和传统的投资建设方式相比，采用 BT 模式具有一定的优势。

采用 BT 模式可为项目业主筹措建设资金，缓解建设期间的资金压力。同时，通过成立项目公司，项目建设方可采用项目融资的方式实现表外融资，可有效提高资金使用效率，分散投资风险。

采用 BT 模式可以降低工程实施难度，提高投资建设效率。BT 项目由建设方负责工程全过程，包括工程前期准备、设计、施工及监理等环节，因而可以使设计、施工紧密衔接，减少建设管理和协调环节，实现工程建设的一体化优势和规模效益。

BT 模式一般采用固定价格合同，通过锁定工程造价和工期，可有效地降低工程造价，转移业主的投资建设风险。

BT 项目回购资金有保证，投资风险小。BT 模式通过设置回购承诺和回购担保的方式，可降低投资回收风险，其投资回收期限较短。对大型建筑企业而言，BT 项目是一种良好的投资渠道，通过 BT 模式参与工程项目的投资建设，既有利于避免与中小型建筑企业的恶性竞争，又能发挥企业自身技术和资金的综合优势。

(3) BT 模式的法律特征

目前，我国尚无专门立法，对基础设施项目建设而言，BT 模式具有独特的法律特征，表现在如下方面。

① 参与主体的特殊性。参与 BT 项目的主体为业主和工程建设方，这两方主体均具有特殊性。在基础设施项目建设中，业主为特殊主体，即政府、政府组成部门，或者政府投资设立并承担基础设施建设职能的国有企业。建设方主要为具备一定投融资能力和建设资质的投资公司、建筑企业等。

② 投资客体的特殊性。其特殊性在于：一是 BT 项目的客体大部分为基础设施和公用事业，如城市轨道交通、桥梁、公路等，不同于其他投资项目，属于社会公益事业，政府对其享有建设权和所有权；二是 BT 投资客体的所有权存在转移性，即业主通过合同方式把某一重大项目的投资、建设的权利和责任让给建设方，建设方在合同规定时间内，拥有该项目的所有权，项目竣工验收合格后，业主回购项目并获得项目所有权。

③ BT 参与主体法律关系的复杂性。BT 项目涉及融资、投资、建设、转让等一系列活动，参与人包括政府、项目业主、建设方、施工企业、原材料供应商、融资担保人、保险公司以及其他可能的参与人，从而形成了众多参与人的纷繁复杂的法律关系。

④ BT 模式所涉及当事人的权利与义务关系是通过合同确立的，其中包括贷款合同、建设合同、回购协议、回购资金担保、完工履约担保以及联合体协议等，是一系列合同的有机组合。

(4) BT 模式的实施

① BT 模式的实施条件和实施方式

基础设施项目采用 BT 模式，应具备以下几个基本条件：前期工作深入，设计方案稳定，建设标准明确；工程建设难度适中，建设风险较小；业主应具有充足的回购能力，能提供回购承诺函及相应担保；工程规模适当，投资额度应在潜在投标人可承受的范围内；项目成本应该能够较为准确地估算，以便于投标人估算和控制投资成本。

在实践中，根据项目的具体情况，可采用以下完全 BT 模式、BT 工程总承包模式两种实施方式。

完全 BT 模式是指通过招标确定项目建设方，建设方组建项目公司，由项目公司负责项目的融资、投资和建设，项目建成后由业主回购的形式。此种模式的特点为：对建设方无特殊资质要求，只要其具有较强的投融资能力即可，按照项目融资的方式进行融资。建设方采取成立项目公司的方式，以项目公司为主体筹措建设资金，为项目公司的银行贷款提供担保，为便于项目公司融资，一般需业主出具回购承诺函及第三者回购担保；在建设过程中，完全 BT 模式适用于工程技术成熟、技术标准明确、投资规模较大且业主无工程建设管理经验或能力的工程项目。

此模式的主要优点为：一是有利于扩大投资者的选择范围；二是由项目公司作为主体进行融资，可降低投资者的投资风险，拓宽融资渠道；三是项目结构清晰，建设协调、管理的各个环节衔接紧密，业主进行工程管理的难度较小；四是建设风险全部转移给项目建设方承担，业主的建设风险较小，同时，建设方拥有较大的自主权和利润空间。

BT 工程总承包模式是指通过招标确定项目建设方，建设方按照合同约定对工程项目的勘察、设计、采购、施工、竣工验收等实行全过程的承包，并承担项目的全部投资，由业主委托指派工程监理，项目建成后由业主回购的形式。

此种模式的特点为：工程施工直接由建设方承担，无须进行二次招标，项目建设方必须为同时具备投融资能力和相应建设资质的工程总承包企业或联合体；业主直接和建设方签署投资建设合同及工程总承包合同，一般不组建项目公司；业主通过聘请工程监理公司或设立工程监管机构等方式对建设方进行履约监督。

BT 工程总承包模式适用于工程技术较为复杂、投资规模较大且业主具有一定的工程建设管理经验或能力的工程项目。

BT 工程总承包模式的优点与完全 BT 模式基本相同，主要区别在于项目建设方必须同时具备投融资能力和施工总承包资质，且一般不成立项目公司。

② BT 模式实施中应注意的问题

BT 模式的实施过程和传统建设方式基本相同，但应该特别注意以下几个问题。

一是选择合适的项目实施结构，兼顾各参与方利益。在确定项目实施结构前，首先要对建设项目的工程特点、前期工作情况、业主的需求和管理能力以及潜在投资者进行深入分析，以选择对应的实施方式。同时，项目实施结构应把握“放而不乱，管而不死”的原则，做到既保证项目建设方一定的建设自主权，又最大限度地保证工程质量，维护项目业主的利益。

二是严格投标人的资质标准，对投标联合体各方的关系要有明确的约定。根据建设项目的投资规模和建设特点，在项目招标时应对投标人的投融资能力和建设能力提出明确资质标准，投标人应具备承担项目投资建设的能力和经验。

同时，由于城市基础设施项目投资大，项目实施难度大，在项目投标时，投标人常以组成联合体的方式参与项目投标，但在项目实施时，由于各投标联合体的利益不一致，经常会出现联合体内部纠纷，影响项目的顺利实施。

为避免此类情况的发生，在项目招标时，应在招标文件的联合体协议中明确约定各联合体成员的权利与义务关系，特别是对各联合体的出资额、负责的工程内容等情况要明确约定，避免内部纠纷的发生。此外，联合体成员的定位要明确，要尽量引导优势互补的企业组成联合体。

三是完善监管体系，杜绝分包、转包行为。在项目中，工程分包和转包情况比较普遍，是影响项目工程质量的重要风险因素。为避免此类问题的发生，可采取以下措施：首先，在招标文件中对项目的分包、转包情况进行详细和明确的约定，禁止随意分包和转包；其次，建立健全监管体系，业主应组建监管机构，对工程分包情况进行严格管理。

四是扎实做好前期工作，明确建设标准和工程接口。要成功实施项目，必须在项目提出、规划、可行性研究、投资者的选择、规划设计方案、开工建设等各个环节保持一致性和前瞻性，扎实做好项目前期工作，明确项目建设标准以及项目与外部工程的接口。项目前期工作特别是规划设计方案的稳定程度、设计深度对项目实施成功与否影响极大。如设计方案不稳定，就可能导致工程变更、洽商等一系列问题的出现，项目投资可能因此大幅度增加。此外，编制建设标准时要做到深度适当，可操作性强。

五是重视专业中介机构的作用。在项目招标过程中，聘请中介机构为项目融资结构设计，招标文件、合约起草，谈判等方面提供专业化帮助，可以更大限度挖掘潜力，规避风险。

③ BT 模式的运作过程

项目的确定阶段：政府对项目立项，完成项目建设书、可行性研究、筹划报批等工作。

项目的前期准备阶段：政府确定融资模式、贷款金额的时间及数量上的要求、偿还资金的计划安排、合理确定招标标底等工作。

项目的招标阶段：政府通过公开招标或邀请招标确定中标人(投资方)，谈判商定双方的权利与义务等工作。

项目的建设阶段：各参与方按 BT 合同要求，行使权利，履行义务。

项目的移交阶段：竣工验收合格、合同期满，投资方有偿移交给政府，政府依照约定总价(或计量总价加上合理回报)按比例分期偿还投资方的融资和建设费用。

4) TOT 模式

TOT 模式是继 BOT 模式之后出现的一种全新的经营性政府工程投融资模式。该模式经过市场化运作，盘活存量资产，为政府需要建设大型项目而又资金不足提供了解决的途径；还为各类资本投资于基础设施建设开辟了新的渠道；同时也为大型施工企业提供了拓展经营新领域和经营新方式的机会。

(1) TOT 模式的含义

所谓 TOT 模式，就是指通过出售现有已建成项目在一定期限内的现金流量从而获得资金来建设新项目的一种融资方式。具体说来，就是项目所在国政府将已经投产运行的项目在一定期限内移交(T)给外商经营(O)，以项目在该期限内的现金流量为标的，一次性地从外国投资者或者本国私有资本处筹得资金，用于建设新的项目。待外商经营期满后，再将原来项目移交(T)给项目所在国政府，如图 3.3 所示。TOT 模式是将已建成的项目，经过产权界定、资产评估后，将其经营权在一定期限内转让给国内外经济组织。这一方面可以达到提前收回投资、为新项目筹集资金的目的；另一方面也为政府与私营企业之间的投资合作提供了一种新的途径，借助私营企业的经营管理经验，提高基础设施项目的运行效率。

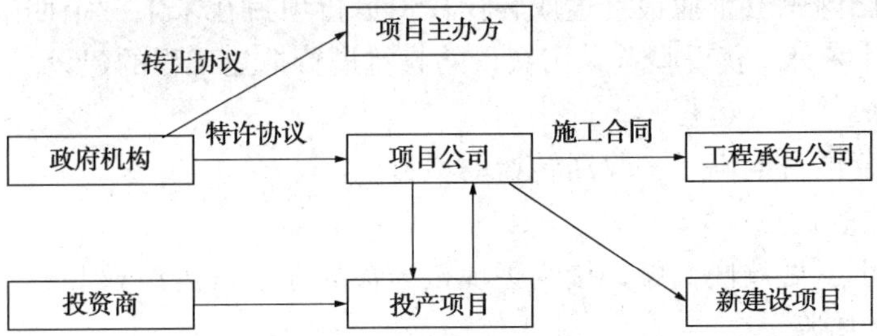

图 3.3　TOT 模式结构

通过这种融资方式，引进了基础设施建设资金，使新的项目及时启动。从运转过程看，它是既不同于传统方式，也不同于融资租赁的一种新型项目融资方式，特别适合于有稳定收益、长周期基础设施项目的融资，这种工程项目具有投资特大、建设周期特长、回收期长的特点，因此具有很大的发展空间。

（2）TOT 模式的运作程序

TOT 模式的运作首先需要完成两方面工作。

一是制订转让方案并报批。采用 TOT 模式转让国有资产时，转让方必须首先根据国家有关规定，编制项目建议书，在征求行业主管部门（或原投资部门）的意见后，按照现行的有关规定，上报有权审批部门批准。初步选定受让方后，还要编制可行性研究报告（或资产权益转让方案）并上报审批部门批准。

二是确定受让方的选择方式。受让方的选择方式应该根据转让方的情况和项目特点综合确定。目前有三种方式：面对面协商谈判的方式；邀请招标方式；完全竞争性的公开招标方式。

根据各国已完成的 TOT 项目经验，完全竞争性的公开招标方式具有操作程序规范、项目条件成熟、转让价格合理、成功率高等优点，可以作为转让方选择 TOT 项目受让方的首选方式。

从政府实施方式进行基础设施建设项目融资的基本程序来看，一个完整的项目融资一般包括以下几个主要程序。

① 融资方发起人投产项目的所有者或政府机构设定 SPC（Special Purpose Corporation），发起人把移交项目的所有权和新建项目的所有权均转让给 SPC，以确保有专门机构对两个项目的管理、转让、建造等享有权利，并在项目实施中进行协调和管理，这一步骤也即建立所谓的项目法人制，保证融资资金的有效利用。

② 确定需要建设的拟建项目规模、建设周期和财务预算。

③ 以已有项目为基础，进行项目本身和财务收益宣传，向国内外相关投资商发出招标邀请，并确定转让内容和年限。

④ 投资商通过资格审查后，购买招标书确定经营内容、年限、相关权利与义务等，并制定投标书。

⑤ 针对邀请招标、公开招标、评审或竞拍，以及一些竞争激烈的特定项目，如有稳定收入的桥梁或道路项目等，通过协商谈判确定经营融资对象。这是整个项目融资的关键过程。

⑥ 与外商或国内民营企业最终达成转让投资运行项目在未来一定期限内全部或部分经营权的协议，项目移交，获得收益，用获得的收益进行拟建工程的建设。

⑦ 新项目建成并投入运行。

⑧ 原转让经营项目期满后，收回转让的项目。

（3）TOT 模式的优点

① 投资风险小、见效快：可直接购买现正运营的存量资产产权和经营权，既逾越了建设期又避免了各种风险。

② 可有效缓解政府压力：包括财政、引资、时间、管理方面的压力。TOT 模式有高度

的灵活性，所转让的产权和经营权，既可针对完整的基础设施，也可针对其中某一部分；投资者既可是一个企业/个人，也可是多个企业/个人的联合。

③ 市场化：可盘活现有存量国有资产，打破国家对基础设施的垄断经营，有利于市场化水平和技术管理水平的提高。

（4）TOT 模式的招标特点

采用招标方式选择 TOT 项目的受让方，要注意 TOT 模式的招标具有如下特点。

① 转让方必须首先取得合法的转让权。国有企业的法人对其所有的国有资产只有使用权、经营权等权益，没有所有权，一般无权出售。地方政府和其他相关部门也只能行使行政管理职能。只有在获得国有资产管理部门的授权后，国有企业才能成为出让国有资产的合法主体，与受让方签订的国有资产转让合同才具有合法性。

② 需要进行国有资产评估。TOT 模式中受让方需要买断某项资产的全部或部分产权和经营权，会发生产权的转让行为，要求对现有资产进行合理的估价。一般来讲，转让资产是基础设施，属于国有资产，估价过低，会造成国有资产流失；估价过高，则会影响受让方的积极性。这就需要处理好资产转让与国有资产正确估价的关系，聘请的评估机构应该具备相应资质，具有与转让资产相类似的项目的评估经验，而且在评估时最好与转让方和其聘请的融资顾问及时沟通，尽可能在形成正式评估报告之前就评估价格达成一致意见。评估的结果应该报请国有资产管理部门审核批准。

③ 潜在投标人要求进行尽职调查。投标人在编制标书期间，为了尽可能降低投资风险，同时保证自己的投标价格具有竞争力，一般会要求对转让资产进行全面调查，包括现有经营状况、转让资产涉及的法律情况、员工状况、技术装备水平等。转让方在组织投标人进行现场考察期间，应该向投标人提供转让资产的有关资料，安排投标人对转让资产进行调查。

④ 转让必须符合转让方的战略目标。在采用 TOT 模式的情况下，投资人可能完全买断资产的经营权，也可能只是部分买断资产经营权，同时转让方可能要求以现有资产的一部分与投资人进行合作或者合资，共同经营管理现有资产。这种情况下，转让方往往是在一个整体的战略构架基础上转让资产，要求受让方必须接受其提出的主要合作条件。因此，人和因素就显得十分重要。只有建立在互惠互利、平等友好的基础上，转让方和受让方在合作项目上具有一致的战略目标和共同的经营理念，合作才能取得完全成功，项目在合作期间才能顺利进行。

⑤ 招标主要标的可以是资产价格，也可以是产品价格。基础设施 BOT 项目招标的标的一般为产品或服务的价格，如净水厂 BOT 项目的标的为净水价格，污水处理厂 BOT 项目的标的为污水处理服务价格，垃圾处理厂 BOT 项目的标的为垃圾处理服务价格。TOT 项目招标标的的选择则具有一定灵活性，可以是转让资产的价格，也可以是项目产品或者项目运营服务的价格。

（5）TOT 模式与 BOT 模式的对比分析

通过 TOT 模式引进了外资，使新项目及时启动，但又将外商与新建项目割裂开来，从 T-O 过程来看，更像一种贸易，其标的为一定期限内的现金流量。但从 T-O-T 整个过程来看，它是一种既不同于以资信为基础的传统融资方式，也不同于 BOT 模式的新融资方式。

BOT 与 TOT 两种模式都是解决我国基础设施和基础产业建设资金不足问题的途径。TOT 模式与 BOT 模式相比，既有相同之处，也有不同的特点。

① 投资方的项目结构不同

BOT 模式运作过程包括政府机构，项目发起人，项目公司，商业银行，担保受托人，出口信贷贷款方，项目承包商、分包商，项目所需设备的供货方等众多的参与者。在项目立项建设过程中这一复杂结构需要签订大量的协议、商业合同。这些协议和合同从准备、谈判直至签订生效既需要一定的制度保证，也需要项目参与方的密切协作。基础设施和基础产业建设耗资巨大、建设周期长，它要求众多的参与方相互信任、相互协作、相互配合，这无疑增加了项目进展的复杂性和难度，相应地会影响投资方的投资决心。可见，BOT 模式中的建设环节是一项复杂的系统工程，项目的立项、实施需要复杂的技术和良好的环境作为保障，仅项目前期准备工作就需要耗费大量的资源。相比之下，TOT 模式要简单一些。因为这种方式运作过程省去了建设环节。项目的建设已完成，仅通过项目经营权移交来完成一次融资。同 BOT 模式相比较，TOT 模式有结构简化、时间缩短、前期准备工作减少、费用节省等优点。

② 降低了外商面临的风险

由于 BOT 投资项目生产经营周期长，从与东道国政府谈判和进行可行性研究到经营周期结束，时间跨度往往历经数年甚至数十年，因此不可避免地存在多种风险，根据一些国家的实践，影响 BOT 项目风险的主要因素有融资的高成本和长周期、金融行业的变动、东道国政府的稳定性和政策的连续性、债务风险以及与经营方式相关的风险等。

由于上述原因，在 BOT 模式的实施过程中，投资方对各种风险的考虑是十分慎重的。而 TOT 模式没有建设这个环节，投资方直接经营已建成的项目，由于积累大量风险的建设阶段和试生产阶段已经完成，TOT 模式明显地降低了外商面临的风险。TOT 模式是购买东道国已有的存量基础设施和经营权，既避免了建设超支、工程停建或者不能正常运营、现金流量不足以偿还债务的风险，又能尽量取得收益。

③ 涉及法律环节较少，对法律环境的要求不同

许多国家在外资法等范围内就能解决 TOT 模式所产生的大部分问题。目前，我国有关 BOT 和 TOT 的专门法律尚未出台。在我国投融资体制改革未到位的情况下，TOT 模式较 BOT 模式对法律环境的要求相对低一些，更能有效地吸引外方投资者。因为 TOT 模式有已建成的项目资产作为担保，即使在法律体系尚不健全的条件下，也能有效地吸引投资者。

④ 项目融资成本不同

BOT 模式操作过程从项目建设开始便非常复杂，中间环节较多，其融资成本也随之增加。由于 BOT 模式包括项目建设期，因此不可避免要承担建设风险，主要包括项目不能完工、延期完工、成本超支等，而成本超支易使债权人对项目的可行性产生疑问，如果项目不能按期竣工，不仅会影响运营收入而且会积累巨额利息，从而影响债务本息的偿还及投资的回收。采用 TOT 模式，由于只涉及项目运营阶段，投资者不用承担建设阶段的风险，从而使投资风险大幅度下降。相应地，基于较低风险的 TOT 项目投资人的预期收益率会合理下调；加之项目实施过程简化，评估、谈判等方面的费用下降，也就降低了项目的融资成本。

⑤ 项目实施的复杂程度与可操作性不同

从项目的运作过程看，采用 BOT 模式必须经过项目准备、招标、谈判、文件合同签署、建设、运营、维护、移交等阶段，涉及政府特许及外汇担保等诸多环节，牵扯的范围广，操作过程复杂。而 TOT 模式是对已有项目转让经营权，仅涉及项目的生产运营阶段，而不涉及所有权问题，其运作过程要大大简化。

⑥ 有助于项目产品的合理定价

外商面临的风险小，因此预期收益率会合理下调；涉及环节较少，评估、谈判等方面的从属费用也势必大大减少。引资成本的降低有助于项目产品的合理定价。

⑦ 融资对象更为广泛

在 BOT 模式下，融资对象多为外国大银行、大建筑公司或能源公司等；而在 TOT 模式下，其他金融机构、基金组织和私人资本等都有机会参与投资。

⑧ 对公共利益的影响不同

经营性政府工程在采用灵活多样的方式融资的同时，对公共利益的影响是必须考虑的一个因素。采用 BOT 模式，项目的所有权、运营权在特许期内属于项目公司。因此，通过 BOT 项目引入外资进行基础设施建设，可以引进国外先进的技术和管理经验，但会使外商掌握项目控制权，对于某些关系国计民生的重要领域是不能采用 BOT 模式的。

TOT 模式只涉及基础设施项目经营权的转让，不存在产权、股权的让渡，也不存在外商对国内基础设施的永久控制问题。同时，由于 TOT 项目经营期较长，外商受到利益驱动，常常会将先进的技术、管理经验引入投产项目中，并进行必要的维修从而有助于投产项目的高效运行，使基础设施的建设、经营逐步走向市场化、国际化。

5）TBT 模式

（1）TBT 模式含义

TBT 模式就是将 TOT 模式与 BOT 模式结合起来，但以 BOT 模式为主的一种融资模式，在 TBT 模式中，TOT 模式的实施是辅助性的，采用它主要是为了促成 BOT 模式。

（2）TBT 模式的两种具体形式

TBT 模式有两种具体形式，一是有偿转让(TBTA)，即公营机构通过 TOT 模式有偿转让已建设施的经营权，一次性融得资金后再将这笔资金入股项目公司，参与新建项目的建设与经营，直至最后收回经营权；二是无偿转让(TBTB)，即公营机构将已建设施的经营权通过 TOT 模式无偿转让给投资者，但条件是与项目公司按一个递增的比例分享拟建项目建成后的经营收益。下面分别介绍这两种方式。

TBTA 融资过程可用图 3.4 说明。从图 3.4 中可知，投资者通过与公营机构签订 TOT 特许权协议取得已建设施的特许经营权，同时公营机构将已建设施未来的收入一次性从投资者手中融得，并可将部分资金入股项目公司以 BOT 模式建设新的项目。政府与投资者在这个融资过程中扮演着双重角色，既是 TOT 的主体又是 BOT 的主体，要签两份特许协议。一是在一定时期内转让已建设施的经营权；二是转让新建项目的建设与经营权。这两个看似独立的过程其实关系极为密切，它们相辅相成互为补充，政府与投资者在这个过程都是受益者，达到了“双赢”的效果。政府在 TBTA 项目中的现金流量如图 3.5 所示，O 表示已建项目设施经营权转让时点，n 表示新建项目经营期结束时点。

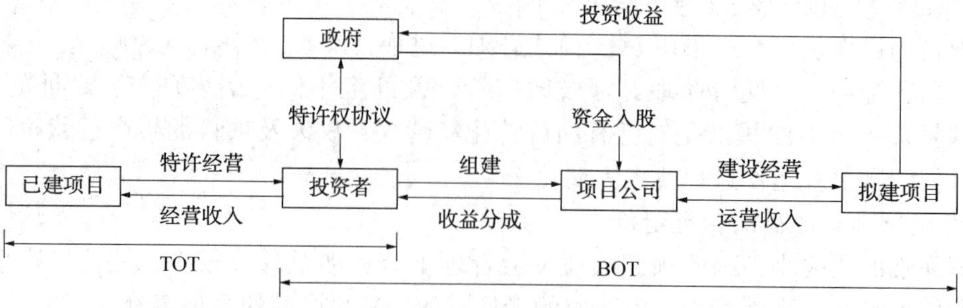

图 3.4　TBTA 融资过程

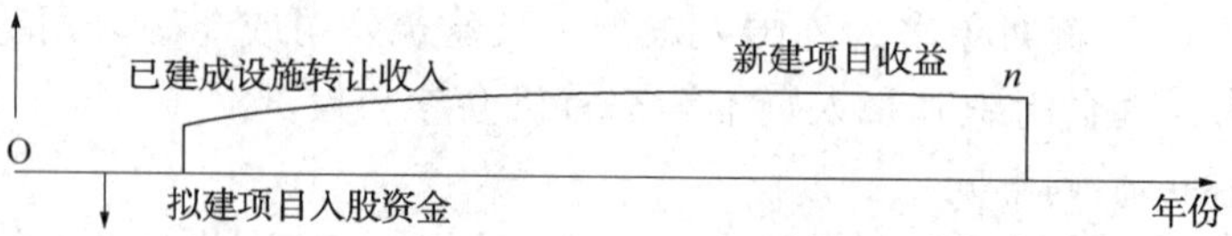

图 3.5　政府在 TBTA 项目中的现金流量

TBTB 项目融资过程可用图 3.6 说明，若公营机构通过 TOT 模式无偿将已建项目设施的经营权转让，则公营机构将与 BOT 项目公司共同分享拟建项目建成后的运营收益，具体做法是将拟建项目建成后的运营分成几个阶段，政府在这几个阶段中将建成项目的运营收入以一个逐渐递增的比例分成，直至最后收回经营权。公营机构在 TBTB 项目中的现金流量如图 3.7 所示。

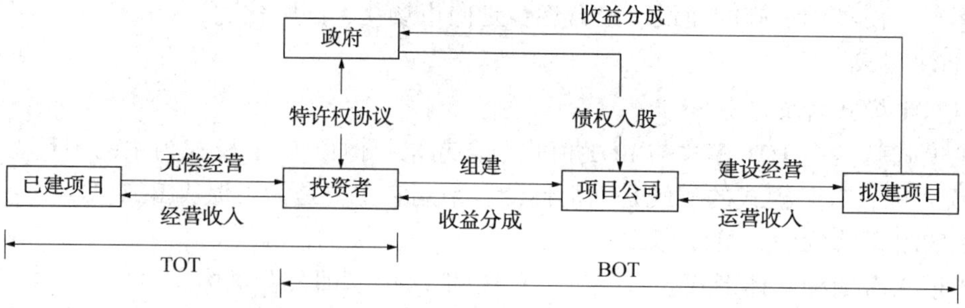

图 3.6　TBTB 项目融资过程

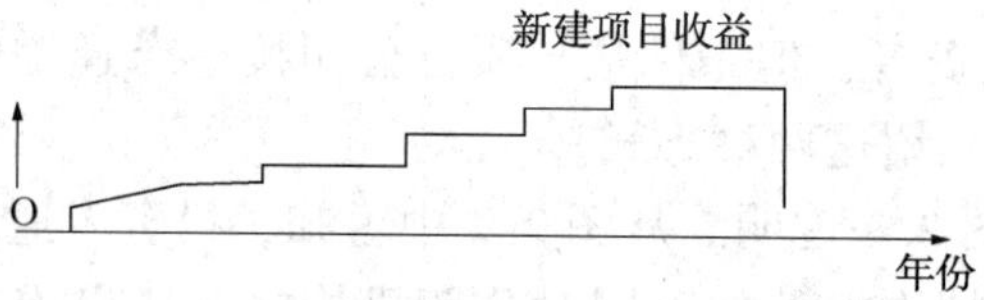

图 3.7　公营机构在 TBTB 项目中的现金流量

（3）TBT 项目融资方式的操作步骤

① 项目方案的确定

TBT 项目与单纯的 BOT 项目不同。首先，单纯的 BOT 只涉及一个项目，而 TBT 则需要同时考虑已建和拟建两个项目。此时政府可以鼓励私营机构在项目构思和设计方面提出新的观点，为此公营机构在设计工作开始之前就可邀请投标，而且标书只是轮廓性地列出项目应达到的要求，至于如何达到这些要求，可留给私营投标者自行解决。这种处理方法可以发挥每一个投标者的设计技巧和优势，创造性地做出方案。

② TBT 项目的招标准备

在项目招标之前，必须做好准备工作，其中最重要的是“项目技术参数研究”，包括对所要解决问题的性质和规模作详细而清晰的说明。其次是“招标文件的准备”，须描述技术研究中提出的大量信息，对投标的类型以及投标人在标书中应包括的内容作具体规定，招标文件还应清楚地规定评标准则。

③ TBT 招投标过程

TBT 招投标过程主要包括资格预审、投标、评标与决标及合同谈判四个阶段。

资格预审阶段是邀请对项目有兴趣的公司参加资格预审，根据这些公司提交的包括技术力量、工程经验、财务状况等方面的资料，拟定参加最终投标的备选公司名单。

投标阶段是邀请通过资格预审的投标者投标，投标者按招标文件的要求，提交详细的建议书。建议书应详细说明项目的类型及所提供产品或服务的性能和水平，建议项目融资结构、价格调整公式和外汇安排，进行风险分析。

评标与决标阶段是指为了在许多竞争者中选择最合适者，需要有一套标准来进行判断，以使项目相关指标达到最优。通常一开始就应在招标文件中明文规定，让投标者明确知道评标方法，从而使他们能据此来进行项目设计，并制作项目建议书。

合同谈判阶段是指在决标后，邀请中标者与公营机构进行合同谈判。因为牵涉两个项目的一系列相关合同，TBT 项目的合同谈判较单纯的 BOT 项目时间长且更为复杂。如果政府公营机构第一中标者未能达成协议，可转向与第二中标者进行谈判，依此类推。除此之外，TBT 模式中还必须签署其他许多协议，如与项目贷方的信贷协议、与建筑承包商的建设合同、与供应商的设备和原材料供应合同、与保险公司的保险合同等。为了保障 TBT 合同的顺利履行，政府应提供所需的一揽子基本保障体系。

6) BLT 模式

(1) BLT 模式概念界定

BLT 模式是传统 BOT 模式的一种发展延伸。该模式首先由政府出让项目建设权，项目公司负责项目融资和建设，项目建成后租赁给政府，并由政府(或其指定的机构)负责项目运行和日常维护，项目公司用政府给付的租金收入回收项目建设成本，并获得合理的回报，租赁期结束后，项目所有权移交给政府(或其指定的机构)。

该模式由建设、租赁、移交三个过程组成。其中建设过程指政府将项目建设权出让给项目公司，由项目公司负责筹集和提供建设资金来进行项目的建设，在项目建成后，其所有权归项目公司所有。租赁过程中根据特许权协议，租赁期内项目公司拥有项目所有权成为出租人，政府承诺将承租这个项目并支付租金成为承租人。项目移交指双方约定的租赁期结束后，项目公司无偿或以约定的回购价格将项目的所有权从项目公司转移至政府。

BLT 模式内涵丰富，可以体现为以下三个方面。

① BLT 模式是一种项目融资模式。其成功实施的必要条件为能否顺利筹得项目建设所需资金。以项目为担保通过融资租赁的方式进行融资是该模式较传统 BOT 模式的重要突破。

② BLT 模式是一种投资模式。项目公司以承担相应风险为前提，通过利用投资者提供

的股本资金或多种担保向银行等金融机构进行贷款等方式，融得 BLT 项目公司成立及项目后续建设所需资金；项目建成后，项目公司暂时拥有项目所有权，在租赁期内，政府仅拥有项目的经营权和使用权，项目公司以收取政府租金的方式回收建设成本并获得合理利润。项目所有权与经营权相分离是 BLT 投资模式的一大特色。

③ BLT 模式是一种项目建设管理模式。这种模式综合了多种经济因素和社会因素，引入竞争机制体现了项目建设的市场化进程，使得项目建设者对项目的建设管理范围更广泛，管理手段更灵活，管理效率也大大提高。

因此，BLT 模式不仅仅是一种融资模式，还是一种投资、建设管理模式，可称为 BLT 融资建设模式。近年来，BLT 模式主要在国际水利水电、校区开发等项目中应用。2008 年山东省烟台汽车工程职业学院新建校区一期工程就以 BLT 模式进行招标，目前该校区已经顺利建成。2016 年 4 月成都市中心城区首次尝试利用 BLT 模式修建的武侯新城和万兴路进出城通道主车道正式通车。

（2）BLT 模式与 BOT 模式的区别及优势

BLT 作为 BOT 的衍生模式，有其相似之处，但也更具灵活性，存在许多优于传统 BOT 模式的优势。下面就二者在融资建设模式、主要参与方、融资方式、项目所有权归属、项目运营负责人、主体合同类型、项目收入来源、政府与私人部门的关系、运作程序及周期等方面进行对比分析，如表 3.1 所示。

表 3.1　BOT 模式与 BLT 模式的区别

融资建设模式		BOT	BLT
主要参与方		项目公司、政府、承包商、银行等金融机构	项目公司、政府、银行等金融机构
融资方式		传统 BOT 融资	融资租赁
项目所有权归属	施工阶段	项目公司拥有	项目公司拥有
	运营或租赁阶段	项目公司拥有	项目公司拥有
	移交阶段	政府拥有	政府拥有
项目运营负责人		项目公司	政府
主体合同类型		BOT 特许经营协议、EPC 承建合同、经营管理合同、项目移交合同、贷款合同	BLT 特许协议、融资租赁合同、EPC 总承包合同、项目移交合同、贷款合同
项目收入来源		项目运营现金流量，一般为使用者支付	经营性项目一般为使用者支付，非经营性项目一般为政府财政支付
政府与私人部门的关系		委托代理关系	委托代理关系
运作程序及周期		确立项目→招投标→成立项目公司→项目融资→项目建设→项目运营管理→项目移交	确立项目→招投标→成立项目公司→项目融资→项目建设→项目租赁管理→项目移交

BLT 模式与 BOT 模式有着基本一致的内涵，通过引入私营资本或民营资本的方式实现政府行为；与政府形成委托代理关系，利用企业的高效率进行项目建设管理，通过特许授权使项目产权关系明晰化，从而实现资源最优配置、提高项目建设效率。在操作方式方面，特许期内的运营方式是两者最大的区别，BLT 模式采用项目建设完工后直接交付政府进行

运营的方式，项目公司在整个租赁期内按照合同约定收取租金，除提供一定年限的质保期外，租赁期内只担负一定的非承租方责任的质量瑕疵修复责任。权责关系明确、相互制约严格等特点使 BLT 这种更为灵活的操作模式更容易为政府所接受。

(3) BLT 模式与融资租赁的区别

合同当事人及合同结构不同。融资租赁一般是指由出租人根据承租人对设备购买的条件和要求，与供应商签订购买合同，购入承租人所需设备，并与承租人签订租赁合同，在约定时间内将租赁物交由承租人使用，通过按期收取租金的形式回收设备贷款、利息等支出，并获得合理回报。通常情况下，由出租人、承租人和供货商三方当事人和两个合同构成，即由出租人与供货商签订购买合同，出租人与承租人签订租赁合同。

而 BLT 模式中，由于租赁合同的标的物(下文简称“租赁物”)具有特殊性，项目建设过程中参与方众多，主要涉及设计、勘察、施工、监理单位等，主要的三方当事人为政府部门、项目公司和总承包商。合同结构主要包括项目公司和总承包商分别以业主和总承包商身份签署的 EPC 总承包合同，项目公司和政府部门以出租方和承租方身份签署的融资租赁合同。

租赁物瑕疵担保责任规定不同。融资租赁情况下，出租人往往不承担租赁物瑕疵的担保责任，而租赁物的瑕疵担保责任通常由购买合同中规定的供应商承担。但在 BLT 模式下，租赁物是新建不动产工程，存在一个工程项目的质量保证期和非承租人责任的租赁物瑕疵的担保责任问题。在项目实施过程中，应在合同中约定租赁期间出租人对工程项目的质量保证期，以及非承租人原因的租赁物瑕疵修复责任。

租赁物提供过程不同。融资租赁中出租人和供应商签订购买合同，同时出租人与承租人签订租赁合同，因此承租人和供应商双方并不是购买合同和租赁合同的当事人，但均应认可购买合同和租赁合同的有关条款，租赁物由供货商直接向承租人发货。

在 BLT 模式下，项目公司依据政府部门的要求选择 EPC 总承包商进行项目的建设，项目建成后作为租赁物，由项目公司以出租人的身份交付承租人，而政府以承租人的身份成为最终业主，负责检验和接受项目，项目验收合格后，开始进入租赁期。

3.2　ABS 项目融资模式

ABS 于 20 世纪 70 年代产生于美国，最早起源于住房抵押贷款证券化，目前欧美国家的资产证券化市场仍然以住房按揭抵押贷款、企业应收账款等金融资产证券化为主。尽管 ABS 融资模式发展历史较短，但这一创新性极强的融资模式和高效的制度安排具有很大的发展潜力，是未来项目融资发展的一个主要趋势。

3.2.1　ABS 模式的含义及种类

1) ABS 模式的含义

ABS 即“资产证券化”，是以债务人所属的未来资产(收入)为支撑的证券化融资方法，即以债务人所拥有的未来资产(收入)为基础，以这些资产将带来的预期收益为保证(交换)，通过在资本市场发行债券来筹集资金的一种项目融资方式。

2）ABS 模式的种类

（1）根据基础资产的不同划分

由于资产证券化，以基础资产所产生的现金流量为支持，资产证券化产品可以根据被选入证券化资产池的基础资产类别分为住房抵押贷款证券（MBS，Mortgage - Backed Securities）和资产支持证券（ABS）。前者以住房抵押贷款为基础资产，后者则是以除住房抵押贷款以外的其他资产为基础资产。

根据基础资产的不同，MBS 与 ABS 还可以继续划分。MBS 作为最早、最主要的资产证券化品种，根据抵押贷款标的物为商用不动产或住宅不动产，可将其划分为商业地产抵押贷款支持证券（CMBS，Commercial Mortgage-Backed Securities）和住宅地产抵押贷款支持证券（RMBS，Residential Mortgage-Backed Securities）两类。而 ABS 可以分为两类：一类是 ABS，主要包括以学生贷款、汽车贷款、信用卡贷款等为基础资产的证券化产品；另一类是 CDO（Collateralized Debt Obligation），主要分为抵押贷款权益（CLO，Collateralized Loan Obligation）和抵押债券权益（CBO，Collateralized Bond Obligation）两类。

（2）根据结构性重组划分

目前，北美、欧洲和其他新兴市场上证券化的资产种类很多，如住房抵押贷款、商业地产抵押贷款、人寿保险单、公共事业收费收入、信用卡应收款等。虽然被证券化的资产种类繁多，但是其基本组织结构一般被分为过手证券、资产抵押证券和转付证券三种。

过手证券即将基础资产产生的现金流量直接转移给投资者，并通过证券的出售将基础资产的所有权转移给投资者。证券出售后资产池不再作为发行人的资产出现在资产负债表中，所发行的证券同样不列为发行人的负债。发起人凭借资产管理方面的专业优势，往往担任资产池的服务人，定期向原债务人收取本息，扣除服务费和其他费用后将现金流量转移给投资者。在这种结构中，发行人只是简单地对投资者转付，不对现金流量做任何主动管理，因此，投资者完全承担基础资产的提前偿付风险，现金流量不稳定。过手证券在法律上占有较大优势，能够有效隔离发起人的破产风险。过手证券的发行过程如图 3.8 所示。

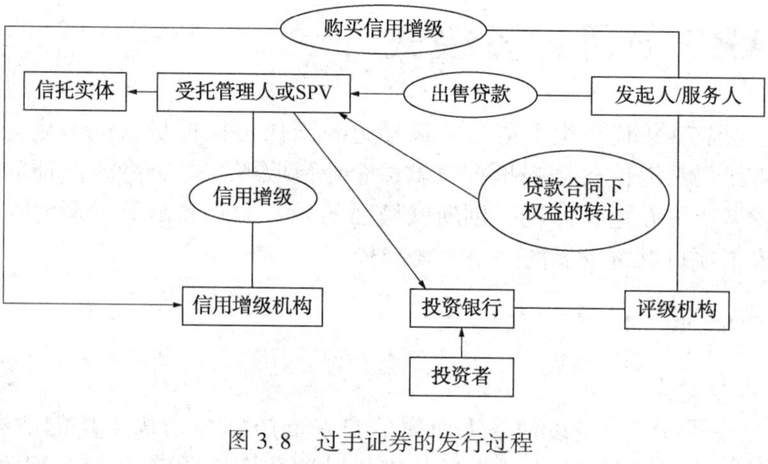

图 3.8 过手证券的发行过程

注：SPV 即 Special Purpose Vehicle，为特殊目的实体，又称项目公司。

资产抵押证券是以整个资产池为抵押担保发行证券，发行人仍然对基础资产有所有权。资产抵押证券作为债务出现在发行人的资产负债表中，其实质是一种债权凭证。投资者按照合同约定的本息按时收取现金流量，发行人要对从资产池中收取的现金流量进行主动管理，承担一定的提前偿付风险。资产抵押证券的本息支付方式和基础资产不一致。为防止违约给投资者造成损失，一般要求提供超额抵押，通常为资产抵押证券面值的超额价值。该结构无法完全隔离风险。资产抵押证券的一般结构如图 3.9 所示。

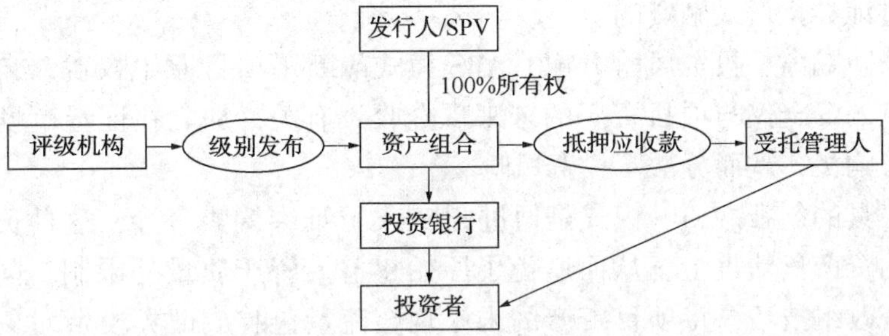

图 3.9　资产抵押证券的一般结构

转付证券在基础资产所有权上与资产抵押证券类似，即资产池是发行人的资产，转付证券是发行人的负债；但在现金流量支付上与过手证券类似，将基础资产的现金流量直接付给投资者，由投资者承担提前偿付风险。相比于过手证券该结构有较大灵活性，虽然不对现金流量进行主动管理，但可以分割现金流量，发行多档证券。可以由发起人自己持有次级证券，从而提升高级证券的信用等级，降低投资者面临的风险，而同时发起人保留资产的剩余权益，因此这种结构受到市场的普遍欢迎。

(3) 根据发行方的不同分类

根据发行方的不同，可以划分为机构发行的资产证券化产品和非机构发行的资产证券化产品。在美国等发达国家，资产证券化发展前期主要以机构发行居多，随即由非机构发行的资产证券化产品也开始迅速增长，这主要是源于美国政府宽松的政策、追求自由灵活的证券化形式以及获取更高的经济效果。但是，在金融危机之后，非机构发行的资产证券化产品几乎全部消失，机构发行仍然是主力且规模变动不大。

3.2.2　ABS 模式的特征与优势

资产证券化是一种创新的融资方式，其适用范围较广，但并不是任何类型的资产都可以被证券化，资产证券化的特征主要有如下几点。

(1) 与传统融资方式不同。资产证券化是资产支持融资，主要关注基础资产所产生的现金流量，与原始权益人的信用和其他资产负债无关。

(2) 资产证券化是结构性融资。设立的 SPV 通过“真实出售”进行资产转移，实现基础资产与发起人的破产隔离，分割了风险，最后对基础资产的现金流量进行重组。

(3) 资产证券化融资成本较低。资产证券化运用的交易架构和信用增级手段使得资产支持证券有较高的信用等级，一般都能以较高的价格发行，同时各项费用与交易总额的比率也很低。据统计，其各项费用的总费用率比其他融资方式的费用率至少低 50 个基点。

ABS 融资模式具有以下优势。

(1) 筹资规模大、成本低，资金来源广。ABS 融资模式的最大优势是通过在国际高档证券市场上发行证券筹集资金，证券利率一般较低，从而降低了筹资成本。而且，证券市场容量大，资金来源渠道多样化，因此，ABS 模式特别适合大规模地筹集资金。

(2) ABS 代表未来项目融资的发展方向。通过在证券市场发行证券筹集资金是 ABS 不同于其他项目融资方式的一个显著特点，无论是产品支付项目融资，还是 BOT 项目融资模式，都不是通过证券化形式融资的。

(3) 项目风险隔离、投资风险分散。ABS 模式隔断了项目原始权益人自身的风险，使其清偿债券本息的资金仅与项目资产的未来现金收入有关，加之在证券市场上发行的债券是由众多投资者购买，从而分散了投资风险。

(4) 金融工具的创新。ABS 模式是通过 SPV 发行证券筹集资金，这种负债不反映在原始权益人自身的资产负债表上，从而避免了原始权益人资产质量的限制。同时，SPV 利用成熟的项目融资改组技巧，将项目资产的未来现金流量包装成证券投资对象，充分显示了金融创新的优势。

(5) 发行环节少，简便易行，而且中间费用低。作为证券化项目融资方式的 ABS，由于采取了利用 SPV 增加信用等级的措施，从而能够进入证券市场，发行那些易于销售、转让以及贴现能力强的优质债券。同 BOT 等融资方式相比，ABS 融资模式涉及的环节较少，在很大程度上减少了酬金、手续费等中间费用。

(6) 规范国内市场。由于 ABS 融资模式是在证券市场筹资，其接触的多为一流的证券机构，按规范的操作规程行事，这将有助于培养东道国在国际项目融资方面的专门人才，规范国内证券市场。

3.2.3 ABS 模式参与者及运作程序

1) 资产证券化的参与者

(1) 资产证券化的发起人

资产证券化的发起人，通常也称原始权益人卖方，是被证券化的资产的原所有者，是资金的最终使用者。发起人的作用是确定资产组合，将它出售或者作为资产支持证券的抵押物。在资产证券化的发源地美国，发起人包括商业银行、财务公司、储蓄机构、保险公司、证券公司、其他金融公司、计算机公司、航空公司、制造企业等，这些发起人大多财力雄厚、信用卓著。

(2) 资产证券化的特设机构

资产证券化的特设机构即发行人，通常也称特殊目的公司(SPV)。资产组合并不是由原始权益人直接转让给投资者，而是首先转让给一家独立中介机构，或者一个被称为“破产隔离”的金融子公司，这些特殊目的公司是专门为发行 ABS 而组建的，具有独立法律地位。SPV 必须是无破产风险的实体。因此，SPV 要满足以下条件：目标与权利应受到限制；债务应受到限制；设有独立董事，维护投资者利益；分立性；不得进行重组兼并。特殊目的公司是发起人与投资者的桥梁，是资产证券化结构设计中的点睛之笔。

（3）资产证券化的代发行机构

资产证券化的代发行机构指投资银行，在我国主要指综合性证券公司。投资银行为证券的公募发行和私募发行进行有效的促销，确保 ABS 发行成功。在公募发行方式下，投资银行从发行人处买断证券，然后进行再销售。在私募发行方式下，投资银行并不买断证券，只作为 SPV 的销售代理人，为其成功发行 ABS 提供服务。但无论采用哪种方式，投资银行都要和发行人一起策划、组织证券化交易的整个过程，以使其符合相关法律、法规、会计和税收等方面的要求。

（4）资产证券化的信用担保机构

资产证券化除以标的资产作担保外，还需信用增级机构提供额外的信用支持。信用增级是减少 ABS 发行整体风险的有效途径，其目的是提高 ABS 的资信等级，提高定价和上市能力，降低发行成本。

（5）资产证券化的资信评级机构

资产证券化的资信评级机构须给资产支持证券评定等级。信用评级是对信用风险的一种评估，其目的是对 ABS 的信用风险提供权威性意见，为投资者进行有效的投资决策提供合理、可靠的依据。实际操作中，由于 ABS 具有“有限追偿”的特殊性，资信评级机构只需对与 ABS 相联系的标的资产未来产生现金流量的能力进行评估，以判断可能给投资者带来的违约风险。正是因为这种评级的针对性，对那些由于自身资信不理想而难以涉足资本市场进行有效融资的企业意义非常重大。这种企业可以剥离出优质资产，给予其相应的信用增级，从而获得远高于自身的资信等级，为通过资产证券化融资铺平道路。资信评级机构在完成初次评级后，还需对该证券在整个存续期内的业绩进行“追踪”监督，及时发现新的风险因素，并做出是否需要升级、维持原状还是降级的决定，以维护投资者的利益。

（6）资产证券化的投资者

投资者是购买 ABS 的市场交易者。由于投资者的风险偏好不同，因此不同风险程度的证券都有其市场。ABS 的风险—收益结构可以进行动态调节，以满足投资者特定的风险—收益结构要求。投资者不仅包括大量机构投资者，也包括众多个人投资者。

（7）资产证券化的服务人

通常由原始权益人兼任，负责定期向原始债务人收款，然后将源自证券化资产所产生的现金流量转交 SPV，使 SPV 能定期偿付投资者。同时，从 SPV 处定期获取服务费。

（8）资产证券化的受托管理机构

在发行中，受托管理机构是服务人和投资者的中介，也是信用提高机构和投资者的中介。ABS 的发行，无论是通过发行人进行资产销售，还是通过发行人的已担保债务关系，受托管理机构都不可缺少。受托管理机构一般由 SPV 指定，服务人从原始债务人处收来的款项将全额存入受托管理机构的收款专户。受托管理机构按约定建立积累金，并由其对积累金进行管理，最后交给 SPV，对投资者还本付息。

2）资产证券化的运作程序

（1）发起人选定基础资产，构建资产池

资产证券化的发起人根据自身融资需求，首先确定融资规模，然后对自己现有的未来能产生现金流量的资产进行清理和估算，选定用于证券化的基础资产。从发起人的资产负债表中剥离这些资产，汇集起来构建资产池。发起人必须对资产池的每项资产有完整所有权，一般来说资产池的未来预期现金流量要略大于证券化产品的还本付息额。

（2）组建特殊目的实体(SPV)

特殊目的实体(SPV)是为资产证券化交易专门设立的，是证券化产品的发行人。SPV作为一个有信托性质的实体，向投资者发行受益凭证(资产支持证券)募集资金，用这些资金从发起人手中购买基础资产。未来基础资产产生的现金流量用于向投资者偿还利息和本金。设立SPV的目的就是实现与发起人的破产隔离。SPV拥有一个特殊而严格的资产负债结构，其资产方只有从发起人处购买的基础资产，其负债方也只有发行证券化产品带来的债务。SPV对基础资产拥有完整权益，当发起人破产时，基础资产不在清算范围之列。这样发起人的经营风险不会影响到投资者。

SPV的设立是资产证券化过程中的重要环节，要坚持利润最大化的原则。SPV不一定要在发起人所在地注册，主要看注册地有何法律监管上的限制，是否有税收优惠等。为了保护投资者利益，确保真正的风险隔离，一般对SPV都有如下限制：经营范围严格限制为资产证券化业务；不承担除发行资产支持证券所带来的债务以外的其他债务，不对其他机构提供担保；运作过程中要做到财务独立，不与其他机构产生关联关系；对投资者还本付息之前不进行任何形式的利益分配。

（3）完善交易结构，进行内部评级

SPV设立之后，SPV需要与服务方签订服务协议。服务方的职能是对基础资产的现金流量进行收集并按时转付给投资者，在实际操作中很多时候发起人会承担服务方的角色。SPV还要与投资银行达成承销协议，与托管银行签订托管合同，与银行达成资金周转协议，在必要时给SPV提供流动性支持。在完善了交易结构之后，需要请信用评级机构先进行一次内部评级。评级机构对基础资产的信用状况进行评估，对交易结构的安排进行分析，给出评级结果。如果得出的评级结果未达到预期，评级机构会提供信用增级的相关建议。

（4）信用增级

为了获得理想的信用级别，吸引更多的投资者，发行人要通过一定的措施实现信用增级。信用增级措施包括自我保险和外部担保两类，每类又分为几种，在实践中要具体情况具体分析，根据每个项目的结构和交易特点决定采用哪种增级方式。通过信用增级改善证券的发行条件，提高其市场认可度，相应地降低融资成本。

（5）进行发行评级，发行证券

信用增级之后，发行人请评级机构正式对资产支持证券做发行评级，并将评级结果向资本市场公告。在金融市场上产品种类繁多，由于信息不对称，投资者无法完全准确地了解各产品的真实状况，所以债券的信用等级就是投资者非常关注的一个因素。客观、公正的信用评级可以帮助投资者做出正确的选择。获得正式的信用评级之后就由投资银行负责向投资者发行证券。证券的发行方式包括公募和私募两种。在公募方式下，证券面向不特定的投资群体公开发行，资本市场上的所有投资者都可以申购。公募发行对证券的资质要求较高，如果达不到这些要求，则可以采用私募发行的方式。采用私募方式时，证券并不公开向所有投资者发行，而是由投资银行联系特定的、符合相关条件的投资者。私募发行的证券流动性较差，所以一般要提供较高的收益率作为补偿。证券发行结束后，发行人从承销商处获得发行收入，然后按约定的购买价格向发起人支付基础资产的购买款项。到此为止，发起人便成功地实现了融资的目的。

(6) 资产池管理，到期还本付息

服务方负责资产池的日常管理，主要是对基础资产产生的现金流量收入进行收取和记录，债务人没有按时偿还时要通告催收。收取的现金全部存在托管银行的专用账户中。每到约定的时间，托管银行将资金划拨到投资者账户，偿付本息。证券本息全部偿还完毕后，若还有资金剩余，则按协议规定在发起人和发行人之间进行分配。

以上就是资产证券化的一般运作流程(如图 3.10)，整个过程涉及的参与主体较多，需要各参与方的协同合作。

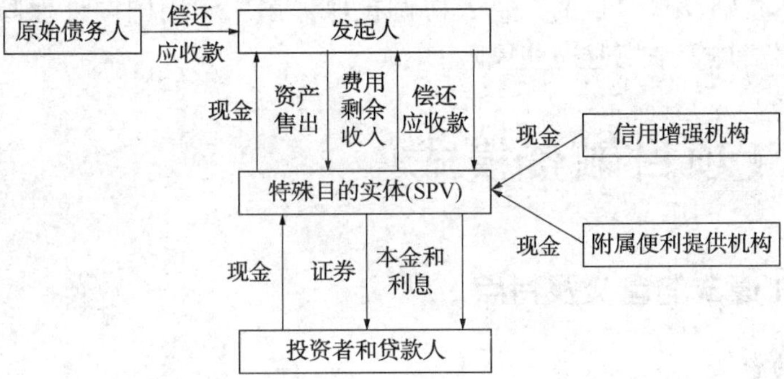

图 3.10 资产证券化运作流程

3.2.4 利用 ABS 模式融资应该注意的问题

(1) SPV 的组建

利用 ABS 方式融资的前提条件是组建 SPV，但组建的 SPV 若要获得国际权威资信评估机构授予的较高资信等级，除了要具备雄厚的经济实力外，还要在西方发达国家登记注册。因此，我国目前应选择一些实力雄厚、资信良好的金融机构，通过合资、合作等形式，与西方发达国家资信卓著的金融机构共同组建 SPV 或成为现在 SPV 的股东，为我国在国际高档证券市场上大规模开展项目证券融资奠定良好的基础。

(2) 基础设施项目的会计、税收和外汇平衡

由于 ABS 项目融资本身的复杂性，涉及的许多会计、税收和外汇管理等问题有许多不完善的地方，甚至有的还存在着一定的冲突。因此在推行 ABS 基础设施项目融资时，建立和完善上述有关准则是一个亟待解决的问题。

(3) 规模化的市场投资者

为了达到降低成本的目的，证券化融资往往以较大规模的基础资产为支撑，这也就决定了证券化业务的成功运作离不开规模化的投资者参与。我国目前的机构投资者中，社保基金、保险基金、证券投资基金和商业银行都因自身的经营管理水平、资金规模和法律规定以及出于对资金安全性方面的考虑，在短时间内不可能成为资产支持证券的有力承受者，而国外机构投资者碍于中资企业的信用风险和政策风险，在我国的证券化业务也仅限于中介性质的代理、咨询服务，即便有实质性投资行为也仅限于有政府背景的、能产生稳定现

金流量的、拥有经营收费权的大型基础设施建设项目。

(4) 风险管理

信用风险、完工风险、生产风险、市场风险和管理风险是基础设施项目的可控制风险。这些风险可以通过项目参与方的信用、业绩和管理技术、一系列的融资文件、信用担保协议、获得其他项目参与者的信用支持，由金融、法律、行政等各专业组成的顾问小组来分散，包括政治风险、法律风险、金融风险和环境保护风险等基础设施项目不可控制的风险。还可以通过远期合同、掉期交易、交叉货币互换等方式向官方机构或商业保险公司投保政治风险，东道国政府与项目各参与方之间也可以签署一系列相互担保协议，在自己的权利范围内做出某种担保或让步，以达到互惠互利、降低风险的目的。此外，还可以通过风险分散化策略，加强基础设施项目的评估，协调担保关系，利用国内外保险公司提供保险和运用各种金融衍生工具等来规避这些风险。

3.3 PFI 项目融资模式

3.3.1 PFI 模式的含义及特点

1) PFI 模式的含义

在公共基础设施的建设中，非政府投融资公共工程比较典型的管理模式是 PFI(Private Finance Initiative)，即“私人主动融资”，是指由私营企业进行项目的建设与运营，从政府方或接受服务方收取费用以回收成本。在这种方式下，政府以不同于传统的由政府负责提供公共产品产出的方式，采取促进私人资本参与基础设施建设和公共产品的生产或提供公共服务的一种全新的公共产品产出方式。该方式是政府与私营部门合作，由私营部门承担部分政府公共产品的生产或提供公共服务，政府购买私营部门提供的产品或服务，或给予私营部门以收费特许权，或政府与私营部门以合作方式共同营运等，来实现政府公共产品产出中的资源配置最优化、效率和产出的最大化。

PFI 模式由英国政府于 1992 年提出，是继 BOT 之后的又一优化和创新了的公共项目融资模式，目前它已经被发达国家广泛应用于公共项目的管理实践中。英国应用 PFI 的项目所涉及的领域非常宽广，在交通运输领域、教育文化领域、行政设施领域、情报信息领域、国防领域等均有涉及。

2) PFI 模式的特点

虽然 PFI 融资模式来源于 BOT 模式，也涉及项目的“建设—经营—转让”问题，但是作为一种独立的融资模式，与 BOT 模式相比具有以下的特点。

① 项目主体单一。PFI 项目的主体通常是本国民营企业的组合，体现出民营资金的力量。

② 项目管理方式开放。首先，对于项目建设方案，政府部门仅根据社会需求提出若干备选方案，最终方案通过在谈判过程中与私营部门协商确定。其次，对于项目所在地的土地提供方式以及以后的运营收益分配和政府补贴额度等，都要综合当时政府与私营企业的

财力、预计的经营效益以及合同期限等综合因素而定，具有较大的灵活性。

③ 实行全面的代理制。PFI 公司通常自身不具有开发能力，在项目开发过程中，广泛运用各种代理关系，并且这种代理关系通常在招标书和合同中就已明确，以确保项目开发安全。

④ 合同期满后项目运营权的处理方式灵活。PFI 模式在合同期满后，如果私营企业正常的经营未达到合同规定的收益，通常可以继续拥有或通过续租的方式继续运营，这是在前期合同谈判中需要明确的。

3.3.2　PFI 模式的典型类型

根据资金回收方式的不同，PFI 模式通常有三种类型：在经济上自立的项目、向公共部门出售服务的项目和合资经营。

在经济上自立的项目。以这种方式实施的 PFI 项目，私营部门在提供公共服务时政府不向其提供财政的支持，但是在政府政策的支持下，私营部门是通过项目服务向最终使用者收费，来回收成本和实现利润。在其中，公共部门不承担项目建设的费用和项目运营的费用，但是私营部门可以在政府的特许下，通过适当调整对使用者的收费来补偿成本的增加。在这种模式下，公共部门对项目的作用是有限的，也许仅仅是承担项目最初的计划或按照法定程序帮助项目公司开展前期工作和按照法律规定进行管理。

向公共部门出售服务的项目。这种方式的不同点在于，私营部门提供项目服务所产生的成本，完全或主要是通过私营部门公共服务提供者向公共部门收费来补偿的，这样的项目主要包括私人融资兴建的监狱、医院和交通线路等。

合资经营。这种形式的项目中，公共部门和私营部门共同出资，分担成本和共享收益。但是，为了使项目成为一个真正的 PFI 项目，项目的建设由私营部门进行，项目的控制权必须是由私营部门来掌握，公共部门只是一个合伙人的角色。

3.3.3　PFI 模式的运作程序及要点

1) PFI 模式的运作程序

(1) 事前分析。由政府部门确定可资经营的公共设施项目，通过成本费用、外部效果、国民经济等分析与评价进行民营化可行性研究，并确定政府的支援条件，如信用担保等。

(2) 谈判签约阶段。由政府部门通过招标、投标、竞标，确定开发主体，进行谈判，并审查主体的开发能力，然后签订协议。PFI 公司进行可行性分析，制订开发计划，操作公司成立事宜。

(3) 开发运营阶段。由 PFI 公司履行协议，负责设计、施工、运营、进行开发建设，而政府起指导、支援作用。

(4) 转移、终止阶段。PFI 公司办理转移、清算等事宜，公司解散，然后由政府接管、运营。

2) PFI 模式的运作要点

(1) 相关的法律法规以及体制环境

英国政府明确规定，政府的公共项目，在建设计划阶段必须首先考虑 PFI 模式，除非政府的评估部门认可该项目不宜或不能或没有私营部门参与的情况下，才能采用传统的政府财政投资兴建的办法。日本在《PFI 推进法》中明确规定了 10 项支援措施，修改了 12 部法律，可见其对 PFI 模式的重视程度。

随着我国市场经济体系的不断完善，我国私人投资领域的范围限制得到了很大的放宽，近期颁布的若干吸引、刺激外资和私人投资的法规都明确了非财政性投资在大量基础设施项目中的作用，但在私人资本参与公共项目的领域、模式理论和方法上，尚缺乏细化的研究。因此，需对 PFI 模式的推进计划、制度安排等进行研究，对不同特征的水利项目，如经营性项目和准公益性项目等，在探讨采用 PFI 模式所需要的系统化的法律规章制度、机制安排时，应重点关注水价、电价等的定价策略。

（2）PFI 项目的前期准备

PFI 项目一般涉及建设时间长、资金投入巨大，社会效应显著，成功与否关系到整个社会的效率与安定。所以在前期做好详细的研究与周密的权利与义务安排是十分必要的。在国外，PFI 项目的法律费用十分昂贵，但是，正是因为在项目前期，有专业律师和顾问公司的参与，避免了许多潜在的纠纷和麻烦，保证了项目的顺利开展，实际上是大大节约了各方面可能发生的为解决潜在争议的开支。

PFI 模式下政府目标是引导私营部门参与公共项目，从而达到扩大公共项目融资渠道、提高公共产品和服务的效率，这显然与私营部门参与的目标存在差异。因此，必须通过对基础设施项目 PFI 立项问题的研究，在代表整个社会的政府和公司之间寻求利益平衡点，建立项目评估体系。

（3）PFI 项目各参与方的风险分配

风险分配研究的目的在于科学地评价项目的各类风险，均衡项目各参与方的风险分担。核心内容包括风险分担原则的确立，以及确保该原则获得执行的机制设计。基础设施建设项目的风险涉及社会、政策、经济、管理、自然等方面，一个基本原则是根据 PFI 公司作为市场主体来确定其风险和收益的分配，因此经营性风险应该由 PFI 公司主要承担，而对于政策及政府支付等风险则不应该由 PFI 公司承担。此外，社会、自然等不可抗力风险则应该根据具体基础设施项目特征建立分担模式。

（4）PFI 项目的合同与协议安排

PFI 项目需要一系列的合同安排，而且各个合同环环相扣，合同之间的相关性导致整个项目合同群成为一个系统工程。

① 项目协议（特许权协议）。这是最关键的一份合同文件，通常通过该协议授予项目公司权利来进行整个项目的操作，包括设计、建设、融资和经营。项目公司会尽量将所有的风险转移给各种分包商。比如说，将设计和建设的风险转移给承包商；将运营维护风险转移给运营商。这种转移的理论基础就是使能最有效率地管理风险的组织来管理风险。

② 建筑合同。PFI 项目中的建筑合同往往都是“交钥匙”合同，由承包商承担设计、建筑、供应、安装、调试与试运行等全部工作。

③ 运营与维护分包协议。该协议是从服务开始时执行的。通常运营商都是具有卓著业绩的运营者，因为，运营是产生现金流量的来源，良好的运营才能保证对投资者（债权人）贷款的偿还。

④ 其他的专业分包合同。例如培训合同、物流合同等。

⑤ 附带保证（Collateral Warranty）/承包商直接协议（Direct Agreement）。这些文件并非在任何时候都是必需的。但是，在某个分包商的工作至关重要的时候，就需要这些文件来保证分包商的工作顺利完成。总的说来，这些文件对合同顺利履行提供一定程度的额外保护。有的时候，政府与项目公司都需要类似的文件来做保证。

直接协议是 PFI 项目的一个特色。它是指资金提供方（出贷方）与借款方（承/分包商）在 PFI 项目合同下的合同相对方签订直接协议，规定在借款方（承/分包商）违反 PFI 项目合同时，相对方不能直接终止与借款方的 PFI 项目合同，而必须给出贷方一个机会“介入”，以纠正违约。

3.4　PPP 项目融资模式

随着城镇化建设和“一带一路”建设的实施，政府部门提供公共产品的负担将更重，公私合作伙伴关系（PPP）在我国基础设施建设中的作用将越发凸显。为促进经济转型升级、支持新型城镇化建设，党的十八届三中全会提出“允许社会资本通过特许经营等方式参与城市基础设施投资和运营”。自 2014 年 9 月财政部发布《关于推广运用政府和社会资本合作模式有关问题的通知》（财金〔2014〕76 号）起，国家各部委及地方政府纷纷出台各项政策为 PPP 模式发展保驾护航。

3.4.1　PPP 模式的含义及优势

1）PPP 模式的含义

PPP 模式也称 3P 模式，即公私合作模式，是公共基础设施的一种项目融资模式。在该模式下，鼓励私人企业与政府进行合作，参与公共基础设施的建设。通过这种合作形式，合作各方可以达到与预期单独行动相比更为有利的结果。合作各方参与某个项目时，政府并不是把项目的责任全部转移给私人企业，而是由参与合作的各方共同承担责任和融资风险。首先通过协议的方式明确各方共同承担的责任和风险，其次明确各方在项目各个流程环节的权利和义务，最大限度地发挥各方优势，使项目建设既摆脱政府行政的诸多干预和限制，又充分发挥社会资本在资源整合与经营上的优势，达到比预期单独行动更有利的结果。PPP 模式代表的是一个完整的项目融资的概念，如图 3.11 所示。

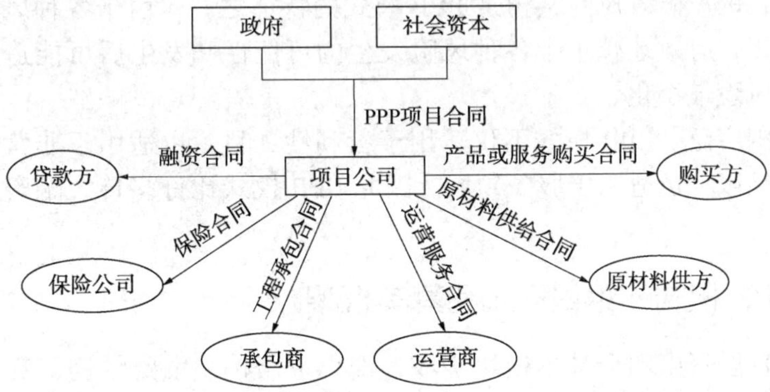

图 3.11　PPP 融资模式结构

PPP 模式作为一种新兴的融资模式于 20 世纪 90 年代被引入中国，与中国政府当时对外商投资的急切需求不谋而合。截至目前，广义 PPP 模式的具体实施模式包括 BOT、TOT、BOO、BOOT、PFI、ABS 等。

PPP 模式的主要特点有如下三点。

(1) 伙伴关系。伙伴关系是 PPP 模式的核心。政府与民营组织形成伙伴关系，并有着共同的目标。具体地说，就是合作双方努力以最合理的资源分配，以最快的速度提供最优质的产品或服务。政府以此目标实现公共福利供给，而民营组织以此目标实现其自身利益追求。

(2) 利益共享。政府获得社会成果，而民营组织获得长期、稳定、合理的投资回报。应注意的是，PPP 模式中政府与民营组织并不是简单的利润分享，政府还需要控制民营组织在项目执行过程中不至于形成超额利润。

(3) 风险共担。PPP 模式中政府与民营组织的风险分担原则为：各种风险由较善于应对该风险的一方承担，从而使得整个项目的风险最小化，并使资源达到最合理的分配。

2) PPP 模式的优势

(1) 减轻政府财政负担。如今，仅仅依靠国家投入已经无法满足经济对基础设施建设的要求。采用 PPP 模式引入民间资本，能使很大一部分政府性债务转由民营组织承担，从而降低政府的资产负债率，减轻政府财政负担。

(2) 为民间资本提供投资机会。随着我国经济三十余年的高速发展，人民日益富裕起来，民营企业日益壮大，民间巨额的资本开始寻找投资机会。PPP 模式为民间资本提供了具有长期回报的投资机会。与此同时，只要配合适当的政策调整，PPP 模式也可成为政府在宏观上引导巨额民间资本流向的工具。

(3) 转变政府职能。在过去，政府是基础设施和公共服务的直接提供者和经营者，要花大量的资源在项目的建设和经营上。采用 PPP 模式，项目的建设和经营任务变为由民营组织承担。政府则只需对项目进行规划、协调和监管，从而大大提高了政府的工作效率，为政府精简机构提供了可能性。

(4) 降低项目全寿命周期成本。采用 PPP 模式能充分发挥政府和民营组织的优势，使资源在项目的规划、建设和运营阶段都达到最合理的分配，从而最大限度地降低了项目的全寿命周期成本。在竞争中脱颖而出的优秀民营组织，其先进的管理技术和丰富的管理经验在降低项目全寿命周期成本中必然能起到积极的作用。

(5) 降低项目的风险。风险共担是 PPP 模式的特征之一。由于各种风险由较善于应对该风险的一方承担，有效地减小了各种风险发生的可能性和发生后可能造成的损失，从而使得整个项目的风险最小化。

(6) 应用范围广泛。PPP 模式不仅适用于营利性项目，也适用于非营利性项目；不仅适用于工程建设领域，也适用于服务领域。因此 PPP 模式比许多传统融资模式的适用范围要更广。

3.4.2 PPP 模式的组织形式和基本框架

PPP 模式项目融资由四个基本模块构成，即投资结构、融资结构、资金结构和信用保证结构。

1）PPP 模式的投资结构

项目的投资结构即项目的资产所有权结构，是项目的投资者对项目资产权益的法律拥有形式和项目所有者之间的法律合作关系。采用不同的投资结构，投资者对项目资产的拥有形式、对项目现金流量的控制以及投资者对项目所拥有的权益和承担的义务都有很大的差异。

目前，国际上应用较为普遍的项目投资结构有单一项目子公司、非限制性子公司、代理公司、公司型合作结构和合伙制结构。本质上说，项目投资结构就是项目公司即 SPV 的组建形式。根据基础设施项目的特点，适合 PPP 项目融资的 SPV 的组建形式主要有公司型合资结构、合伙制型投资结构和契约型合资结构。

公司型合资结构是指 SPV 按照有限公司的形式组建，股东以出资额为限对 SPV 承担有限责任，SPV 以其注册资本为限对其债务承担责任。SPV 作为独立法人，其行为受到现行《中华人民共和国公司法》以及相关法律的约束。同时，由于基础设施项目的特殊性，SPV 还应该遵守国家的政策、方针以及与政府部门签订的专门的公私合作协议（即 PPP 协议）。

在 SPV 里，股东（即投资者）包括政府和私营企业（包括私人和私人实体），他们共同对项目开发的重大活动进行决策，并按出资比例和 PPP 协议的约定享受权益，承担义务。采用公司型合资结构有股东关系清晰、融资安排较为灵活、投资转让较为容易、有利于风险隔离等优点，适用于工业项目。缺点在于对项目现金流量缺乏直接的控制，投资者不能通过利用项目现金流量自行安排融资；税务结构灵活性差，无法利用项目前期亏损冲抵其他利润；存在“双重征税”现象。

合伙型投资结构是由两个或两个以上的合伙人以获取利润为目的而组建起来的。合伙制不是一个独立的法律实体，合伙人可以是自然人，也可以是法人，该投资结构通过合伙人之间的合约建立起来，没有固定的形式，一般也不需要在政府部门注册。合伙制型投资结构具有运作灵活、决策迅速等优点。但由于责任无限，一旦出现问题，合伙人就面临着承担超出其在合伙制型投资结构中所占投资比例的风险，这一风险的存在严重制约了合伙制型投资结构的应用范围。因此，合伙制适用于风险较小、运作时间较短或投资不大的基础设施服务项目、维护项目等。这类项目对 SPC 的形式要求较低，若运用公司型合资结构，不仅会增加运作成本，还将增加决策手续，影响开发效率。

契约型合资结构是项目发起人为实现共同目的，根据合作经营协议所建立的一种契约合作关系。其特点是项目发起人之间是合作关系而不是合伙关系，项目发起人直接拥有并有权处理项目的最终产品，并往往需要按比例负责项目生产产品的销售。主要应用于采矿、能源开发、矿产加工等领域。其优点是投资者承担有限责任；投资经营活动直接反映在投资者财务报表中，较合伙制税务安排更加便利，投资、融资结构设计灵活。其缺点是投资转让程序比较复杂，交易成本高。

2）PPP 模式的融资结构

融资结构是项目融资的核心部分。当项目投资者在项目投资结构上达成一致意见之后，接下来的工作就是设计和选择合适的融资结构，以实现投资者在融资方面的目标和要求。项目融资通常采用的融资模式包括投资者直接融资、通过项目公司融资、生产贷款、杠杆租赁等。PPP 项目融资也是其中的一种，作为一种独立的项目融资模式，PPP 项目融资也具有自身的融资结构，即以私人投资为主体，同时辅以政府资助、银行贷款、杠杆租赁，以及向机构投资者或者社会公众发行债券等。

3）PPP 模式的资金结构

项目融资的资金结构是指在项目融资过程中所确定的项目的股本金(或叫权益资本)与债务资金的形式、相互间的比例关系及相应的来源。项目的资金结构是由项目的投资结构和融资结构决定的，同时资金结构又会影响到整个项目融资结构的设计。

项目股本金的来源主要包括投资者投入的自有资金，通过发行股票筹集公募股本金以及与项目有关的政府机构和公司为项目提供的资金。另外，还可以通过无担保贷款、可转换债券和零息债券的形式筹集准股本金等。项目的债务资金主要来源于银行贷款、资本市场、政府出口信贷和融资租赁等。

银行贷款是 PPP 项目融资中最基本和最简单的债务资金形式，为 PPP 项目提供贷款的银行包括商业性银行和国际金融机构(如世界银行、亚洲开发银行等)。贷款可以由一家银行提供，但更多的是由多家银行组成的银团甚至是国际银团联合提供。此外 SPV 还可以以项目的名义直接在国外资本市场上发行债券或商业票据筹集债务资金。当项目涉及进口设备时，SPV 也可能从设备出口国政府的专设金融机构获得出口信贷。来自设备租赁公司的融资租赁也是 PPP 项目债务资金的来源之一。

对于出资形式的选择因具体的项目不同而有所差异。如基础设施的服务性项目，对流动资金的要求较大，股东出资应尽可能采用直接投资的形式，而对于铁路、公路等建设项目，股东出资在符合相关法律要求的前提下，既可以采用直接投资的形式，也可以采用实物投资的形式。

4）PPP 模式的信用保证结构

基础设施 PPP 项目大多投资大、建设期长，项目各参与方均存在着风险，为了减少各方风险，尽量使融资风险共担，在确定融资方案中，一个非常重要的内容是信用保证结构的设计。对于银行和其他债权人而言，项目融资的安全性来自两个方面：一方面来自项目本身的经济强度；另一方面来自项目之外的各种直接或间接的担保。这些担保可以是由项目的投资者提供，也可以是由与项目有直接或间接利益关系的其他方面提供。项目担保主要包括两方面的内容：一是直接的财务担保，如完工担保、成本超支担保、不可预见费用担保；二是间接的或非财务性的担保，如长期购买服务的协议、以某种定价公式为基础的远期供货协议等。这些担保形式的组合构成了信用保证结构。项目本身的经济强度与信用保证结构相辅相成，项目的经济强度高，信用保证结构就相对简单，条件就相对宽松，反之就相对复杂和严格。

根据担保主体不同，在 PPP 项目中所采用的担保形式通常有两种，即私营企业作为项目担保人和政府作为项目担保人。

私营企业(包括私人或私人实体)作为项目担保人是指私营企业作为股东，以其自有财产作为抵押向银行提供担保，以获得贷款资金的担保形式。私营企业提供担保的范围通常限于项目开发过程中发生的且 SPV 能够控制的风险，如设计风险、施工风险(预算超支、工程质量问题)等，在风险分配时，这类风险通常由私营企业或相关的机构来承担。

政府作为项目担保人主要是间接的或非财务性的担保，如政府与 SPV 签订长期购买服务的协议，或是以某种定价公式为基础的远期供货协议等。政府担保的范围通常是非商业性风险部分，如法律风险、政策风险和金融风险等。在风险分配时，这类风险由政府承担。例如，在污水处理项目中，经水处理设施生产出的净化水必须输到政府统一的水网中，才能提供给公众，政府是公共产品的唯一购买者。因此，政府必须与 SPV 签订长期购买协议，保证项目投资的回收以及资金运作。

3.4.3 PPP 模式的评价方法

物有所值评价(Value for Money，简称 VFM)是判断是否采用 PPP 模式代替政府传统投资运营方式提供公共服务项目的一种评价方法，遵循真实、客观、公开的原则。物有所值评价工作流程如图 3.12 所示。

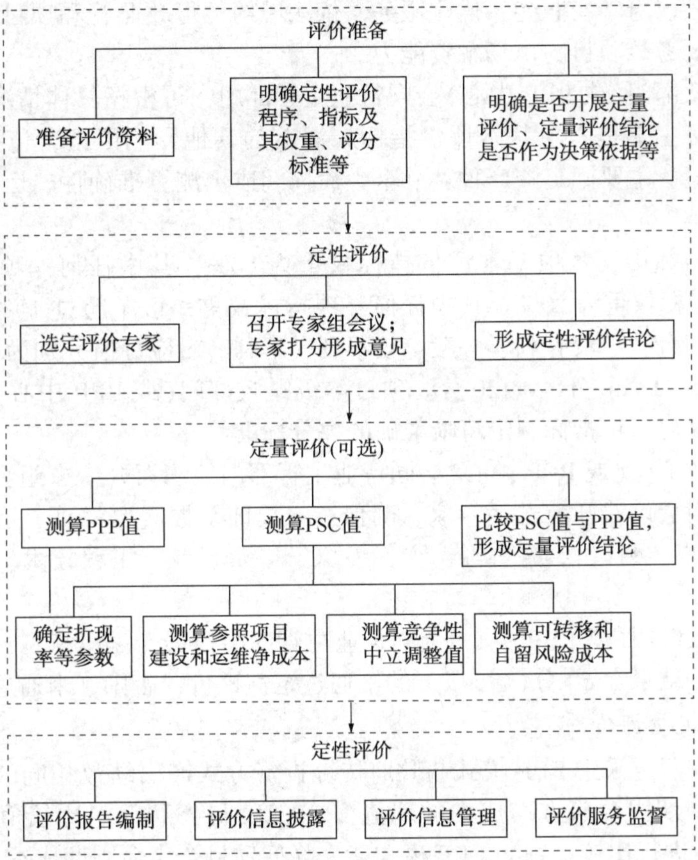

图 3.12 物有所值评价工作流程

物有所值评价包括定性评价和定量评价。定性评价是专家组根据项目情况进行打分，项目本级财政部门(或 PPP 中心)会同行业主管部门根据专家组意见，做出定性评价结论的评价方法。定量评价可作为项目全生命周期内风险分配、成本测算和数据收集的重要手段，以及项目决策和绩效评价的参考依据。

物有所值评价结论应统筹定性评价和定量评价结论。物有所值评价结论分为“通过”和“未通过”。“通过”的项目，可进行财政承受能力论证；“未通过”的项目，可在调整实施方案后重新评价，仍未通过的不宜采用 PPP 模式。

1）物有所值定性评价

物有所值定性评价指标包括全生命周期整合程度、风险识别与分配、绩效导向与鼓励创新、潜在竞争程度、政府机构能力、可融资性六项基本评价指标。

全生命周期整合程度指标主要考核在项目全生命周期内，项目设计、投融资、建造、运营和维护等环节能否实现长期、充分整合。风险识别与分配指标主要考核在项目全生命周期内，各风险因素是否得到充分识别并在政府和社会资本之间进行合理分配。绩效导向与鼓励创新指标主要考核是否建立以基础设施及公共服务供给数量、质量和效率为导向的绩效标准和监管机制，是否落实节能环保、支持本国产业等政府采购政策，能否鼓励社会资本创新。潜在竞争程度指标主要考核项目内容对社会资本参与竞争的吸引力。政府机构能力指标主要考核政府转变职能、优化服务、依法履约、行政监管和项目执行管理等能力。可融资性指标主要考核项目的市场融资能力。

项目本级财政部门（或 PPP 中心）会同行业主管部门，可根据具体情况设置补充评价指标。补充评价指标主要是六项基本评价指标未涵盖的其他影响因素，包括项目规模大小、预期使用寿命长短、主要固定资产种类、全生命周期成本测算准确性、运营收入增长潜力、行业示范性等。

在各项评价指标中，六项基本评价指标权重为 80%，其中任何一项指标一般不超过 20%；补充评价指标权重为 20%，其中任何一项指标权重一般不超过 10%。每项指标评分分为五个等级，即有利、较有利、一般、较不利、不利，对应分值分别为 81~100 分、61~80 分、41~60 分、21~40 分、0~20 分。项目本级财政部门（或 PPP 中心）会同行业主管部门，按照评分等级对每项指标制定清晰准确的评分标准。

项目本级财政部门（或 PPP 中心）会同行业主管部门组织召开专家组会议。定性评价所需资料应于专家组会议召开前送达专家，确保专家提前掌握必要信息。定性评价专家组包括财政、资产评估、会计、金融等经济方面专家，以及行业、工程技术、项目管理和法律等方面专家。

项目本级财政部门（或 PPP 中心）会同行业主管部门根据专家组意见，做出定性评价结论。原则上，评分结果在 60 分（含）以上的，通过定性评价；否则，未通过定性评价。

2）物有所值定量评价

定量评价是在假定采用 PPP 模式与政府传统投资方式产出绩效相同的前提下，通过对 PPP 项目全生命周期内政府方净成本的现值（PPP 值）与公共部门比较值（PSC 值，Public Sector Comparator）进行比较，判断 PPP 模式能否降低项目全生命周期成本。

PPP 值可等同于 PPP 项目全生命周期内股权投资、运营补贴、风险承担和配套投入等各项财政支出责任的现值。PSC 值是以下三项成本的全生命周期现值之和：参照项目的建设和运营维护净成本、竞争性中立调整值、项目全部风险成本。

（1）参照项目的建设和运营维护净成本

参照项目可根据具体情况确定。假设政府采用现实可行的、最有效的传统投资方式实施的、与 PPP 项目产出相同的虚拟项目；最近五年内，相同或相似地区采用政府传统投资方式实施的、与 PPP 项目产出相同或非常相似的项目。

建设净成本主要包括参照项目设计、建造、升级、改造、大修等方面投入的现金以及固定资产、土地使用权等实物和无形资产的价值，并扣除参照项目全生命周期内产生的转让、租赁或处置资产所获的收益。

运营维护净成本主要包括参照项目全生命周期内运营维护所需的原材料、设备、人工等成本，以及管理费用、销售费用和运营期财务费用等，并扣除假设参照项目与 PPP 项目付费机制相同情况下能够获得的使用者付费收入等。

(2) 竞争性中立调整值

竞争性中立调整值主要是采用政府传统投资方式比采用 PPP 模式实施项目少支出的费用，通常包括少支出的土地费用、行政审批费用、有关税费等。

(3) 项目全部风险成本

项目全部风险成本包括可转移给社会资本的风险承担成本和政府自留风险的承担成本。如果 PPP 合同约定保险赔款的第一受益人为政府，则风险承担支出应为扣除该风险赔款金额的净额。政府自留风险承担成本等同于 PPP 值中的全生命周期风险承担支出责任，两者在 PSC 值与 PPP 值比较时可对等扣除。风险承担成本应充分考虑各类风险出现的概率和带来的支出责任，可采用比例法、情景分析法及概率法进行测算。

比例法是在各类风险支出数额和概率难以进行准确测算的情况下，可以按照项目的全部建设成本和一定时期内运营成本的一定比例确定风险承担支出。

情景分析法是在各类风险支出数额可以进行测算，但出现概率难以确定的情况下，可针对影响风险的各类事件和变量进行“基本”“不利”及“最坏”等情景假设，测算各类风险发生带来的风险承担支出。计算公式为式(3.1)。

$$\begin{aligned}\text{风险承担支出数额}=&\text{基本情景下财政支出数额}\times\text{基本情景出现的概率}+\\&\text{不利情景下财政支出数额}\times\text{不利情景出现的概率}+\\&\text{最坏情景下财政支出数额}\times\text{最坏情景出现的概率}\end{aligned}\tag{3.1}$$

概率法是在各类风险支出数额和发生概率均可进行测算的情况下，可将所有可变风险参数作为变量，根据概率分布函数，计算各种风险发生带来的风险承担支出。

用于测算 PSC 值的折现率应与用于测算 PPP 值的折现率相同，计算结果 PPP 值小于或等于 PSC 值的，认定为通过定量评价；PPP 值大于 PSC 值的，认定为未通过定量评价。

3.5　产业基金融资模式

3.5.1　产业投资基金的概念

产业投资基金作为产业成长过程中产融结合的一种金融创新形式，也是我国经济转型过程中的产物。它借鉴了国外创业投资基金的发展运作制度。在创业投资基金发达的美国及其他国家并没有产业投资基金的提法，所以产业投资基金作为我国特有的概念，国内相关学者对产业投资基金的概念界定也是各有异同。

张陆洋博士在其文章中曾提出：产业投资基金是一种借鉴西方发达市场经济国家规范的“创业投资基金”运作形式，通过发行基金受益券募集资金，交由专家组成的投资管理机构运作，基金资产分散投资于不同的实业项目，投资收益按出资比例分成的金融工具。

季敏波教授在其著作《中国产业投资基金研究》中认为：产业投资基金是一种对未上市企业进行股权投资和提供经营管理服务的利益共享、风险共担的集合投资制度，即通过向多数投资者发行基金份额设立基金公司，由基金公司自任基金管理人或另行委托基金管理人管理基金资产，委托托管人托管基金资产，从事实业投资的一种创新的金融制度。

界定我国产业投资基金的概念，必须从宏观上准确地把握：第一，应该把它同世界产业投资基金发展的整体趋势结合起来，分析目前它在我国所处的阶段；第二，应该把它同中国现阶段经济总体发展战略结合起来，分析它所处的经济社会环境；第三，应该把它同中国这一时期的产业发展战略结合起来，分析它的合适投向；第四，应该把它同中国国有企业改革和民营企业经营战略结合起来，分析它应该制定怎样的投资策略。做到这四个方面，发展我国产业投资基金才能符合产业投资基金发展的一般规律、推动我国整体经济战略的实施、促进我国企业战略升级、改善企业经营管理制度。

根据上述四个“应该”和众学者的理论，可以将中国产业投资基金的含义理解为：中国产业投资基金是一种借鉴西方发达市场经济国家标准的创业投资基金运作形式，以发行基金券(如基金单位、受益凭证、基金股份等)，将多数不确定投资者的不等数目出资聚集成规模一定的信托资产，交给专业投资管理机构依据资产组合原理向特定产业的未上市企业进行直接投资，并通过资本经营和增值服务的双重提供对受资企业予以培育和辅导，使之发展成熟和强壮，从而实现资产保值增值及回收，投资者按出资比例获得投资收益的创新金融制度。

3.5.2　产业投资基金的特点和分类

产业投资基金衍生于一般投资基金及实践的发展，其主要有以下几个主要特点：

第一，投资资金具有长期性。产业投资基金一般具有较长的存续期，一般为十年左右或者永久。这使产业投资基金可以在一个较长的时期内持续为投资项目注入资金，为受资项目制定长期性发展规划提供物质保障。

第二，投资对象为未上市企业。产业投资基金主要投资于未上市企业，是一种实业投资，基金通过对所投企业进行长期的资金支持以促进企业发展，期望在投资结束时推动企业上市或者以其他方式退出企业回收资本和收益。

第三，投资施行具有专业性。产业投资基金是一种“专家理财，集合投资”的投资制度，投资者把资金投到产业投资基金中，基金自身设立或者交由其他专业的基金管理人来运作基金，投资者无须具备专业的投资知识就可以享受到专业性理财收益。

第四，投资机制为参与受资企业管理。产业投资基金对受资企业的投资，不仅仅是资金的投入，而且还通过各种方式积极参与企业管理，给企业经营者关于经营管理和发展策略方面的增值。在资金和技术的双重提供下，产业投资基金既能保证受资企业顺利发展，发掘其最大潜在价值；又能对受资企业的资金运用情况予以监督，确保受资企业经营者运用资金得当。

第五，投资目的在于退出获利。产业投资基金对企业投资的最终目的在于获取收益，在对受资企业结束投资时，产业投资基金可以选择一种适合的资金退出方式退出企业回收收益。基金通过企业IPO(Initial Public Offering，首次公开募股)方式退出企业时，可以转让企业股份获取高额利润；对未能上市的企业，基金可以通过企业回购或者以其他方式转让股份获取收益；对于经营失败的受资企业，基金只能通过企业清算的方式收回投资。

产业投资基金按照投资对象的不同，分为创业投资基金、企业重组基金和基础设施产业投资基金。

创业投资基金主要支持处于萌芽期的新创企业，尤其是产品新、成长快且未上市的科技公司，通过股权投资培育和辅导企业创业，以获取股利与资本利得为目的，而不以经营产品为目的，追求长期资本增值的高风险、高收益投资。

企业重组基金也称产业重组基金，是专门从事进入成熟期和衰退期的企业资产重组或并购的基金。根据企业的发展需求，发行投资基金股份或受益券，募集社会闲散资金，形成信托资产，直接投资被并购企业并对其进行资源整合，最终以被并购企业价值增值获得盈利。

基础设施产业投资基金是指专注投资基础设施领域的私募基金，是产业投资基金参与基础设施融资、建设、经营活动的一种金融制度创新。通过引导民间闲散资金进入具有垄断性的基础设施领域，对基础设施项目公司进行股权投资，并选择恰当时机退出来实现资本增值收益，是产业投资基金投资组合中风险小、收益稳定的一支。

近年来，随着我国基础设施领域特许经营等许可制度的放开及我国资本市场的不断创新，越来越多的私人资本以金融创新方式进入基础设施投资领域，比如PPP产业基金等融资模式，实际上都属于基础设施产业投资基金的范畴。

3.5.3 产业投资基金的组织形式

产业投资基金可以采用不同的组织形式，从投资基金所依存的法律框架来看，主要分为公司型、契约型和有限合伙型三种。

公司型基金是依据《中华人民共和国公司法》组建具有独立法人资格的股份制基金投资公司，通过发行受益凭证募集投资者资金，投资者购买公司的受益凭证即成为基金公司股东，享有投资收益所得权。基金公司成立后，委托专业的基金管理公司进行经营、操作，同时委托金融机构保管基金资产。我国公司法及相关配套法律比较完备，这是公司型基金的重要优势，也是美国最常用的基金组织形式。但受我国税收制度限制，存在双重征税的缺点。

契约型基金是依据《中华人民共和国信托法》通过签订契约发行受益凭证而组建，契约由基金投资人、基金管理人(投资信托公司)与基金保管公司(金融机构)三方共同签订。其中，基金管理人作为契约发起者，也是基金投资者的受托人，享有基金财产权。同时，基金管理人又兼具委托人职责，将基金资产委托给基金保管公司，由其负责保管与处置。契约型基金既实现了所有权与利益相分离又保证了信托资产的独立性，是发展历史最悠久的一种基金组织形式。由于其特点符合频繁交易的证券投资市场需求，我国的证券投资基金多数采用了这种组织形式，例如渤海产业投资基金等。

有限合伙型基金是依据《中华人民共和国合伙企业法》由投资者共同成为基金合伙人。有限合伙企业通常由普通合伙人(General Partner)和有限合伙人(Limited Partner)组成。普通合伙人通常为资深基金管理人，其出资比例较少，负责合伙基金的投资和日常经营管理，并对其债务承担无限连带责任。有限合伙人是基金的主要提供者，一般为机构投资者，不参与基金日常管理事务，仅以其投资额为限，承担基金债务和亏损的有限责任。合伙人各方通过合伙协议规定基金经营年限、收益分配方式等基金章程，确保了基金经营管理的独立性与自主决策权。有限合伙型基金具有产权关系清晰的优势，大大提升了投资效率，且有效避免了基金本身需缴纳税收和投资者再次缴纳所得税的双重征税风险，更适合我国的现实国情，是我国现行监管体系下的最佳选择。

3.5.4 产业投资基金的主要参与者和运行机制

1）产业投资基金的主要参与者

（1）被投资企业。战略投资者及其资金需要是被投资企业共同具有的特性。在企业发展的过程中，每个阶段都会有资金需求，且不同阶段需要资金的规模和用途不同。

（2）基金管理公司。产业投资基金作为一种资金管理双重投入的专业型投资工具，设立后一般交由专业的基金投资管理公司或者自身设立基金管理公司来管理基金。基金管理公司作为产业投资基金的关键，一般是由行业投资经验丰富的专业人士组成，在有效控制风险的基础上争取为基金投资者取得最大的投资利益。

（3）基金的投资者。产业投资基金只有具备了相应的投资者，才能顺利完成募资进而完成基金设立。产业投资基金的资金来源渠道主要有政府资金、企业闲置资金、金融机构资金、私人投资者资金、外国投资者资金等。

（4）中介服务机构。产业投资基金的发展逐渐成熟，相关的中介服务机构也成长并壮大起来。主要包括：相关律师事务所、基金投资管理公司、投资顾问等。它们为产业投资基金的资金募集提供帮助，为需求资金的企业和投资基金牵线搭桥，还为基金投资者对产业投资基金的表现给予评估，中介服务机构使产业投资基金各相关方的信息成本降低了。

2）产业投资基金的运行机制

（1）产业投资基金的筹资

第一，产业投资基金的发起。不管哪种类型的产业投资基金发起时都具有相同流程，产业投资基金的发起人根据投资项目的申请决定设立基金，自建或者选择专业的基金管理公司，选定符合条件的基金托管机构，然后向相关部门申报设立，发售基金券(份额)等。从我国当前的形势看，产业投资基金的发起必须经过相关部门的审核，基金发起人必须满足管理经验和经济实力方面的条件。只有具备这些条件，才更能确保我国产业投资基金有个好的开端。

第二，产业投资基金的资金来源。我国目前产业投资基金的资金来源主要包括：民间个人持有资本、政府资金、保险基金、养老基金、企业闲置资金、金融机构资金、外国投资者资金。而且未来居民可能是产业投资基金最大的投资者。

（2）产业投资基金的投资

第一，项目筛选。投资成功的首要因素就是选择正确的投资项目。产业投资基金建成后，接下来的关键任务就是找寻好的投资项目。基金管理者在筛选项目时，要把自身的专业优势和国家的产业政策结合起来考虑，选取市场增值潜力较大和发展前景较好的项目。

第二，项目评估。项目筛选只是对项目的表面考察，产业投资基金管理者还要对通过筛选的项目进行更深入的考察，主要是对目标项目管理者的素质，项目的经营管理方式、发展规划和潜在价值进行定量或者定性分析。对目标项目商业计划书的可行性和风险性进行评估，并要求项目负责人对基金提出的相关问题进行口头介绍和分析，使基金对投资该项目的风险和收益有个基本了解和把握。

第三，谈判和交易设计。评估后且被认为是可行的项目，基金管理者同潜在的受资项目再就投资方式和投资规模、参与管理方式等方面进行谈判，把投融资双方的权利与义务条款在合同中确定下来，并就有关方面达成最终协议，对投资的运作和管理进行实质性的策略设计也同步进行。

第四，投资后管理。同受资企业达成投资协议以后，基金管理者在某种意义上就具有了合伙人和合作者的职责，不光是达成投资协议和投资计划投入资金就行，更要对所投的资金进行全方位的监管，对受资企业的经营管理的各方面进行不同程度的参与。这是十分关键的一个环节，对产业投资基金最终的成败起决定性作用。

(3) 产业投资基金的退出

产业投资基金对受资企业进行投资，目的不在于对受资企业的控制和占有，而是为了获取高额利润，保证基金的流动性和循环投资。所以产业投资基金会对受资企业积极注入资金和提供管理方面的增值服务，但最终目的是适时退出，这是其商业化性质的最本质体现，更是其实现投资收益的最主要途径。

3.6 融资模式的选择

3.6.1 常用的评价方法

1) 德尔菲法

(1) 定义

德尔菲法(Delphi Method)，又称专家规定程序调查法。该方法主要是由调查者拟定调查表，按照既定程序，以函件的方式分别向专家组成员进行征询；专家组成员又以匿名的方式(函件)提交意见。经过几次反复征询和反馈，专家组成员的意见逐步趋于集中，最后获得具有很高准确率的集体判断结果。

(2) 基本特点

德尔菲法本质上是一种反馈匿名函询法。其大致流程是：在对所要预测的问题征得专家的意见之后，进行整理、归纳、统计，再匿名反馈给各专家，再次征求意见，再集中，再反馈，直至得到一致的意见。其过程可简单表示如下：匿名征求专家意见→归纳、统计→匿名反馈→归纳、统计……若干轮后停止。

由此可见，德尔菲法是一种利用函询形式进行的集体匿名思想交流过程。它有三个明显区别于其他专家预测方法的特点，即匿名性、反馈性、统计性。

① 匿名性。因为采用这种方法时所有专家组成员不直接见面，只是通过函件交流，这样就可以消除权威的影响。这是该方法的主要特征。匿名是德尔菲法极其重要的特点，从

事预测的专家彼此互不知晓有哪些人参加预测，他们是在完全匿名的情况下交流思想的。后来改进的德尔菲法允许专家开会进行专题讨论。

② 反馈性。该方法需要经过3~4轮的信息反馈，在每次反馈中使调查组和专家组都可以进行深入研究，使得最终结果基本能够反映专家的基本想法和对信息的认识，所以结果较为客观、可信。小组成员的交流是通过回答组织者的问题来实现的，一般要经过若干轮反馈才能完成预测。

③ 统计性。最典型的小组预测结果是反映多数人的观点，少数派的观点至多概括地提及一下，但这并没有表示出小组的不同意见的状况。统计回答却不是这样，它报告1个中位数和2个四分点，其中一半落在2个四分点之内，一半落在2个四分点之外。这样，每种观点都包括在这样的统计中，避免了专家会议法只反映多数人观点的缺点。

（3）工作流程

在德尔菲法的实施过程中，始终有两方面的人在活动，一是预测的组织者，二是被选出来的专家。首先应注意的是德尔菲法中的调查表与通常的调查表有所不同。它除了有通常调查表向被调查者提出问题并要求回答的内容外，还兼有向被调查者提供信息的责任，它是专家们交流思想的工具。德尔菲法的工作流程大致可以分为四个步骤，在每一步中，组织者与专家都有各自不同的任务。

① 开放式的首轮调研

由组织者发给专家的第一张调查表是开放式的，不带任何条件，只提出预测问题，请专家围绕预测问题提出预测事件。因为，如果限制太多，会漏掉一些重要事件。

组织者汇总整理专家调查表，归并同类事件，排除次要事件，用准确术语提出一个预测事件一览表，并作为第二步的调查表发给专家。

② 评价式的第二轮调研

专家对第二张调查表所列的每个事件作出评价。例如，说明事件发生的时间、争论的问题和事件或迟或早发生的理由。

组织者统计处理第二步专家意见，整理出第三张调查表。第三张调查表包括事件、事件发生的中位数和2个四分点，以及事件发生时间在四分点外侧的理由。

③ 重审式的第三轮调研

发放第三张调查表，请专家重审争论。对2个四分点外的对立意见做一个评价。给出自己新的评价(尤其是在2个四分点外的专家，应重述自己的理由)。如果修正自己的观点，也应叙述改变理由。组织者回收专家们的新评论和新争论，与第二步类似地统计中位数和2个四分点。总结专家观点，形成第四张调查表。其重点在争论双方的意见。

④ 复核式的第四轮调研

发放第四张调查表，专家再次评价和权衡，作出新的预测。是否要求作出新的论证与评价，取决于组织者的要求。

回收第四张调查表，计算每个事件的中位数和2个四分点，归纳总结各种意见的理由以及争论点。

值得注意的是，并不是所有被预测的事件都要经过四步。有的事件可能在第二步就达到统一，而不必出现第三步；有的事件可能在第四步结束后，专家对各事件的预测也不一定都能达到统一。不统一也可以用中位数与2个四分点来作结论。事实上，总会有许多事件的预测结果是不统一的。

（4）优点

可以避免群体决策的一些缺点，声音最大或地位最高的人没有机会控制群体意志，因为每个人的观点都会被收集。另外，管理者可以保证在征集意见以便作出决策时没有忽视重要观点。

（5）原则

① 挑选的专家应有一定的代表性、权威性。

② 在进行预测之前，首先应取得参加者的支持，确保他们能认真地进行每一次预测，以提高预测的有效性。同时，也要向组织高层说明预测的意义和作用，取得决策层和其他高级管理人员的支持。

③ 问题表设计应该措辞准确，不能引起歧义，征询的问题一次不宜太多，不要问与预测目的无关的问题，列入征询的问题不应相互包含；所提的问题应是所有专家都能答复的问题，而且应尽可能保证所有专家都能从同一角度去理解。

④ 进行统计分析时，应该区别对待不同的问题，对于不同专家的权威性应给予不同权数而不是一概而论。

⑤ 提供给专家的信息应该尽可能充分，以便其作出判断。

⑥ 只要求专家作出粗略的数字估计，而不要求十分精确。

⑦ 问题要集中，要有针对性，不要过分分散，以便使各个事件构成一个有机整体。问题要按等级排队，先简单后复杂；先综合后局部。这样易引起专家回答问题的兴趣。

⑧ 调查单位或领导小组意见不应强加于调查意见之中，要防止出现诱导现象，避免专家意见向领导小组靠拢，以至得出专家迎合领导小组观点的预测结果。

⑨ 避免组合事件。如果一个事件包括专家同意的和专家不同意的两个方面，专家将难以做出回答。

2）模糊综合评价方法

（1）定义

模糊综合评价方法是模糊数学中应用得比较广泛的一种方法。在对某一事物进行评价时常会遇到这样一类问题，由于评价事物是由多方面的因素所决定的，因而要对每一因素进行评价；在每一因素作出一个单独评语的基础上，如何考虑所有因素而作出一个综合评语，这就是一个综合评价问题。

（2）模糊评价的基本思想

许多事情的边界并不十分明显，评价时很难将其归于某个类别，于是我们先对单个因素进行评价，然后对所有因素进行模糊综合评价，防止遗漏任何统计信息和信息的中途损失，这有助于解决用“是”或“否”这样的确定性评价带来的对客观真实的偏离问题。

（3）基本步骤

模糊综合评价方法是一种基于模糊数学的综合评价方法。该综合评价法根据模糊数学的隶属度理论把定性评价转化为定量评价，即用模糊数学对受到多种因素制约的事物或对象做出一个总体的评价。它具有结果清晰，系统性强的特点，能较好地解决模糊的、难以量化的问题，适合各种非确定性问题的解决。其基本步骤可以归纳为：

① 首先确定评价对象的因素论域

可以设 N 个评价指标，$X=(X_1, X_2 \cdots X_n)$。

② 确定评语等级论域

设 $A=(W_1, W_2 \cdots W_n)$，每一个等级可对应一个模糊子集，即等级集合。

③ 建立模糊关系矩阵

在构造了等级模糊子集后，要逐个对被评事物从每个因素 $X_i(i=1, 2 \cdots n)$ 上进行量化，即确定从单因素来看被评事物对等级模糊子集的隶属度 $(R|X_i)$，进而得到模糊关系矩阵，见式(3.2)，其中，第 i 行第 j 列元素，表示某个被评事物 X_i 从因素来看对 W_j 等级模糊子集的隶属度。

$$R=\begin{bmatrix}(R|X_1)\\(R|X_2)\\ \vdots \\(R|X_n)\end{bmatrix}=\begin{bmatrix}r_{11} & r_{12} & \cdots & r_{1m}\\ r_{21} & r_{22} & \cdots & r_{2m}\\ \vdots & \vdots & \vdots & \vdots \\ r_{n1} & r_{n2} & \cdots & r_{nm}\end{bmatrix}_{nm} \tag{3.2}$$

④ 确定评价因素的权向量

在模糊综合评价中，确定评价因素的权向量：$U=(u_1, u_2 \cdots u_n)$。一般采用层次分析法确定评价指标间的相对重要性次序。从而确定权系数，并且在合成之前归一化。

⑤ 合成模糊综合评价结果向量

利用合适的算子将 U 与各被评事物的 R 进行合成，得到各被评事物的模糊综合评价结果向量 B，见式(3.3)。其中，b_i 表示被评事物从整体上看对 W_j 等级模糊子集的隶属程度。

$$UR=(u_1, u_2, \cdots u_n)\begin{bmatrix}r_{11} & r_{12} & \cdots & r_{1m}\\ r_{21} & r_{22} & \cdots & r_{2m}\\ \vdots & \vdots & \vdots & \vdots \\ r_{n1} & r_{n2} & \cdots & r_{nm}\end{bmatrix}_{nm}=(b_1, b_2 \cdots b_m)=B \tag{3.3}$$

⑥ 对模糊综合评价结果向量进行分析

实际中最常用的方法是最大隶属度原则，但在某些情况下使用会有些勉强，损失信息很多，甚至得出不合理的评价结果。提出使用加权平均求隶属等级的方法，对于多个被评事物并可以依据其等级位置进行排序。

3) *层次分析方法*

(1) 定义

所谓层次分析法，是指将一个复杂的多目标决策问题作为一个系统，将目标分解为多个目标或准则，进而分解为多指标(或准则、约束)的若干层次，通过定性指标模糊量化方法算出层次单排序(权数)和总排序，以作为目标(多指标)、多方案优化决策的系统方法。

层次分析法是将决策问题按总目标、各层子目标、评价准则直至具体的备选方案的顺序分解为不同的层次结构，然后用求解判断矩阵特征向量的办法，求得每一层次元素对上一层次元素的优先权重，最后再用加权和的方法递阶归并各备选方案对总目标的最终权重，此最终权重最大者即为最优方案。这里所谓“优先权重”是一种相对的量度，它表明各备选方案在某一特点的评价准则或子目标，标下优越程度的相对量度，以及各子目标对上一层目标而言重要程度的相对量度。层次分析法比较适合于具有分层交错评价指标的目标系统，和目标值难以定量描述的决策问题。其用法是构造判断矩阵，求出其最大特征值及其所对应的特征向量归一化后，即为某一层次指标对于上一层次某相关指标的相对重要性权值。

（2）优缺点

① 优点

系统性的分析方法。层次分析法把研究对象作为一个系统，按照分解、比较判断、综合的思维方式进行决策，成为继机理分析、统计分析之后发展起来的系统分析的重要工具。系统的思想在于不割断各个因素对结果的影响，而层次分析法中每一层的权重设置最后都会直接或间接影响到结果，而且在每个层次中的每个因素对结果的影响程度都是量化的，非常清晰、明确。这种方法尤其可用于对无结构特性的系统评价以及多目标、多准则、多时期等的系统评价。

简洁实用的决策方法。这种方法既不单纯追求高深数学，又不片面地注重行为、逻辑、推理，而是把定性方法与定量方法有机地结合起来，使复杂的系统分解，能将人们的思维过程数学化、系统化，便于人们接受，且能把多目标、多准则又难以全部量化处理的决策问题化为多层次单目标问题，通过两两比较确定同一层次元素相对上一层次元素的数量关系后，最后进行简单的数学运算。即使是具有中等文化程度的人也可了解层次分析的基本原理和掌握它的基本步骤，计算也非常简便，并且所得结果简单明确，容易为决策者了解和掌握。

所需定量数据信息较少。层次分析法主要是从评价者对评价问题的本质、要素的理解出发，比一般的定量方法更讲求定性的分析和判断。由于层次分析法是一种模拟人们决策过程的思维方式的一种方法，其把判断各要素的相对重要性的步骤留给了大脑，只保留人脑对要素的印象，化为简单的权重进行计算。这种方法能处理许多用传统的最优化技术无法着手的实际问题。

② 缺点

不能为决策提供新方案。层次分析法的作用是从备选方案中选择较优者。这个作用正好说明了层次分析法只能从原有方案中进行选取，而不能为决策者提供解决问题的新方案。这样，人们在应用层次分析法的时候，可能就会有这样一个情况，就是人们自身的创造能力不够，造成了尽管从众多方案里选出来一个最好的，但其效果仍然不如其他企业所做出来的效果好。对于大部分决策者来说，如果一种分析工具能替其分析出在已知的方案里的最优者，然后指出已知方案的不足，甚至再提出改进方案，那么这种分析工具才是比较完美的。显然，层次分析法还没能做到这点。

定量数据较少，定性成分多，不易令人信服。在如今对科学的方法的评价中，一般都认为一门科学需要比较严格的数学论证和完善的定量方法。然而，现实世界的问题和人脑考虑问题的过程，很多时候并不能简单地用数字来说明一切。层次分析法是一种带有模拟人脑决策方式的方法，因此必然带有较多的定性色彩。这样，当A应用层次分析法来做决策时，其他人会发出为什么会是这样的疑问，认为是否可以用数学方法来解释，如果不可以用数学方法来解释，则无法认定A的这个结果是对的，以及无法说明A在这个问题上认识比较深，其他人也会认为自己的认识比较深，双方的意见就无法达成一致。

指标过多时数据统计量大，且权重难以确定。当我们希望能解决较普遍的问题时，指标的选取数量很可能也就随之增加。这就像系统结构理论里，我们要分析一般系统的结构，就要搞清楚关系环，进而要分析到基层次，分析到基层次上的相互关系时，我们要确定的关系就非常多了。指标的增加就意味着我们要构造层次更深、数量更多和规模更庞大的判断矩阵。那么我们就需要对许多的指标进行两两比较的工作。由于一般情况下我们对层次分析法的两两比较是用 1 至 9 来说明其相对重要性，如果有越来越多的指标，我们对每两个指标之间的重要程度的判断可能就出现困难了，甚至会对层次单排序和总排序的一致性产生影响，使一致性检验不能通过。也就是说，由于客观事物的复杂性或对事物认识的片面性，通过所构造的判断矩阵求出的特征向量(权值)不一定是合理的。不能通过，就需要调整，在指标数量多的时候这是个很痛苦的过程，因为根据人的思维定式，你觉得这个指标应该是比那个重要，那么就比较难调整过来，同时，也不容易发现指标的相对重要性的取值里到底是哪个有问题，哪个没问题。这就可能导致花了很多时间，仍不能通过一致性检验，而更糟糕的是根本不知道哪里出现了问题。也就是说，层次分析法里面没有办法指出我们的判断矩阵里是哪个元素出了问题。

特征值和特征向量的精确求法比较复杂。在求判断矩阵的特征值和特征向量时，所用的方法和我们多元统计所用的方法是一样的。在二阶、三阶的时候，我们还比较容易处理，但随着指标的增加，阶数也随之增加，在计算上也变得越来越困难。幸运的是这个缺点比较好解决，我们有三种比较常用的近似计算方法，即和法、幂法和根法。

(3) 基本步骤

① 建立层次结构模型

在深入分析实际问题的基础上，将有关的各个因素按照不同属性自上而下地分解成若干层次。同一层的诸因素从属于上一层的因素或对上层因素有影响，同时又支配下一层的因素或受到下一层因素的作用。最上层为目标层，通常只有 1 个因素，最下层通常为方案或对象层，中间可以有一个或几个层次，通常为准则或指标层。当准则过多时(譬如多于 9 个)应进一步分解出子准则层。

② 构造成对比较阵

从层次结构模型的第 2 层开始，对于从属于(或影响)上一层每个因素的同一层诸因素，用成对比较法和 1~9 比较尺度构造成对比较阵，直到最下层。

③ 计算权向量并做一致性检验

对于每一个成对比较阵计算最大特征根及对应特征向量，利用一致性指标、随机一致性指标和一致性比率做一致性检验。若检验通过，特征向量(归一化后)即为权向量；若通不过，需重新构造成对比较阵。

④ 计算组合权向量并做组合一致性检验

计算最下层对目标的组合权向量，并根据公式做组合一致性检验。若检验通过，则可按照组合权向量表示的结果进行决策，否则需要重新考虑模型或重新构造那些一致性比率较大的成对比较阵。

3.6.2　项目融资模式选择关键因素

项目融资模式是项目融资整体结构组成中的核心部分。由于项目在工业性质、投资结构等方面的差异，以及项目投资者对项目的信用支持、融资战略等方面的不同，项目融资模式的选择有所差别，无论选择哪一种融资模式，都应着重考虑解决以下几个方面的问题。

（1）如何实现有限追索

实现融资对项目投资者的有限追索，是选择项目融资模式最基本的原则。追索的形式和追索的程度取决于贷款银行对一个项目的风险评价以及项目融资结构的选择。

为了限制融资对项目投资者的追索责任，需要考虑：第一，项目的经济强度在正常情况下是否足以支持融资的债务偿还；第二，项目融资是否能够找到强有力的来自项目投资者以外的信用支持；第三，对于融资结构的设计能否做出适当的技术性处理。

（2）如何分担项目风险

保证项目投资者不承担项目的全部风险责任是项目融资模式设计的第二个基本原则，其关键是如何在项目投资者、贷款银行以及其他与项目利益有关的第三方之间有效地划分项目的风险。项目在不同阶段中的各种性质的风险有可能通过合理的融资结构设计将其分散。这是因为即使项目投资者或者项目以外的第三方产品购买者以长期协议的形式承购了全部的项目产品，对于贷款银行来说仍然存在两种潜在的可能性：第一，有可能出现国际市场中项目产品价格过低，从而导致项目现金流量不足的问题；第二，有可能出现项目产品购买者不愿意或者无力继续执行产品销售协议而造成项目产品的市场销售问题。

项目风险的分担同样离不开投资结构的支持。例如，在合资项目中主要投资者通过引入一些小股东（投资者）而保证一部分项目产品市场的做法，就可以起到很好的分担市场风险的作用。

（3）如何实现投资者对项目百分之百融资的要求

任何项目的投资，包括采用项目融资都需要项目投资者注入一定的股本资金作为对项目开发的支持。然而在项目融资中这些股本资金的注入方式可以比传统的公司融资更为灵活。例如，如果投资者需要项目建设所需要的全部资金做到百分之百的融资，则投资者的股本资金可以考虑以担保存款、信用证担保等非传统形式实现。但是，这需要在设计项目融资结构过程中充分考虑如何最大限度地控制项目的现金流量，保证现金流量不仅可以满足项目融资结构中正常债务部分的融资要求，还可以满足股本资金部分融资的要求。

（4）如何处理项目融资与市场安排之间的关系

项目融资与市场安排之间的关系有两层含义。首先，长期的市场安排是实现有限追索项目融资的一个信用保证基础，没有这个基础，项目融资是很难组织起来的。其次，以合理的市场价格从投资项目中获取产品是很大一部分投资者从事投资活动的主要目的，然而从贷款银行的角度看，低于公平价格的市场安排意味着银行将需要承担更大的风险，但对于项目投资者来说，高于公平价格的市场安排则意味着全部或部分失去了项目融资的意义。因此，能否确定以及如何确定项目产品的公平市场价格对于借贷双方来说都是处理融资与市场安排的一个焦点问题。

目前国际项目融资在多年的发展中积累了大量处理融资与市场关系的方法和手段，其中在“无论提货与否均须付款”和“提货与付款”类型的长期市场合约和政府特许权合约等直接性市场安排以外，也包括一些将融资与项目产品联系在一起的结构性市场安排。如何利用这些市场安排的手段最大限度地实现融资利益与市场安排利益相结合，应成为项目投资者设计项目融资模式的一个重要考虑因素。

（5）如何结合项目投资者的近期投资战略和远期融资战略

大型工程的项目融资一般都是七至十年的中长期贷款，近些年最长的甚至达到二十年左右。有的投资者愿意接受这种长期融资安排，但是更多的项目投资者在考虑采用项目融资时的出发点不是这样的。这些项目投资者选用项目融资可能是出于对某个投资领域不十分熟悉，对项目的风险和未来发展没有十分的把握而采用的一种谨慎的战略，或者可能是出于项目投资者在财务、会计或税务等方面的特殊考虑而采用的一种过渡性措施，因此其融资战略将会是一种短期战略。如果决定采用项目融资的各种基本因素变化不大就长期地保持项目融资的结构。在设计项目融资结构时投资者需要明确选择项目融资方式的目的以及对重新融资问题的考虑，决定是否应把这一问题在结构设计时作为一个重点。

（6）如何实现项目投资者非公司负债型融资的要求

实现非公司负债型融资(即公司资产负债表外的融资)是一些项目投资者选用项目融资的原因。通过设计项目的投资结构，在一定程度上也可以做到不将所投资项目的资产负债与项目投资者本身公司的资产负债表合并。虽然任何一个具体的融资方案，由于时间、地理位置、项目性质、项目投资者状况及其目标要求等多方面的差别，都会带有各自的特点，但是基本的项目融资模式都离不开以下三个方面的结构特征：

① 在贷款形式上，一个有限追索或无限追索的贷款(该贷款将从项目的现金流量中偿还)；购买项目一定的资源储量和产品(将该资源储量以及相应的预期生产量转换为项目的销售收入现值，在融资初期以资本形式一次或分次注入项目，表现形式为“生产支付”或者“远期购买”)。

②在信用保证上，要求对项目的资产(对于资源性项目，包括所有的资源储量或者开采权)拥有第一抵押权，对于项目的现金流量可以有效地控制；要求把项目投资者(债务人)一切与项目有关的契约性权益转让给贷款银行；要求项目成为一个单一实体(即把项目的经营活动尽量与项目投资者的其他业务分开)，除了项目融资安排，限制实体筹措其他债务资金对于从建设期开始的项目，要求项目投资者(或项目工程公司等)提供项目的完成担保；在市场方面，要求项目具有类似“无论提货与否均须付款”或者“提货与付款”性质的市场合约安排，除非贷款银行对项目产品的市场状况充满信心。

③ 在时间结构上，无论一个融资方案结构如何复杂，都可以按照项目进程分解为两个阶段，即项目的建设开发阶段和项目生产经营阶段。当项目通过商业完工检验标准之后，项目进入生产经营阶段。在这一阶段，贷款银行的项目融资对项目投资者的完全追索将转变为有限追索或无追索，但是贷款银行将会增加新的信用保证，即对项目产品销售收入及其他收入的控制。贷款本息偿还比例一般与项目的收益挂钩，一定比例的项目净现金流量将直接进入贷款银行监控下的账户。如果贷款银行对项目的前景或与项目有关的政治经济环境不放心，可能会要求控制全部的项目现金流量或者要求项目投资者提供进一步的信用保证作为对项目的支持。

3.7　新形势下建筑产业集团片区开发项目运作思路解析

在双循环的发展形势下，建筑产业集团的发展将面临深刻的变革。片区开发项目作为地方政府在城镇化发展与基础设施建设过程中发挥主动调控、优化城市空间布局与产业结构调整的组团发展的一种方式，既能满足地方政府城市建设需要，又能满足建筑产业集团自身做大做强的需求，是社会资本与地方基础设施建设有效融合的一种方式。

未来五年，建筑行业将面临进一步的深刻变革，传统基础设施增长遇冷，新兴业务领域迎来机遇。国家“十四五”战略规划明确提出加快形成的国内大循环为主体，国内国际双循环相互促进的新发展格局。党的二十大报告明确提出了“加快建设交通强国”。国家统计局公布的2022年国民经济运行数据，全国建筑业总产值311980亿元，同比增长6.5%。根据《全球建筑业2030》报告的预测，中国的建筑业在“十四五”期间将以4.8%左右的速度增长，存在结构性增长空间。2023年中央经济工作会议把着力扩大内需放在首位，各地方政府人代会工作报告把抓项目列为年度主要工作，作为拉动经济增长的核心抓手。建筑业央企在国内大循环新形势下，必须加深产业链横向联合，践行央企六种责任，服务国家交通和新基建战略布局，服务地方基础设施建设。2023年2月，国务院国有资产监督管理委员会发布了《关于做好2023年中央企业投资管理进一步扩大有效投资有关事项的通知》，明确中央企业要把稳投资工作放在更加重要的位置，合理安排投资规模，并按照“抓紧推动实施一批、系统谋划新增一批、提前研究储备一批”的项目推进接续机制，落实年度投资计划安排，加快项目开工建设，确保投资进度按照时间节点有序推进，有效带动全社会投资。近几年，建筑业央企在转型升级，转产转商开拓新市场上进行的大量的投融资项目，特别是片区综合开发类项目，存量项目较多，市场前景依然广阔。

3.7.1　新形势下片区开发现状

1）片区开发的基本概念

城市的发展主要来自外延的扩张和内涵的提升，片区开发是引领城市发展升级的主要抓手、是推动经济持续高速增长的重要引擎。“片区开发”又称“成片开发、城乡建设综合开发、区域综合开发”，是指“在国土空间规划确定的城镇开发边界内的集中建设区，由县级以上地方人民政府对一定范围内的土地进行综合性开发建设活动”。关键内容包括土地一级开发、基础设施建设运营、产业导入等。常见形式包括新城建设、旧城改造、工业园区建设、产业新城、特色小镇等。常见实施模式主要有：政府直接投资建设开发模式、由平台公司作为投融资主体模式、完全市场化模式、PPP模式、片区特许经营模式。

2）片区开发的特点

2019年财政部《关于推进政府和社会资本合作规范发展的实施意见》（财金〔2019〕10号）出台对PPP项目产生了重大而深远的影响，政府付费类PPP项目的实施基本上成为不可能，使用者付费及可行性缺口补助类项目也因财政承受空间的限制越来越少，大量原来采用PPP模式的片区综合开发项目改为采用政府与社会资本的“合作开发模式”。合作的方式主要为：社会资本方作为项目投资建设人，与市政府授权的国有企业或国有平台公司共同出资注册组建项目公司，由项目公司负责项目的综合开发。其中，社会资本方主要负责项目的投融资、勘察设计和施工管理，为项目提供资金、技术和管理，保证项目的顺利实施，兼有产业导入和运营管理内容。合作的原则是“整体授权、分期实施、封闭运作”。合作的内容基本为：土地整理投资(征地拆迁)、市政基础设施建设、安置房建设、园区拓展开发、其他公共配套建设以及片区内“九通一平”(“九通”为通市政道路、雨水、污水、自来水、天然气、电力、电信、热力及有线电视管线，“一平”为土地自然地貌平整)等内容。片区开发的发展的路径已由过度依赖土地开发、政策优惠及要素成本优势向统筹人才、技术、资金、信息、物流等要素集聚的方向发展，项目的实施与资源、规划、产业、保障措施等因素关联越来越多，且一般都需要平台公司/项目公司作为载体实现运营管理、打通资金通道障碍，目前主要合作模式为政府授权+投资合作+EPC模式。

3.7.2 片区开发项目各方需求及实施要点

片区开发项目具有资金投入大、项目周期较长、子项目多而杂、专业性较强等特点，各方需求的平衡统一是一个难题。

1) 各方需求

政府方的需求：地方政府拥有的资源、要素如何通过合法合规的策划利用到项目中，以实现城市建设的需求；在“不得违法违规举借债务筹措政府投资资金”的前提下，建设资金如何筹集；在符合各类资源、要素的开发管理规定、资金使用管理规定、预算法等条件下，各类资金合法使用的路径。

社会资本方的需求：企业参与能有效配置资源的公共领域投资建设如何实现自身做大做强的发展需求；在现行审批制度、招投标法、政府投资条例等政策法规要求下，企业如何合法合规地成为项目的实施主体或与政府方合作；在参与项目的投融建运管各环节，在为社会提供服务的同时，如何获取合理的利润回报。

2) 实施要点

围绕各方需求，片区开发项目想要突破现有投融资困境，需注意以下实施要点：

(1) 明确片区开发主管部门和实施主体

片区开发主管部门(实施机构)是指当地政府授权的从事片区开发工作并具有独立法人资格的主管部门，可以是开发区管委会、发展改革委员会、工信局、建设局等，也可以是负责此类工作的非营利性事业单位。实施主体(项目主体)是指地方政府和片区开发主管部门采用竞争方式选择并依法授权城市片区开发建设服务的企业。

(2) 设计片区开发合作模式和实施模式

片区开发合作模式主要有片区综合开发、片区特许开发、开发区(园区)委托建设运营等。常见的实施模式有：

政府直接投资建设开发模式：即政府直接投资区域建设开发，资金来源以财政性资金为主。由平台公司作为投融资主体模式。资金来源为财政性资金和债务性资金。

特许开发ABO(Authorize-Build-Operate，授权—建设—运营)模式：地方政府通过竞争方式授权国有企业(市场化非融资平台国有企业)特许开发权，由其作为项目业主向政府提供投融建营服务，国企利用自身资源优势为项目提供资金并建设运营，政府可以给予一定财政资金支持。

投资人+EPC模式：在实践中一般是指地方政府通过招标方式选择投资人，投资人牵头与设计单位、施工单位组成联合体参与投标，并在中标后与政府的平台公司组建项目公司，负责合作区域内的项目策划、投融资、建设、运营，建设完成后移交地方政府或平台公司，地方政府以合作区域内新增土地出让收入、税费收入、物业运营收入以及其他运营收入等支付社会资本的投资成本及收益，同时，投建过程中设计绩效考核，投资人的收益与绩效考核挂钩。投资人+EPC模式合规性主要体现在中标施工企业是投资人，项目资本金由企业出资，符合《政府投资条例》的相关规定。

(3) 界定政府操作与市场运作项目的边界

应明确市场化与政府操作的界限，整体分析地方政府应统筹的城市建设内容，通过项目投入产出分析，确定财政资金实施城市基础设施开发建设项目内容，以及各投资项目的建设规模、资金需求、建设时序、融资计划等。

(4) 统筹平衡区域开发资金，依法合规设计回报机制

在政府财政资金短缺的情况下，城市建设开发资金主要源于区域内各类城市存量资产和潜在资源，且应保证实现整体投入与产出的平衡，通过规划引导进行土地开发和产业发展实现区域资金平衡。项目回报机制是社会资本方或投资人获得回报的资金来源，主要有政府专项债、设立专项开发资金池、滚动纳入预算、开发收益权等多种渠道作为回报资金来源，在确定合作开发项目的回报方式时，应严格执行《国务院关于加强地方政府性债务管理的意见》(国发〔2014〕43号)，谨防带来政府违规举债及隐性债务风险。

(5) 合理设计投融资模式、保证项目的可融资性

需要提前做好项目的谋划、组合开发以及融资模式设计，统筹考虑片区内项目投资回报和企业投入产出，以满足金融机构对项目融资的要求。目前可行的主要操作模式有ABO融资模式、收益信托模式、贷款模式、融资租赁模式和供应链融资模式。

(6) 合作协议内容要合法合规

片区开发合作协议是整个项目合作实施的关键和基础保障，对合作的范围和内容要从项目实施的运作方式、合作事项、融资安排、回报机制、风险分配机制、权利与义务等方面进行充分细致的筹划。特别是在回报机制上要充分考虑政府支出责任的合法合规，谨防违反《政府投资条例》(国令第712号)、《国务院关于加强地方政府性债务管理的意见》(国发〔2014〕43号)等带来政府违规举债及隐性债务风险，从而造成项目违规。同时，合作协议在项目资金来源上要充分与金融机构进行沟通，为融资提供支持。

3.7.3 片区综合开发项目的运作建议

片区开发项目是城镇化发展与基础设施建设过程中主动调控、优化城市空间布局与产业结构调整的组团发展方式。核心要义主要有三点。一是投资，政府将片区开发的投资建设运营整体外包，实现规模叠加效益，更多创造价值，实现共赢。二是风险，片区开发要依法合规，尤其是政府方不承担显性的和隐性的支付责任，开发过程中社会资本方全面承

担风险。三是回报，片区开发项目封闭运作、滚动开发、自求平衡，社会资本方的回报给予其投资能力和风险承受能力等。基于此，结合实践经验，就投资人+EPC模式的综合片区开发项目的投资开发建设做以下建议。

1）准确把握片区开发中的重点及关键问题

在实施片区开发项目时，应把握以下重点及关键点：

（1）合理确定总投资。影响总投资主要有三个因素：项目规划与可研、土地出让、城投公司与央企合作模式及融资组合能力。因此，在项目前期策划过程中，要统筹国土规划、立项可研、土地开发、投融资能力，整体运作、统筹确定过程总投资额，满足建筑业务占比要求。

（2）正确选择项目运作模式。当前片区开发的投融资模式主要包括政府授权ABO、特许经营、投资人+EPC模式。实践中采用较多运作模式是“投资人+EPC模式”，即政府授权平台公司发起项目，选择投资人成立合资项目公司运作片区开发。

（3）合理确定项目的合作期限。通常片区开发合作期限有3、5、10、15年。影响合作期限的主要因素包括：项目投资规模、土地出让规模和时序、融资能力、回报机制等。

（4）合理设置项目资本金比例与回报机制。项目资本金比例标准根据国家政策要求最低20%，设置资本金比例要考虑金融机构方面因素，统筹结合项目融资方案。在实务操作中，由于征拆费融资难，建议适当提高资本金比例。要把付款时点与开发时序科学合理安排，要关注“前期拆迁补偿资金”解决路径支付通道。

（5）合理确定政府和社会资本方的合作边界。在投资协议中需要十分清晰地明确双方的权利与义务边界条件、风险责任承担、项目公司组建、项目建设和运营、产业导入、税收、绩效考核等。

（6）片区开发项目的“投资人”采购。片区开发项目一般是通过政府采购平台招标社会投资人。项目的竞标价根据具体项目特征及与潜在的社会投资人谈判磋商，一般有投资回报率、勘察设计施工定额下发率、融资成本、产业导入奖励、绩效评价等。特别要注意“两标一招”的合规性问题。对不具备融资条件的片区开发项目，社会投资人要高度关注“是否有融资交割约定”。

2）夯实片区开发项目的前期工作

片区开发项目运作周期长，应着眼项目的长远利益，做好项目开发前期需要的各种手续和准备工作。一般情况下前期资料主要包括：授权文件、项目可研报告、项目实施方案、国土资源规划、城市控规、土地出让计划等。前期准备工作主要包括以下方面：

（1）建立畅通的工作机制。政府、授权实施机构、平台公司、社会资本方要建立相匹配的工作机制，包括组织架构、人员分工与安排等，要明确多部门的联合工作机制，用制度、流程来规范各种对接协同。同时要确定项目规划、初步设计、项目立项等前期手续。

（2）投资建设模式的确定。确定合作模式的要点是避免造成政府的违规举债和隐性债。因此要重点明确合作边界、资金来源、资金支付路径、回报方式和绩效考核等内容。

（3）做好资金平衡方案。自求平衡是片区开发的基本原则。做好片区开发资源平衡的可行性研究，算好大账和总账，是项目推进的基础工作。建议做好以下方面工作：一是做好“两评估一安排”。“两评估”是投资评估和收入评估。投资评估要做好土地征收、拆迁安置、基础设施及配套等方面的纵深细化。收入评估要从土地出让收入、税费收入、运营收入等方面纵向细化。“一安排”是要从投资时序和收入时序两个对应层面做好开发时序的安排。二是准确测算各类项目资金缺口，统筹做好资金预算。三是确定融资规模，选择融资模式，科学安排融资时序。

3）注重开发过程，把控建设进度

社会资本方要在共同商定的合作边界条件范围内，按照投资协议达成交易结构、回报机制、操作路径、风险分配机制等依法合规推进项目建设。项目进度要结合土地出让计划完成情况和出让收益实现情况，合理控制投资峰值避免资金平衡风险。

4）加强与金融机构的沟通

按照相关文件规定，金融机构不得为土地储备和土地一级开发项目发放贷款，即所有涉及片区开发的房屋安置和土地前期开发项目，均无法取得项目的贷款。因此，在实施前期，就应从项目的融资可行性出发，加强与金融机构积极主动的对接和沟通，做好项目的可融资性测试。要知晓和了解金融机构的内部规定和要求，结合子项目的特点，做好充分的沟通，保证项目在实施方案、可研报告、立项备案等方面设置符合项目融资需求的边界条件。

建筑业发展进入新的历史阶段，挑战与机遇并存，困难与希望同在，善弈者谋势，善治者谋全局。在新形势下，地方政府对区域发展正在从简单的“土地财政融资、用基建拉动GDP”逐步向全面考虑土地、人口、产业、税收、公共服务、财政金融等复杂内在关系的区域综合发展思路转变。片区开发仍是当下地方政府区域建设开发的主要开发模式，建筑产业集团是主要社会资本参与方。项目具有复杂性、系统性，对合规性、投资规模、投资期限的要求更高，投融资风险更大。只要我们坚持“稳字当头、稳中求进”，坚持创新发展、健康发展，就一定能够在推进建筑业高质量发展的新征程上取得新的业绩。

第4章 项目投资多方案决策

4.1 项目投资决策的原则和程序

投资是指经济主体以获得未来货币增值和效益为目的预先垫付一定量的货币或实物经营某项事业的经济行为。投资是一种经济行为，目的是获取报酬。投资报酬可以是利润、利息、股息等各种形式的收入。

决策作为人类的基本活动，普遍存在于社会、经济、管理和生活的各个方面，无论是国家政府、企事业单位还是个人都离不开决策。在严峻的市场竞争面前，企业的投资决策正确与否不仅关系到企业一时的得失，更是关系企业的成败与存亡。投资决策的意义在于提高资源配置效率。如果投资回报率高则企业发展竞争力就强，若回报率低则不但没有竞争力，严重者还会丧失生存力。

项目投资决策是指投资者为了实现其预期的投资目标，运用一定的科学理论、方法和手段，通过一定的程序对投资的必要性、投资目标、投资规模、投资方向、投资结构、投资成本与收益等经济活动中重大问题进行分析、判断和方案选择。投资决策是生产环节的重要过程。投资决策是企业所有决策中最为关键、最为重要的决策，因此我们常说：投资决策失误是企业最大的失误，一个重要的投资决策失误可能会使一个企业陷入困境，甚至破产。因此，财务管理的一项极为重要的职能就是为企业当好参谋把好投资决策关。就是企业对某一项目(包括有形、无形资产，技术，经营权等)投资前进行的分析、研究和方案选择。总之，项目投资是一个在经济、技术、组织上完全独立的单位。

4.1.1 项目投资决策的基本原则

项目投资决策是一个完整的动态过程，它包括对拟建项目的必要性和可行性进行研究论证，也包括对项目投资方案的制定和选择，还包括对投资方案的评估和审批。为了保证投资项目决策的成功，在决策过程中，必须遵循一定的原则。

对新的项目坚决执行“先评估后论证，再决策是否上马”。项目投资前必须进行项目的投资环境、财务等可行性分析，同时还要对项目的经济效益、社会效益作出评估，对所采取的技术方案进行先进程度以及科学合理性分析，还要综合考虑项目所面临的风险和不确定性的因素。为项目投资决策提供客观依据，通过有效项目评估手段，进行投资项目可行性分析，通常围绕市场需求、工艺技术、财务经济效果三方面展开调查与分析，市场是前提，技术是手段，财务是核心；通过有效项目评估手段并根据项目本身的特点，实施有效的管理，实现财务目标。

项目投资决策需坚持以下四大基本原则：

(1) 价值最大化原则，投资是以获取最大利润为目的，必须以提高投资的经济效益为中心。投资经济效益有微观经济效益与宏观经济效益之分，有近期经济效益与远期经济效益之分，因此，在投资项目决策中必须坚持微观经济效益与宏观经济效益相统一的原则，坚持近期经济效益与远期经济效益相统一的原则。

(2) 遵循科学化、民主化原则，按照一定的科学决策程序进行决策，就是坚持“先论证，后决策”的原则。必须做到先对项目进行调查研究和论证，然后再作出决策，杜绝“边投资，边论证”，更不应该采取“先决策，后论证”的违反客观规律的做法，在当今现代化大生产中就远远不能满足决策的要求，单纯凭个人经验决策很难作出全面正确的判断和决定，这就需要运用民主的原则，依靠群众的集体智慧，广泛集中经济的、技术的和管理的专家意见，发挥大家的聪明才智，实行民主化决策。

(3) 系统性原则，在投资项目决策时，首先要深入调查和搜集各方面的投资信息，并对其进行科学的分析和研究。投资信息主要包括需求信息、生产信息、技术信息、供给信息、政策信息、自然资源和自然条件信息等，投资项目决策中，遵循系统性原则，就是要全面地考虑与项目建设有关的各个方面，切忌疏忽和遗漏。

(4) 投资项目决策责任制原则，要求决策者对其投资决策行为，以及该投资决策行为所带来的投资风险负全部责任，同时建立决策责任制，决策监督制度和法律制度，作有力保证。对那些认真负责，具有高度责任心并在工作中取得卓越成绩者，要给予应有的奖励和鼓励，对于玩忽职守，造成决策失误，给国家或企业造成重大损失和浪费者，要追究其法律责任，做到奖惩分明。

4.1.2 项目投资决策程序

项目投资的决策一般要经过以下四个程序。

(1) 项目投资的提出

在企业的生产经营过程中，会不断产生新的投资需求，也会出现很多新的投资机会，企业相关部门会提出新的投资项目。这些项目一般由项目的提出者以报告的形式上报管理当局，以便他们研究和选择。管理当局会从各种投资方案中进行初步筛选、排队，同时结合企业的长期目标和具体情况，制订初步的投资计划。

(2) 项目投资的可行性分析

制订了初步投资计划后，企业需要组织专门人员或委托专业机构对项目进行可行性分析，主要有三个方面：①技术上，要考虑项目的技术能否取得、能否实施、是否先进，同时要考虑项目本身在设计、施工等方面的具体要求；②经济上，要考虑项目投产后产品销量如何，能增加多少销售收入，为此发生多少成本和费用，能产生多少利润，面临哪些主要风险等；③财务上，首先要预测资金的需要量，如果资金不足，能否筹集到所需资金，这是投资项目的前提。接着，财务人员要计算项目的现金流量和制定以现金流量为基础的各种评价指标。

除了以上三个方面的分析评价外，通常还要考虑投资项目是否符合产业政策，项目对环境的影响，原材料供应、基础设施、人力资源能否达到项目要求等多方面因素。

(3) 项目投资的方案评价

企业决策者要综合技术人员、市场人员、财务人员的评价结果，集思广益，全面分析，最后做出是否采纳或采纳何种项目方案的决定。

(4) 项目投资的实施

项目批准采纳后，要筹集资金并付诸实施。大型项目一般设立专门的工程部来负责，拟订具体的计划并落实项目实施工作；各有关方面如财务、技术部门要密切配合，保障项目的实施；也可以由项目的提出部门或原设计人员组成专门小组负责项目的实施。

4.2 项目投资决策基本方法

根据是否考虑货币时间价值，项目投资决策方法可分为非贴现方法和贴现方法。

4.2.1 非贴现方法

非贴现方法不考虑货币时间价值，把不同时间的货币收支看作等效的，可以直接进行加减运算。这类方法主要包括静态投资回收期和平均会计收益率。

1) 静态投资回收期

静态投资回收期(Payback Period，PP)又称为全部投资回收期，简称回收期，是指用投资项目的经营现金净流量回收原始总投资所需的全部时间，一般以年为单位计算，即项目将来的净现金流量足以抵补投资支出的年限。静态投资回收期法就是根据回收某项投资所需的时间来判断投资项目是否可行的方法。静态投资回收期可分为包括建设期的回收期 PP 和不包括建设期的回收期 PP'，见式(4.1)。

$$PP=PP'+S \tag{4.1}$$

式中：PP 为包括建设期的回收期；PP' 为不包括建设期的回收期；S 为建设期。

本章内容若没有特别说明，静态投资回收期一般是指包括建设期的回收期。

回收期是非贴现的绝对量反指标，一般回收期指标越小说明项目的回收速度越快，投资风险越小。

(1) 静态投资回收期的计算

静态投资回收期的计算因每年的经营现金净流量是否相等而不同。

① 如果投资项目各年的经营现金净流量(NCF)相等，且累计大于原始总投资，则静态投资回收期可按式(4.2)计算。

$$\text{静态投资回收期}=\frac{\text{原始投资}}{\text{每年经营现金净流量}} \tag{4.2}$$

② 如果每年的经营现金净流量(NCF)不相等，那么静态投资回收期需按式(4.3)计算。

$$静态投资回收期=累计现金净流量第一次出现正值的年份-1+\frac{该年初尚未回收的投资}{每年经营现金净流量} \tag{4.3}$$

很明显，第二种方法计算的静态投资回收期包括了建设期，而第一种方法计算的静态投资回收期在有建设期时并不包括建设期，因此要想计算包括建设期的静态投资回收期，应在此基础上加上建设期。

当然，不论在什么情况下，都可以通过第二种方法列表计算累计现金净流量的方式，确定包括建设期的静态投资回收期。该方法的原理是：按照静态投资回收期的含义，包括建设期的静态投资回收期 PP 满足于式(4.4)。

$$\sum_{t=0}^{PP} NCF_t = 0 \tag{4.4}$$

这表明在财务现金流量表的“累计现金净流量”一栏中，包括建设期的静态投资回收期恰好是累计现金净流量为0的年限。在计算时有两种可能：第一，在“累计现金净流量”栏中可以直接找到0，那么读出所在列的 t 值即为所求的包括建设期的静态投资回收期；第二，若无法在“累计现金净流量”栏中找到0，可按上述第二种方法计算包括建设期的静态投资回收期。

(2) 静态投资回收期法的决策规则

利用静态投资回收期进行决策的判断原则有两种。可以将包括建设期的静态投资回收期 PP 与项目计算期 n 比较，若 $PP \leqslant n/2$，则项目可行；否则，项目不可行。也可以将不包括建设期的静态投资回收期 PP' 与项目生产经营期 P 比较，若 $PP' \leqslant P/2$，则项目可行；否则，项目不可行。静态投资回收期越短越好。

(3) 静态投资回收期法的特点

静态投资回收期法的优点是计算简便，容易为决策人所正确理解。其缺点在于不仅忽视货币时间价值，而且没有考虑回收期以后的收益，也没有提供回收期满后方案是否继续盈利及盈利总额是多少等指标。因此，静态投资回收期指标只能作为一个辅助决策指标，必须与其他决策指标相结合，才可以对投资项目进行合理、科学的决策。

在实务中，包括建设期的静态投资回收期比不包括建设期的静态投资回收期的用途更广泛。

需要说明的是，在计算投资回收期时，如果考虑货币时间价值，那么产生的投资回收期即为贴现的投资回收期，也叫动态投资回收期。

2) 平均会计收益率

投资收益率指标有很多种，平均会计收益率是其中之一。平均会计收益率是年平均净收益占投资额的百分比(Accounting Rate of Return，ARR)。平均会计收益率法以会计收益率作为评估分析投资项目可行性的指标。该指标在计算时直接使用会计报表的数据，计算方法简便，应用范围相对较广。

(1) 平均会计收益率的计算

见式(4.5)。

$$平均会计收益率=\frac{年均净收益}{项目投资总额}\times 100\% \tag{4.5}$$

式中：项目投资总额包括垫支的营运资金以及资本化利息和开办费等。

（2）平均会计收益率法的决策规则

利用平均会计收益率进行决策的判断原则为：若平均会计收益率 ARR<基准收益率，则项目不可行，应舍弃；若平均会计收益率 ARR≥基准收益率，则项目可行。平均会计收益率越大越好。

（3）平均会计收益率法的特点

平均会计收益率法的优点是计算简便，容易理解。而且它是基于会计的收益和成本观念，使用的是会计报表上的数据，因此数据便于取得。同时，它考虑了投资项目全生命周期内的现金流量，克服了投资回收期涵盖不全的不足。其缺点除了没有考虑时间价值外，还有以下两点：第一，平均年息税前利润不包括项目折旧，不反映该项目的现金净流量，在某种程度上歪曲了投资决策；第二，没有考虑投资项目的经济寿命，有可能使经济寿命不同的项目的平均会计收益率都一样，凭此作出的决策可能不正确。

4.2.2 贴现方法

贴现方法考虑货币时间价值，这类方法主要包括净现值、内含报酬率和现值指数。这些方法的计算体现了折现现金流量的思想，即把未来现金流量折现，使用现金流量的现值计算各种决策指标并进行决策。

1）净现值

净现值(Net Present Value，NPV)是指项目投产后每年现金净流量的总现值减去投资额的现值后的余额，或投资项目各年现金净流量的现值之和。净现值法就是根据净现值的正负来判断投资项目是否可行的方法。

净现值是长期投资决策的基础指标，也是最为重要的动态评价指标。它既可以用来评价一个投资项目可行与否，也可以用来找出两个以上投资项目中的较优者。

（1）净现值的计算

净现值的计算需要按照一定的贴现率进行折现，贴现率可以是资本成本，也可以是企业要求达到的报酬率或基准折现率。计算公式为式(4.6)。

$$NPV = \sum_{t=s+1}^{n} \frac{NCF_t}{(1+K)^t} \tag{4.6}$$

式中：n 为项目计算期；s 为项目建设期；NCF_t 为投资项目在第 t 年年末的现金净流量；K 为折现率或资本成本。

当建设期为 0 时，期初投资总额为 I，则上式可以简化为式(4.7)。

$$NPV = \sum_{t=1}^{n} \frac{NCF_t}{(1+K)^t} - I \tag{4.7}$$

净现值的计算步骤如下：首先，计算项目计算期内每年的现金净流量；其次，选用适当的折现率，确定投资项目各年现金净流量的折现系数；再次，将各年现金净流量乘以相应的折现系数求出现金净流量的现值；最后，汇总各年现金净流量现值，得出投资项目的净现值。

成本)，如果项目的 IRR 大于 k，则项目可行；否则项目不可行。项目的 IRR 越是大于资本成本，即使此项投资是以借款进行的，在还本付息后，该投资项目仍能给企业带来较多的剩余收益。

对于几个互斥项目的优选决策，先选择内含报酬率大于其资本成本的项目，然后进行如下判断：如果各项目的原始投资额相同，则内含报酬率最大的项目最好；如果各项目的原始投资额不等，其决策标准应是“投资额×(内含报酬率-资本成本)”最大的项目为最优项目。

还可能存在一些特定的项目投资，它们的目的或是提高士气，或是为未来发展提供选择机会，或是社会公益等，这些项目投资具有在所估计的现金流量中无法反映的、不能忽视的重要效益，可能因为改善了投资的整体风险而创造价值。所以，不是任何时候都要求内部报酬率一定要大于资本成本率。

(3) 内含报酬率法的特点

内含报酬率法的优点是考虑了货币时间价值，能够反映投资项目的真实报酬率。缺点在于计算过程比较复杂；在现金流量呈不规则变化时，有时可能出现多个或没有内含报酬率的问题，不利于投资决策分析；在互斥项目的抉择中，利用这一指标有时会得出与净现值法不同的结论(这时应以净现值法为准)。

3) 现值指数

现值指数(Profitability Index，PI)是指投资项目未来现金净流量的总现值与投资总额的现值的比率，也称为获利指数、贴现后收益与成本比率。现值指数法是根据获利指数的大小来判断投资项目是否可行的一种方法。

(1) 现值指数的计算

计算公式见式(4.14)。

$$\text{现值指数}(PI)=\frac{\sum_{t=s+1}^{n}\frac{NCF_t}{(1+K)^t}}{\left|\sum_{t=0}^{s}\frac{NCF_t}{(1+K)^t}\right|} \tag{4.14}$$

式中各符号的含义同前；分子为未来收益的现值合计，分母为项目投资额的现值合计。

(2) 现值指数法的决策规则

现值指数法的决策规则为：对于采纳与否的单一投资项目，若 $PI\leqslant 1$，则项目不可行，应舍弃；若 $PI>1$，则项目可行，应接受该项目。PI 值越大越好。

对于互斥投资项目的抉择，一般应选择现值指数最大的项目。但这样选择有时也会得出错误的结论，应结合净现值、内含报酬率以及投资回收期指标进行全面分析。

(3) 现值指数法的特点

现值指数法和净现值法的基本原理在本质上是一样的，都是将未来现金净流量的总现值与投资总额的现值进行比较来取舍投资项目。在对未来现金净流量折现时通常取资本成本作为折现率。

4) 几种贴现方法决策指标的比较

净现值法和现值指数法的共同优点主要在于：考虑了货币时间价值，将投资项目全生命周期中每年的现金净流量按资本成本(折现率)进行折现，比较真实地反映出不同时期的现金流入对投资收益的不同作用这一事实；考虑了投资项目的最低盈利水平即投资的资本成本，反映了投资盈利的最低极限。它们之间又各有不同：净现值法使用的是绝对量指标，反映投资的效益；现值指数法采用的是相对量指标，反映投资的效率。

采用净现值法与采用现值指数法作出的选择有时会不一致，其原因在于投资额不等时，投资收益的绝对量与相对量之间会存在差异。究竟如何处理呢？一般而言，在投资额不同的互斥项目的选择中，遵循选择净现值最大的原则是正确的。当然也要根据具体情况具体分析。当资金相对充裕时，可以选择投资额较大而投资收益绝对数也较大的项目；当资金相对紧张时，可以选择投资额较小而现值指数较大的项目。具体实践中，遇到这些情况时应综合权衡。

内含报酬率法考虑了货币时间价值，将未来的现金净流量进行折现后与投资总额比较来取舍投资项目，比较准确；考虑了投资项目的内含报酬率，便于与资本成本相比较，更能确保投资的效益最佳。

综上所述，每一种方法都有优缺点，投资者应结合投资项目的实际情况和企业本身的条件来选择适合的一种或几种方法进行项目投资决策。

4.2.3 考虑投资风险的项目投资决策方法

前面在讨论项目投资决策时，假定现金流量是确定的，避开了投资风险问题。但实际上，投资活动充满了不确定性。如果这种不确定性和风险较小，则可以忽略其影响，把决策视为确定条件下的行为。如果这种不确定性和风险较大，则应对其风险进行计量并在决策时加以考虑。风险项目投资决策的方法有很多，这里仅介绍折现率风险调整法和肯定当量法。

1）折现率风险调整法

折现率风险调整法的基本思路是对于高风险的投资项目，采用较高的贴现率去计算净现值，然后根据净现值法的规则来选择项目，其关键在于对折现率按照风险程度进行调整。具体步骤如下：

第一步：确定无风险利率，即投资项目在无风险状态下的投资报酬率，一般指政府债券利率。

第二步：确定风险溢价，即具有风险的投资项目可能的报酬率与无风险投资项目可能的报酬率之间的差异，这样风险项目要求的投资报酬率可表示为式(4.15)。

$$K_d = i + p \tag{4.15}$$

式中，K_d为调整后的风险投资报酬率；i为无风险利率；p为风险溢价。

第三步：利用调整后的折现率来计算净现值并据此判断投资项目。净现值的计算方法同前文所述。

2）肯定当量法

在风险项目投资决策中，各年的现金流量往往是不确定的，因此必须对其进行调整。肯定当量法就是把不确定的各年现金流量按照一定的系数(通常为约当系数)折算为大约相当于确定的现金流量的数额，然后利用无风险贴现率来评价风险投资项目的决策方法。即先用一个系数把有风险的现金收支调整为无风险的现金收支，然后用无风险贴现率去计算净现值，再用净现值规则判断投资项目的可行性。

约当系数是肯定的现金流量对与之相当的、不肯定的期望现金流量的比值，通常用 d 表示，见式(4.16)。

$$肯定的现金流量 = 期望现金流量 \times 约当系数\ d \tag{4.16}$$

在评价时，可根据各年现金流量的风险程度选取不同的约当系数。当现金流量确定时，取 $d=1.00$；当现金流量的风险很小时，取 $1.00>d\geqslant 0.80$；当现金流量的风险一般时，可取 $0.80>d\geqslant 0.40$；当现金流量的风险很大时，可取 $0.40>d\geqslant 0$。

但约当系数的选取可能会因人而异，敢于冒险的分析人员会选用较高的系数；相反，比较保守的分析人员会选用较低的系数。为了防止这种因偏好不同而造成的决策失误，有些企业根据标准差率来确定约当系数，因为标准差率是衡量风险大小的一个很好的指标，用它来确定约当系数是合理的。标准差率与约当系数的经验对照关系如表 4.1 所示。

表 4.1 标准差率与约当系数的经验对照表

标准差率	约当系数	标准差率	约当系数
0.01~0.07	1	0.33~0.42	0.6
0.08~0.15	0.9	0.13~0.54	0.5
0.16~0.23	0.8	0.55~0.7	0.4
0.24~0.32	0.7	…	…

有时，也可以对不同分析人员各自给出的约当系数进行加权平均，用加权平均约当系数进行折算。

当约当系数确定以后，决策分析问题就变得简单了，各种方法和步骤如前述内容。

采用肯定当量法调整现金流量，进而做出投资决策，克服了调整贴现率方法放大远期风险的缺点，但如何准确、合理地确定约当系数也是一个十分困难的问题。

4.3 独立方案投资决策

独立方案是指一组互相分离、互不排斥的方案。在独立方案中，选择某一方案并不排斥选择另一方案。

独立方案决策的要点包括以下几点。

4.3.1 判断方案是否完全可行的条件

如果某一投资方案的所有评价方法均处于可行区间，即同时满足以下条件时，则可以断定该投资方案无论从哪个方面看都可行，或完全可行。这些条件是：

① 净现值 $NPV\geqslant 0$。

② 净现值率 $NPVR\geqslant 0$。

③ 现值指数 $PI\geqslant 1$。

④ 内部收益率 $IRR\geqslant$ 基准折现率 i_0。

⑤ 包括建设期的静态投资回收期 $PP\leqslant n/2$(即项目计算期的一半)。

⑥ 不包括建设期的静态投资回收期 $PP'\leqslant p/2$(即运营期的一半)。

⑦ 投资利润率 $ROI\geqslant$ 基准投资利润率 i(事先给定)。

4.3.2 判断方案是否完全不可行的条件

如果某一投资项目的评价方法均处于不可行区间，即同时满足以下条件时，可以断定该投资项目无论从哪个方面看都不可行，或完全不可行当彻底放弃该投资方案。这些条件是：

① $NPV<0$。

② $NPVR<0$。

③ $PI<1$。

④ $IRR<i_0$。

⑤ $PP>n/2$。

⑥ $PP'>p/2$。

⑦ $ROI<i$。

4.3.3 判断方案是否基本可行的条件

如果在评价过程中发现某项目的主要决策方法指标处于可行区间（如 $NPV\geqslant 0$，$NPVR\geqslant 0$，$PI\geqslant 1$，$IRR\geqslant i_0$），但次要或辅助决策方法指标处于不可行区间（如 $PP>n/2$，$PP'>p/2$ 或 $ROI<i$），则可以断定该项目基本上具有可行的条件。

4.3.4 判断方案是否基本不可行的条件

如果在评价过程中发现某项目出现 $NPV<0$，$NPVR<0$，$PI<1$，$IRR<i_0$ 的情况，即使有 $PP\leqslant n/2$，$PP'\leqslant p/2$ 或 $ROI\geqslant i$ 发生，也可断定该项目基本上不具有可行的条件。

对独立方案进行评价时应注意两方面，一是主要决策评价方法在评价的过程中起主导作用。二是利用动态决策方法对同一个投资项目进行评价和决策，可能得出完全相同的结论。

4.3.5 注意事项

第一，主要评价方法在评价的过程中起主导作用。

第二，利用动态方法对同一个投资项目进行评价和决策，会得出完全相同的结论。

4.4 多个互斥方案的比较决策

互斥方案，是指互相关联、互相排斥的方案，即一组方案中的各个方案彼此可以相互代替，采纳方案组中的某一方案，就会自动排斥这组方案中的其他方案。

多个互斥方案的比较决策，是指在每一个入选方案已可行的前提下，利用具体决策方法比较各个方案的优劣，利用评价方法从各个备选方案中最终选出一个最优方案的过程。

4.4.1 项目投资多方案比较与选择的基本假定

① 企业项目投资决策是以企业利润最大化为目标。

② 现金流量是确定的，且都发生于每年年末，而不是在一年中连续分布。
③ 备选方案是互斥方案或独立方案。
④ 货币市场是完全的，项目投资所需资本的获取具有一定代价。
⑤ 没有考虑人力和技术等其他影响项目投资决策的因素。

4.4.2 项目投资方案选择的方法体系与决策流程

（1）方法体系
① 项目投资成本——资本成本、建筑安装工程成本、设备器具购置成本、其他成本。
② 单位生产能力项目投资额——项目投资总额与生产能力总和的比值。
③ 时间标准——建设期、投达产期、项目投资回收期。
④ 劳动生产率——技术创新和科技成果的运用。
⑤ 单位产品成本。
⑥ 项目投资收益率。
⑦ 项目投资质量。
（2）决策流程
① 拟定具有各种可能的多个项目投资方案。
② 确定每一个项目投资方案的项目计算期。
③ 确定每一个项目投资方案的现金流量。
④ 确定企业最低期望收益率（或贴现率）。
⑤ 用合理的方法比较各方案的项目投资价值。
⑥ 进行必要的补充分析，包括盈亏平衡分析、敏感性分析、风险分析等。
⑦ 项目投资条件评价。
⑧ 风险分析与评价。
⑨ 选择和确定最佳项目投资方案。

4.4.3 确定条件下多个投资方案比较与选择

1）确定条件下，多方案决策指标特性
通常情况下，企业比较与选择项目投资方案，并获得正确结论的方法应具有三个特性：
第一，该方法必须考虑项目全生命周期内的现金流量。
第二，该方法必须考虑货币时间价值。
第三，该方法在选择互斥项目时，必须选择能使公司股票价值最大的项目。
2）确定条件下，多方案决策方法之间矛盾取舍

前文已经介绍了企业投资决策评价的基本方法，这些方法在分析、判断单独一个项目或方案是否可行时，是可以得出一致结论的。但是，如果把这些方法用于一组项目投资方案的比较和鉴别时，我们会发现每一种方法会对同一组项目投资方案给出不同的排列次序。这样，项目投资决策者面对同一组项目投资方案，如果使用不同的项目投资评价标准，就有可能做出不同的项目投资决策，其原因有：

第一，静态投资回收期法既没有考虑货币时间价值，又没有考虑项目计算期内项目投

资回收期后各年的现金流量，因此不能反映项目在整个计算期内的实际情况，因而也就不能成为项目投资方案比较与鉴别的主要决策方法指标。动态投资回收期法尽管考虑了货币时间价值，但仍没有考虑项目计算期内项目投资回收期后各年的现金流量，因而仍不能成为理想的项目投资方案比较与鉴别的主要决策方法指标。

第二，项目投资收益率法与静态投资回收期法一样，也没有考虑货币时间价值，而且不是现金流量方法。所以，项目投资收益率方法不能作为项目投资方案比较与鉴别的主要判断依据。

第三，其他静态分析方法由于没有考虑货币时间价值，因此也不能成为理想项目投资方案比较与鉴别的主要决策方法指标。

净现值法、内部收益率法、净现值率法都符合第一、第二个特性，这使得三种方法在进行独立投资项目比较与鉴别时，能得出相同结论；而在某些情况下，净现值率法和内部收益率法不能正确比较与鉴别使公司股票价值最大化的互斥项目，唯有净现值法满足第三个特性。

由此可见，我们必须确定一种或几种既具有恰当的使用理由，又能给出满意结果的项目投资决策方法，以用于比较和鉴别各种项目投资方案，并从中选择正确的项目投资方案。

下面我们将集中讨论净现值法、内部收益率法、净现值率法这三种常用动态分析法，是否都能或其中某一种能够保证项目投资方案的正确性。

（1）净现值法与净现值率法

① 互斥项目的投资规模不同，有时会使得净现值法和净现值率法得出相反的结论。

例如，互斥方案 A 和 B 的净现金流量如表 4.2 所示，贴现率为 10%。

表 4.2　互斥方案 A 和 B 的净现金流量　　单位：元

方案	年			净现值率	净现值
	0	1	2		
A	-3000	2000	2000	0.16	472
B	-6200	4000	4000	0.12	742

$NPV_A=-3000+2000\times1.73554$（年金现值系数）$=472$，同理计算 $NPV_B=742$。

从上例中，若以净现值率来判断，则 A 优于 B，但以净现值来判断，则 B 优于 A。

② 互斥项目的现金流量发生时间不一致，有时会使得净现值法和净现值率法得出的结论不一致。

例如，互斥方案 A 和 B 的净现金流量如表 4.3 所示，贴现率为 10%。

表 4.3　互斥方案 A 和 B 的净现金流量　　单位：元

方案	年			净现值率	净现值
	0	1	2		
A	-1500	1000	1000	0.16	236
B	-1500	2000-1000	2000-1000	0.07	236

如采用净现值法，则 A 方案要优于 B 方案；若采用净现值率法，则两个项目一样。

(2) 内部收益率法与净现值法

互斥项目的投资规模不同，会使得净现值法比内部收益率法得出的结论更为可靠。

例如，互斥方案 A 和 B 的净现金流量如表 4.4 所示，贴现率为 10%。

表 4.4　互斥方案 A 和 B 的净现金流量　　单位：元

方案	年		内部收益率	净现值
	0	2		
A	-10000	12800	0.28	1636
B	-50000	60000	0.20	4545
B-A	-40000	47200	0.18	2909

从内部收益率来看，A 方案最好；加入选择了 A 方案，则假定独立方案 B-A 方案就被放弃，这种选择显然难以满足企业价值最大化的目标。

如用净现值法，则选 B 方案。

3) 确定情况下互斥方案的选择

(1) 净现值相同时的方案选择

净现值相同时，项目投资现值不同，直接选择项目投资现值小的方案。

项目投资现值与净现值相等时，用存在期间法进行比较。

存在期间：项目的加权平均寿命，其各年的权数就是各年的净现金流量。存在期间的计算公式为式(4.17)。

$$D = \frac{\sum_{t=0}^{n} tP_t}{\sum_{t=0}^{n} P_t} \tag{4.17}$$

式中：D 为存在期间；n 为项目计算期；P_t 为第 t 年净现金流量的现值。

选择其中存在期间较短的方案为宜。

(2) 年限不等方案的选择

最小公倍数法：这种方法就是取几个待比较方案计算期的最小公倍数作为共同的计算期，并假定每一方案都在这一共同的计算期内重复进行。因此，只要计算出共同计算期内各方案的净现值，就可以选择净现值>0 且净现值最大的方案为最优方案。

分析期截止法：这种方法根据对未来市场状况和技术经济社会发展前景的预测，直接选取一个合适的分析期作为各方案共同的计算期，通过考察比较方案在分析期内的净现值来选择最优方案。在备选方案计算期比较接近的情况下一般可直接取其中计算期最短的方案的计算期作为分析期。与此同时，还要对计算期比分析期长的方案分析期末的固定资产残值(或折余值)进行估价；并在分析期末全部回收。用这种方法计算出的净现值用于互斥项目投资方案比较时，仍选择其中净现值大于 0 且净现值最大的方案为最优方案。

等额年金法：等额年金法是净现值的等价方法。在对计算期不同的方案进行比较时，等额年金法可以说是一种最简单的方法，在备选方案较多时，尤为适用。

净年值的计算公式为式(4.18)。

$$NAV_j = \frac{NPV_j}{\sum_{t=1}^{n_j}(1+i)^{-t}} \tag{4.18}$$

式中：NPV_j为方案 j 的净现值；i 为公司的资本成本率。

年值贴现法：为了便于理解，也可采用年值贴现法对计算期不同的方案行比较。这种方法实际上是等额年金法的一种变形，它是把各备选方案的净年值换算成某一共同计算期内的净现值，然后再进行方案的比较和选择。如果取共同计算期为 N，则方案 j 的净现值 NPV_j计算公式见式(4.19)。

$$NPV_j = NAV_j \times \sum_{t=1}^{N}(1+i)^{-t} \tag{4.19}$$

在用年值贴现法求净现值时，共同计算期 N 取值的大小不会影响方案比较和选择的结论，但 N 的取值一般不大于各方案中最长的方案计算期，不小于各方案中最短的方案计算期，大多数情况下可考虑采用最短的方案计算期作为共同的计算期。按年值贴现法对计算期不同的方案进行比较时，仍应选择其中净现值大于 0 且净现值最大的方案为最优方案。

（3）投资报酬率变动情况下的方案的比较与选择

在净现值的基本模式中，隐含着一个基本假定，即公司的资本成本率或预期项目投资报酬率在项目投资的全寿命周期内是固定不变的。然而在现实的经济生活中，由于股东权益、债权人权益的存在，公司的资本成本率或预期项目投资报酬率在通常情况下不可能在全生命周期内保持不变；它会随着宏观经济形势、市场、公司经营及财务结构等情况发生变化。所以，预测公司资本成本率或预期项目投资报酬率的变化，并将其引入项目投资决策分析中是项目投资决策的一项重要内容。如果我们假定公司的资本成本率或预期项目投资报酬率在项目投资的全生命周期内会发生变化，那么净现值的扩展公式可表述为式(4.20)。

$$NPV^* = \sum_{t=1}^{n} \frac{(CI-CO)}{\prod_{j=1}^{t}(1+r_j)} \tag{4.20}$$

式中：CI 为未来现金净流量现值；CO 为原始投资额现值；r_j为折现率。

从上面的公式可以看出净现值的基本模式实际只是净现值扩展模式的变化，如 r 值是相等的，那么净现值的扩展模式就会简化为净现值的基本模式。

（4）资本约束条件下项目投资方案的比较与选择

净现值法、净现值率法和内部收益率法在判断独立项目是否可行时，是可以做出相同结论的，这实际上隐含着一个假设条件：企业只要能找到具有盈利潜能的项目投资机会，就一定能为它筹措到相应的项目投资资本。然而，在实际工作中，企业可用于项目投资的资本量经常会受到某种限制。资本约束就是指项目投资资本受到供应量的限制而不是随便可得的这样一种状况。资本约束可分为“硬”“软”资本约束两大类。

硬资本约束又称外部资本约束，主要是由企业外部因素引起的。硬资本约束的成因是由于存在外部力，企业无法筹措到足够的项目投资资本。这种外部力常来自两个方面：一是来自资本市场本身，即资本供应者完全拒绝提供超过某一指定数额的资本，或者是企业如能得到更多的资本，其所得资本的边际成本就会迅速上升；二是来自政府。

软资本约束又称内部资本约束，主要受制于企业的内部或管理策略，如筹资中的管理策略。

在资本约束条件下，互斥方案的比较与鉴别较为简单，因此在这里，我们将讨论的重点是，在存在资本约束的条件下，企业应如何将有限的项目投资资本在现有的独立项目之间进行合理的分配。

4.4.4 不确定情况下进行多方案的比较与选择

企业不确定情况下进行项目投资方案的比较与鉴别是指项目投资决策者对于方案未来的情况无法预先估计或预测，其抉择在很大程度上取决于项目投资决策者的主观判断。

资本约束条件下项目投资方案的比较与鉴别就是指在企业资本限额所允许的范围内，尽可能地选择那些项目投资收益较高的投资项目，以保证企业取得好的项目投资效果。

4.4.5 风险情况下项目投资方案的比较与选择

1）含义

风险情况下项目投资方案的比较与选择就是企业项目投资决策者根据几种不同自然状态下可能发生的概率进行的抉择。虽然在方案比较与选择中各种自然状态所采用的概率值，一般都是以过去的历史资料为依据，经过统计分析获得，但由于存在多种概率，因此，在依据不同概率对拟定的多个方案进行抉择时，不论选择哪一种方案都会遇到一个以上自然状态所引起的不同结果，都要承担一定的风险。

2）风险情况下进行项目投资方案的比较与选择应具备的五个基本要素

(1) 具有企业项目投资决策者期望达到的明确目标。这个目标影响着决策者对方案比较与鉴别准则的选择，从而也反映出决策者对待决策事件的主观倾向、个人偏好。

(2) 存在着不以决策者的主观意志为转移的两种以上的自然状态。

(3) 根据各种不同的自然状态，具有可供决策者选择的两个以上的行动方案。

(4) 决策者凭借主观经验及相关资料、信息，可以计算出不同方案在不同自然状态下的实施结果。

(5) 决策者对未来事件的各种自然状态具有一定程度的了解，且可以根据有关资料和信息，预测或计算出各种自然状态出现的概率。

4.4.6 不确定和风险情况下项目投资方案比较与选择的区别

通常在不确定和风险情况下进行项目投资方案的比较与选择可行的前四个基本要素是相同的，其区别主要反映在第五个要素上的差异。风险情况下目投资方案的比较与选择，虽然也具有不确定性，即对两种以上的自然状态在未来会出现哪一种不能确定，但是，它可以预测或计算出各种自然状态下出现的概率；而不确定情况下项目投资方案的比较与选择，虽然也能预测出可能出现的各种自然状态，但由于缺乏资料、信息，不能预测或计算出各种自然状态可能发生的概率。

4.5 项目投资多方案决策方法小结

项目投资多方案比较决策的方法，主要包括净现值法、净现值率法、差额投资内部收益率法、年等额净回收额法和计算期统一法等。

（1）净现值法

净现值法，是指通过比较所有已可行投资方案的净现值方法的大小来选择最优方案的方法。该法适用于原始投资额相同且项目计算期相等的多方案比较决策。在此法下，净现值最大的方案为优。

（2）净现值率法

净现值率法，是指通过比较所有已可行投资方案的净现值率的大小来选择最优方案的方法。该法可用于原始投资额不同的投资方案的比较决策。在此法下，净现值率最大的方案为优。

（3）差额投资内部收益率法

差额投资内部收益率法，是指在两个原始投资额不同方案的差量净现金流量（记作 ΔNCF）的基础上，计算出差额内部收益率（记作 ΔIRR），并将其与行业基准折现率进行比较，进而判断方案孰优孰劣的方法。该法适用于原始投资额不相同，但项目计算期相同的多方案比较决策。当差额内部收益率方法大于或等于基准收益率或设定折现率时，原始投资额大的方案较优；反之，则原始投资额小的方案为优。

① 决策方法：差额内部收益率。

② 方法计算：差额内部收益率的计算与内部收益率方法的计算方法是一样的，只不过所依据的是差量净现金流量。

③ 决策原则：当差额内部收益率方法大于或等于基准收益率或设定折现率时，原始项目投资额大的方案较优；反之，则项目投资少的方案为优。

（4）年等额净回收额法

年等额净回收额法，是指通过比较所有投资方案的年等额净回收额（记作 ΔNA）的大小来选择最优方案的决策方法。该法适用于原始投资额不相同，特别是项目计算期不同的多方案比较决策。在此法下，某方案的年等额净回收额等于该方案净现值与相关回收系数（或年金现值系数倒数）的乘积。年等额净回收额最大的方案为优。具体见式（4.21）和式（4.22）。

$$某方案年等额净回收额=该方案净现值\times回收系数 \tag{4.21}$$

或：

$$某方案年等额净回收额=该方案净现值\times1/年金现值系数 \tag{4.22}$$

（5）计算期统一法

计算期统一法，是指通过对计算期不相等的多个互斥方案选定一个共同的计算分析期，以满足时间可比性的要求，进而根据调整后的评价方法来选择最优方案的方法。该法包括方案重复法和最短计算期法两种具体处理方法。

方案重复法，也称最小公倍数法，是将各方案计算期的最小公倍数作为比较方案的计算期，进而调整有关方法，并据此进行多方案比较决策的一种方法。此法适用于项目计算期相差比较悬殊的多方案比较决策。

最短计算期法，又称最短寿命期法，是指在将所有方案的净现值均还原为等额年回收额的基础上，再按照最短的计算期来计算出相应净现值，进而根据调整后的净现值方法进行多方案比较决策的一种方法。

4.6　多方案组合排队投资决策

如果一组方案既不相互独立，又不相互排斥，而是可以实现任意组合或排队，则这组方案可称作组合或排队方案，其中又包括先决方案、互补方案和不完全互斥方案等形式。在这组方案决策中，除了要求首先评价所有方案、淘汰不可行的方案外，在接下来的决策中需要反复衡量和比较不同组合条件下的有关评价方法的大小，从而做出最终决策。

这类决策分两种情况：①在资金总量不受限制的情况下，可按每一项目的净现值 *NPV* 大小排队，确定优先考虑的项目顺序。②在资金总量受到限制时，则需按净现值率 *NPVR* 或现值指数 PI 的大小，结合净现值 *NPV* 进行各种组合排队，从中选出能使 $\sum NPV$ 最大的最优组合。

具体程序如下：

第一，以各方案的净现值率高低为序，逐项计算累计投资额，并与限定投资总额进行比较。

第二，当截止到某项投资项目（假定为第 j 项）的累计投资额恰好达到限定的投资总额时，则第 1 项至第 j 项的项目组合为最优的投资组合。

第三，若在排序过程中未能直接找到最优组合，必须按下列方法进行必要的修正。

① 当排序中发现第 j 项的累计投资额首次超过限定投资额，而删除该项后，按顺延的项目计算的累计投资额却小于或等于限定投资额时，可将第 j 项与第 $(j+1)$ 项交换位置，继续计算累计投资额。这种交换可连续进行。

② 当排序中发现第 j 项的累计投资额首次超过限定投资额，又无法与下一项进行交换，第 $(j-1)$ 项的原始投资大于第 j 项原始投资时，可将第 j 项与第 $(j-1)$ 项交换位置，继续计算累计投资额。这种交换亦可连续进行。

③ 若经过反复交换，已不能再进行交换，但仍未找到能使累计投资额恰好等于限定投资额的项目组合时，可按最后一次交换后的项目组合作为最优组合。

总之，在主要考虑投资效益的条件下，多方案比较决策的主要依据，就是能否保证在充分利用资金的前提下，获得尽可能多的净现值总量。

第5章 项目融资方案分析

5.1 融资主体及融资方式

5.1.1 融资主体

投资项目融资主体是指进行融资活动并承担融资责任和风险的项目法人单位。按照是否依托项目成立新的法人实体来划分，把投资项目的融资主体分为新设法人融资主体和既有法人融资主体。

1）新设法人融资

新设法人融资是指由项目发起人（企业或政府）发起组建的具有独立法人资格的项目公司，由新组建的项目公司承担融资责任和风险，依靠项目自身的盈利能力来偿还债务，以项目投资形成的资产、未来收益或权益作为融资担保的基础。

新设法人融资具有以下几个特点：第一，项目投资由新设项目法人筹集的资本金和债务资金构成；第二，新设项目法人承担融资责任和风险；第三，以项目投产后的效益情况来考察偿债能力。

新设法人融资主体适用条件：第一，项目发起人希望拟建项目的生产经营活动相对独立，且拟建项目与既有法人的经营活动联系不密切；第二，拟建项目的投资规模较大，既有法人财务状况较差，不具有为项目进行融资和承担全部融资责任的经济实力，需要新设法人募集股本金；第三，项目自身具有较强的盈利能力，依靠项目自身未来的现金流量可以按期偿还债务。

新设法人的融资方式有两种，第一种是项目资本金。新设项目的资本金是指在项目总投资中由投资者认缴的出资额。投资者可以转让其出资，但不能以任何方式抽回。我国除了公益性项目等部分特殊项目外，大部分投资项目都实行资本金制度。第二种是债务资金。新设法人的融资能力取决于股东能对项目公司借款提供多大程度的担保，在项目本身的财务效益好、投资风险可以有效控制的条件下，可以考虑采用负债融资方式。

2）既有法人融资

既有法人融资是指建设项目所需的资金来源于既有法人内部融资、新增资本金和新增债务资金。新增债务资金依靠既有法人整体的盈利能力来偿还，并以既有法人整体的资产和信用承担债务担保。

既有法人融资的特点：第一，由既有法人统一组织融资活动并承担融资责任和风险；第二，在既有法人资产和信用的基础上进行融资，并形成增量资产；第三，从既有法人的财务整体状况考察融资后的偿债能力。

既有法人融资主体适用条件：第一，既有法人为扩大生产能力而兴建的扩建项目或原有生产线的技术改造项目；第二，既有法人为新增生产经营所需水、电、气等动力供应及环境保护设施而兴建的项目；第三，项目与既有法人的资产以及经营活动联系密切；第四，既有法人具有为项目进行融资和承担全部融资责任的经济实力；第五，项目盈利能力较差，但项目对整个企业的持续发展具有重要作用，需要利用既有法人的整体资信获得债务资金。

既有法人融资方式见图 5.1。

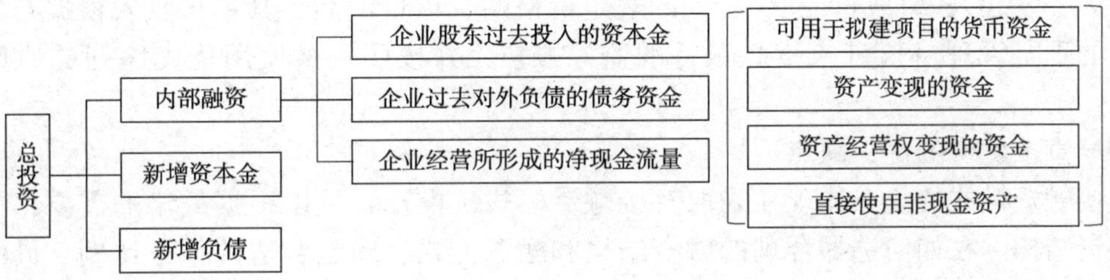

图 5.1 既有法人融资方式

5.1.2 融资方式

1）直接融资

直接融资是指由项目投资者直接安排项目的融资，并直接承担起融资安排中的相应的责任和义务的一种方式，从理论上讲是结构最简单的一种项目融资模式。

（1）直接融资的种类

从结构安排角度，项目利用直接融资通常有两种。

① 集中化形式

集中化形式即由投资者面对同一贷款银行和市场直接安排融资。其操作程序如下：

投资者根据合资协议组成非公司型合资结构，并按照投资比例组成一个项目管理公司负责项目的生产和经营，项目管理公司同时也作为项目发起人的代理人负责项目产品的销售。项目管理公司的这两部分只能分别通过项目的管理协议和销售代理协议加以规定和实现。

根据合资协议的规定，发起人分别在工程项目投入相应比例的自有资金，并统一筹集项目的建设资金和流动资金，但是由每个发起人单独与贷款银行签署协议。在建设期间，项目管理公司代表发起人与公司签订建设合同，监督项目的建设，支付项目的建设费用。在生产经营期间，项目管理公司负责项目的生产管理，并作为发起人的代理人销售工程项目产品。

项目的销售收入将首先进入一个贷款银行监控的账户，用于支付项目的生产费用和资本再投入，偿还贷款银行的到期债务，最后，按照融资协议的规定将盈余资金返还给项目发起人。

② 分散化形式

分散化形式即由投资者各自独立地安排融资和承担市场销售责任。在融资过程中，两个投资者组成非公司型合资结构，投资于某一项目，并由投资者而不是项目管理公司组织工程产品的销售和贷款偿还。其操作程序如下。

首先，项目发起人根据合资协议投资合资项目，任命项目管理公司负责项目的建设生产管理。

其次，发起人按投资比例，直接支付项目的建设费用和生产费用，根据自己的财务状况自行安排融资。项目管理公司代表发起人安排项目建设和生产，组织原料供应，并根据投资比例将工程项目产品分配给项目发起人。

最后，发起人以“或付或取”合同的规定价格购买项目产品，其销售收入根据与贷款银行之间的现金管理协议进入贷款银行的监控账户，并按照资金使用优先序列的原则进行分配。

（2）直接融资的优、缺点

直接融资模式的优点体现在采取直接融资模式，投资者可以根据战略的需要，灵活地安排融资结构。在如何选择合理的融资结构和融资方式、确定合适的债务比例、灵活运用投资者信誉等方面，给了投资者更为充分的余地。此外，运用直接融资能在一定程度上降低融资成本。由于采用直接融资时投资者可以直接拥有资产并控制项目现金流量，这就使投资者在直接安排项目的融资时，可以比较充分地利用项目的税收减免等条件来降低融资成本。对于资信状况良好的投资者，采取直接融资可以获得成本较低的贷款，因为资信良好的公司名称对贷款银行来说就是一种担保。

但是，在投资者使用直接融资模式过程中，需要注意的是如何限制贷款银行对投资者的追索权利问题。由投资者申请贷款并直接承担起债务责任，在法律结构上会使实现有限追索变得相对复杂，并使项目贷款很难安排成为非公司负债型的融资。

投资者直接安排项目融资的模式，在投资者直接拥有项目资产并直接控制项目现金流量的非公司型合资结构中比较常用。并且这种融资模式有时也是为一个项目筹集追加资本金所能够使用的唯一办法。因为大多数的非公司型合资结构不允许以合资结构或管理公司的名义举债。当投资者本身的公司财务结构良好并且合理时，这种模式比较适合。

2）项目公司融资

（1）项目公司融资的种类

项目公司融资作为众多融资模式的一种，通常包括单一项目子公司模式与合资项目公司模式。

① 单一项目子公司模式

所谓单一项目子公司的融资是指为了减少投资者在项目中的直接风险，在非公司型合资结构、合伙制型投资结构甚至公司型合资结构中，项目的投资者经常通过建立一个单一项目子公司的形式作为投资载体，以该项目子公司的名义和其他投资者组成合资结构安排融资的一种项目融资模式。

这种融资模式的特点是项目子公司将代表投资者承担项目中全部的或者主要的经济责任，采用单一项目子公司形式安排融资，对于其他投资者和合资项目本身而言，与投资者直接安排融资没有多大的区别，但对投资者却有一定的影响，主要表现为以下两点。

一是该融资模式容易划清项目的债务责任，贷款银行的追索权也只能涉及项目子公司的资产和现金流量，其母公司除提供必要的担保以外，不承担任何直接的责任，融资结构较投资者直接安排融资要相对简单清晰一些。

二是如果有条件，该项目融资也可以安排成非公司负债型融资，有利于减少投资者的债务危机。该项目融资模式的主要不足在于，因各国税法对公司之间税务合并的规定有可能使税务结构安排上的灵活性相对较差，并有可能影响到公司经营成本的合理控制。

由于项目子公司是投资者为一个具体项目专门组建的，缺乏必要的信用和经营经历，同时也缺乏资金，所以有时需要投资者提供一定的信用支付和保证，如由投资者为项目子公司提供完工担保和产品购买担保等。

② 合资项目公司模式

所谓合资项目公司模式是指投资者共同投资组建一个项目公司，再以项目公司的名义拥有、经营项目和安排项目融资的一种项目融资模式。它是通过项目公司安排融资的形式，也是最主要的一种项目融资形式。具体而言，采用这种模式时，项目融资由项目公司安排，涉及债务主要的信用保证来自项目公司的现金流量、项目资产以及项目投资者所提供的与融资有关的担保和商业协议。对于具有较好经济强度的项目，这种融资模式甚至可以安排成投资者无追索的形式。具体操作流程如下。

首先，由项目投资者根据股东协议组建一个项目公司，并注入一定的股本资金。

其次，以项目公司作为独立的法人实体，签署一切与项目建设、生产和市场有关的合同，安排项目融资，建设经营并拥有项目。

最后，将项目融资安排在对投资者有限追索基础上。

需要说明的是，由于该项目公司除了正在安排融资的项目外，无其他任何财产，且该公司也无人员和经营经历，原则上要求投资者必须提供一定的信用担保，承担一定的项目责任，这也是项目公司安排融资过程中极为关键的一个环节。在项目建设期间，投资者可为贷款银行提供完工担保。在项目生产期间，如果项目的生产经营达到了预期的标准，现金流量可以满足债务覆盖比例的要求，项目融资就可以安排成为对投资者的无追索贷款。

（2）项目公司融资模式的优、缺点

项目公司融资模式优点主要体现为以下三点：

① 项目公司统一负责项目的建设生产和市场安排，并整体使用项目资产和现金流量为项目融资抵押和提供信用保证，在融资结构上容易被贷款银行接受，在法律结构上也比较简便。

② 项目公司融资模式使项目投资不直接安排融资，只是通过间接的信用保证形式来支持项目公司的融资，如提供完工担保，“无论提货与否均须付款”或“提货或付款”协议等，使投资者的债务责任较直接融资更为清晰明确，也比较符合有限追索的项目融资和非公司负债型融资的要求。

③ 该模式通过项目公司安排融资，可以更充分地利用投资者中的大股东在管理、技术、市场和资信等方面的优势，为项目获得优惠的贷款条件。在获得融资和经营便利的同时，共同融资也避免了投资者之间为了安排融资而可能出现的无序竞争。

项目公司融资模式的主要缺点是在税务结构的安排上、债务形式的选择上缺乏灵活性，难以满足不同投资者的各种要求，使对资金安排有特殊要求的投资者面临一定的选择困难。

3）杠杆租赁融资

所谓杠杆租赁融资是指在项目投资者的安排下，由杠杆租赁结构中的资产出租人融资购买项目的资产，然后租赁给承租人的一种融资模式。

资产出租人和融资贷款银行的收入以及信用保证主要来自该租赁项目的税收优惠、租赁费用、项目的资产以及对项目现金流量的控制。杠杆租赁中，设备等出租标的购置成本的部分由出租人承担，大部分由银行提供贷款补足。出租人只需要投资购置出租标的所需款项的20%~40%，就可以拥有设备所有权，享受如同设备100%投资的同等待遇。购置成本的借贷部分被称为杠杆，可以凭借杠杆效果利用他人的资本来提高自身资本利润，同一般租赁相比，可以使交易各方，特别是出租方、承租方和贷款方获得更多的经济效益。从一些国家的情况来看，租赁在资产抵押中的使用很普遍，特别是在购买轮船和飞机的融资活动中。在英国和美国，很多大型工业项目也采用杠杆租赁，因为杠杆租赁中的设备，技术水平先进，资金占用量大，能享受到诸如投资减免、加速折旧、低息贷款等多种优惠待遇，使得出租人和承租人双方都得到好处，从而获得一般租赁所不能获得的更多的经济效益。

（1）杠杆租赁融资的特点

① 杠杆租赁融资的优点

对项目发起人及项目公司来说，采用杠杆租赁融资方式解决项目所需资金，有以下好处。

一是项目公司仍拥有对项目的控制权。根据杠杆租赁协议，作为承租人的项目公司拥有租赁资产的使用、经营、维护和维修权等。在多数情况下，杠杆租赁项下的资产甚至被看成由项目发起人完全所有、由银行融资的资产。

二是可实现百分之百的融资要求。一般地，在项目融资中，项目发起人总是要提供一定比例的股本资金，以增强债权人提供有限追索贷款的信心。但在杠杆租赁融资模式中，由金融租赁公司的部分股本资金加上银行贷款，就可以全部解决项目所需资金或设备，项目发起人不需要再进行任何股本投资。

三是较低的融资成本。在多数情况下，项目公司通过杠杆租赁的融资成本低于银行贷款的融资成本，尤其是在项目公司自身不能充分利用税务优惠的情况下。因为在许多国家中，金融租赁可享受到政府的融资优惠和信用保险。一般地，如果租赁的设备为新技术、新设备，政府将对租赁公司提供低息贷款。如果租赁公司的业务符合政府产业政策的要求，政府可以提供40%~60%的融资等。同时，当承租人无法交付租金时，由政府开办的保险公司向租赁公司赔偿50%的租金，以分担风险和损失。这样，金融租赁公司就可以将这些优惠以较低的租金分配一些给项目承租人——项目公司。

四是可享受税前偿租的好处。在金融租赁结构中，项目公司支付的租金可以被当作费用支出，这样，就可以直接计入项目成本，不需缴纳税收。这对项目公司而言，就起到了减少应纳税款的作用。

五是债务偿还较为灵活。杠杆租赁充分利用了项目的税务好处，如税前偿租等作为股本参加者的投资收益，在一定程度上降低了投资者的融资成本和投资成本，同时也增加了融资结构中债务偿还的灵活性。据统计，杠杆租赁融资中利用税务扣减一般可偿还项目全部融资总额的30%~50%。

六是融资应用范围比较广泛。杠杆租赁融资既可以为大型项目进行融资安排，也可以为项目的一部分建设工程安排融资。这种灵活性进一步增强了应用范围的广泛性。

② 杠杆租赁融资的缺点

一是融资模式比较复杂。由于杠杆租赁融资模式的参与者较多，资产抵押以及其他形式的信用保证在股本参加者与债务参加者之间的分配和优先顺序问题比一般项目融资模式复杂，再加上税务、资产管理与转让等方面的问题，造成组织这种融资模式所花费的时间要相对长一些，法律结构及文件的确定也相对复杂一些，但其特别适应大型项目的融资安排。

二是有一定局限性。杠杆租赁融资模式一经确定，重新安排融资的灵活性以及可供选择的重新融资余地变得很小，这也会给投资者带来一定的局限。投资者在选择采用杠杆租赁融资模式时，必须考虑这种局限性。

(2) 杠杆租赁融资的运作

① 项目公司建立与合同签订

项目发起人设立一个单一目的的项目公司，项目公司签订项目资产购置和建造合同，购买开发建设所需的厂房和设备，并在合同中说明这些资产的所有权都将转移给金融租赁公司，然后再从其手中将这些资产转租回来。当然，这些合同必须在金融租赁公司同意的前提下才可以签署。

② 股本参与者的组成

由愿意参与到该项目融资中的两个或两个以上的专业租赁公司、银行及其他金融机构等，以合伙制形式组成一个特殊金融租赁公司。因为对于一些大型工程项目来说，任何一个租赁机构都很难以有足够大的资产负债表来吸引和获得所有的税收好处。因此，项目资产往往由许多租赁公司分别购置和出租，大多数情况下是由这些租赁公司组成一个新的合伙制型投资结构来共同完成租赁业务。这个合伙制金融租赁公司就是租赁融资模式中的“股本参与者”，它们的职责如下：提供项目建设费用或项目收购价格的20%~40%作为股本资金投入；安排债务资金用以购买项目及资产；将项目及资产出租给项目公司。

在这项租赁业务中，只有合伙制型投资结构能够真正享受到融资租赁中的税务好处。它在支付银行债务、税收和其他管理费后，就能取得相应的股本投资收益。

③ 项目债务参与者的落实

由合伙制金融租赁公司筹集购买租赁资产所需的债务资金，也即寻找项目的“债务参与者”为金融公司提供贷款，这些债务参与者通常为普通的银行和金融机构，它们通常以无追索的形式提供60%~80%的购置资金。一般来讲，金融租赁公司必须将其与项目公司签订的租赁协议和转让过来的资产抵押给贷款银行，这样，贷款银行的债务在杠杆租赁中就享有优先取得租赁费的权利。

④ 资产购置

合伙制金融租赁公司根据项目公司转让过来的资产购置合同，购买相应的厂房和设备，然后把它们出租给项目公司。

⑤ 租金支付

在项目开发建设阶段，根据租赁协议，项目公司从合伙制金融租赁公司手中取得项目资产的使用权，并代表租赁公司监督项目的开发建设。在这一阶段，项目公司开始向租赁公司支付租金，租金在数额上应该等于租赁公司购置项目资产的贷款部分所需支付的利息。同时，在大多数情况下，项目公司也需要为杠杆租赁提供项目完工担保、长期的市场销售保证及其他形式的信用担保等。

⑥ 项目产品出售

项目进入生产经营阶段时，项目公司生产出产品，并根据产品承购协议将产品出售给项目发起方或用户。这时，项目公司要向租赁公司补缴在建设期间内没有付清的租金。租赁公司以其收到的租金通过担保信托支付银行贷款的本息。

⑦ 项目公司履行租赁合同的监督

为了监督项目公司履行租赁合同，通常由租赁公司的经理人或经理公司监督或直接管理项目公司的现金流量，以保证现金流量在以下项目中按顺序进行分配和使用：生产费用、项目的资本性开支、租赁公司经理人的管理费、相当于贷款银行利息的租金支付、相当于租赁公司股本投入投资收益的租金支付，作为项目发起人投资收益的盈余资金。

⑧ 租赁期满的资产处理

当租赁公司的成本全部收回，并且获得了相应阶段回报后，杠杆租赁便进入了第二阶段。这一阶段中，项目公司只需交纳很少的租金。在租赁期满时，项目发起人的一个相关公司可以将项目资产以事先商定的价格购买回去，或者由项目公司以代理人的身份代理租赁公司把资产以其可以接受的价格卖掉，售价大部分会当作代销手续费由租赁公司返还给项目公司。

4）设施使用协议融资

（1）设施使用协议融资的含义

所谓设施使用协议融资是指在某种基础设施或服务性设施的提供者和这种设施的使用者之间达成的具有“无论提货与否均须付款”性质的协议。利用“设施使用协议”安排项目融资，关键是设施的使用者要提供一个强有力的具有“无论提货与否均须付款”性质的承诺。这个承诺要求项目设施的使用者在融资期间定期向设施的建设者支付一定数量的预先确定下来的项目设备的使用费。这种承诺是无条件的，不管项目设施的使用者是否真正利用了项目设施所提供的服务。

（2）设施使用协议融资的操作程序

以“设施使用协议”为基础的项目融资模式非常适合电网等公共设施建设项目的投融资，下面以公共设施建设项目为例加以介绍。

公共设施公司作为将来公共设施的使用者可以与公共设施的投资建设方达成一个类似“无论提货与否均须付款”的协议，要求公共设施公司无论是否使用该公共设施都要向公共设施的投资建设方付费，从而可以充分保证第三方投资建设公共设施的积极性。而对于诸如电网这种具有明显垄断特性的公共设施而言，公共设施公司一般都可以通过收取公共设施使用费来依照该协议进行付费。根据我国目前的情况，公共设施公司有能力拿出一部分资金用作预先确定公共设施使用的预订费用。这样可以减轻公共设施投资者自己的融资压力，可以利用公共设施公司的较高信用等级来进行项目的融资，从银行中贷款。该融资模式依照如下几个步骤来进行：

① 首先由工程产品的使用者与公共设施公司达成协议，由他们共同提供一个具有"无论提货与否均须付款"性质的公共设施使用协议。定期向公共设施的产权所有者支付规定数额的公共设施使用费作为项目融资的信用保证。由于公共设施公司属于信用等级较高的单位，所以这个"公共设施使用协议"能够为公共设施建设投资方所接受。

② 由公共设施公司以长期公共设施使用协议为基础，组建一个公共设施经营公司，由该公司负责拥有、建设、经营整个公共设施。因为该公共设施未来的使用有"公共设施使用协议"的保证，所以这个公共设施经营公司的组建者可以把这个公共设施经营公司推向资本市场，或发行债券或进行股票上市，来吸收当地政府、机构投资者和公众的资金作为项目的主要股本资金。

③ 采用招标的形式来建设相应的公共设施。中标的公司要有一定的技术和资质来确保公共设施建设的质量。

④ 公共设施公司利用"设施使用协议"以及和工程公司的承建合同作为融资的主要信用保证框架。这样，一个以"设施使用协议"为基础的公共设施项目融资就组织起来了。

（3）设施使用协议融资的特点

设施使用协议融资对于公共设施公司来说，与直接参与公共设施建设的扩容投资相比可以节省大量的资金，只是承诺了使用该公共设施的义务，可以将项目风险分散给项目有关的工程公司及其他投资者，保证了长期提供公共设施服务的可靠性。在公共设施市场改革的初级阶段，可以"设施使用协议"为基础组成一个公共设施建设经营公司，并以这个公司的名义来进行融资，吸纳政府及其他投资者的资金，甚至上市发行股票。这个公司组成之后可以负责其所建设的区域间公共设施的维护、管理工作，并可以在电网规划的范围内申请公共设施的扩容和扩建。由于公共设施的特殊性，这个新组成的公共设施管理公司要确保提供公共设施服务。公共设施的使用费用应该在"设施使用协议"中有明确的规定和相应的计算办法。在公共设施市场改革的发达阶段，就可以由公共设施公司或大用户直接与公共设施建设商签订相应的类似"设施使用协议"形式的合同，再由他们来组建一个公共设施运营建设公司，负责公共设施的建设和维护工作。以"设施使用协议"为基础的项目融资方式特别适合公共设施市场远距离、大规模公共设施的建设。这种公共设施往往投资额巨大，只靠一个省级公司无法满足其资金需要。而采用这种融资方式恰好可以解决此类问题。以"设施使用协议"为基础进行融资建设的公共设施，其产权可能多元化，国有资本可能并不占主要比例。但这丝毫不会影响公共设施运行的安全可靠性。无论公共设施的产权性质怎样，其公共设施的运营归根结底要由公共设施的运行调度人员来控制。

在这种方式的融资中，首先要有一个完善的协议来支撑，这个协议要对购售双方的权利与义务做出明确的规定。不能由他们私自撕毁协议，必须依据协议的规定来使用该公共设施。同时，要建立一个强有力的市场监管部门，建立相应的奖惩机制。对公共设施公司的业绩进行考核，如果该公共设施公司故意损坏公共设施或者对公共设施维护不周，导致公共设施阻塞等严重事故发生，要依照协议中相关的条文进行惩罚，必要时要对其进行法律上的制裁。

5）产品支付融资

（1）产品支付融资的含义

所谓产品支付融资是以项目生产的产品及其销售收益的所有权作为担保品，而不是采用转让和抵押方式进行融资。

产品支付融资模式是项目融资的早期形式之一，它最早起源于20世纪50年代美国石油天然气项目开发的融资安排。这种形式主要针对项目贷款的还款方式而言，借款方在项目投产后不以项目产品的销售收入来偿还债务，而是直接以项目产品还本付息。在贷款得到清偿前，贷款方拥有项目部分或全部产品的所有权。应该明确的是，生产支付只是产权的转移而已，并不是产品本息的转移。因为贷款方储存这些产品是没有任何意义的，所以它们通常要求项目公司重新购回属于它们的产品或充当它们的代理人来销售这些产品。销售的方式可以是市场销售，也可以是项目公司签署购买合同一次性统购统销，但无论采取哪种方式，贷款方都不用接收实际的项目产品。

（2）产品支付融资的操作程序

① 建立融资的中介机构。由贷款银行或项目投资者建立一个融资的中介机构，并从项目公司购买一定比例项目资源的生产量作为融资的基础。

② 资金注入项目公司。由贷款银行为融资中介机构安排用以购买这部分项目资源生产量的资金，融资中介机构再根据产品支付协议将资金注入项目公司，并以此作为项目的建设和资本投资资金。

③ 项目公司安排产品支付。作为产品支付协议的一个组成部分，项目公司承诺按照一定的公式(购买价格加利息)来安排产品支付，同时以项目固定资产抵押和完工担保作为项目融资的信用保证。

④ 销售收入偿还债务。在项目进入生产期后，根据销售代理协议，项目公司作为融资中介机构代理销售其产品，销售收入将直接偿还融资中的债务。

需要说明的是，在产品支付融资中也可以不使用中介机构直接安排融资，但如果那样的话，融资的信用保证结构将会变得较为复杂，增加了项目的运作难度，另外，使用中介机构还可以帮助贷款银行将一些由于直接拥有资源或产品而引起的责任和义务限制在中介机构内。

作为一种自我摊销的融资方式，产品支付通过购买一定的项目资源安排融资，可较少地受到常规的债务比例或租赁比例的限制，提高了融资的灵活性。但进行产品支付融资时，会受到项目的资源储量和经济生命期等因素的限制。另外，项目投资者和经营者的素质、资信、技术水平和生产管理能力也是进行产品支付融资设计时不容忽视的重要方面。

（3）产品支付融资模式的特点

产品支付融资模式的特点有如下几点。

一是信用保证结构较其他融资方式独特，产品支付是通过直接拥有项目的产品和销售收入，而不是通过抵押或权益转让的方式来实现项目融资的信用保证。

二是融资容易被安排成无追索或有限追索的形式。

三是融资期限短于项目的经济生命期，即产品支付融资的贷款期大大短于项目的开采期限。

四是在产品支付融资中，贷款银行一般只为项目的建设和资本费用提供融资，而不承担项目生产费用的贷款，并且要求项目投资者提供最低生产量、最低产品质量标准等方面的担保。

五是融资中介机构在产品支付融资中发挥重要的作用。

5.2 资本金筹措

资本金即权益资金，是指在项目总投资中，由投资者认缴的出资额。对项目来说，资本金是非债务性资金，也是获得债务资金的基础。

5.2.1 项目资本金制度

1）项目资本金与资本金制度的含义

项目资本金是指由项目的发起人、股权投资人以获得项目财产权和控制权的方式投入的资金。在投资项目的总投资中，除项目法人(依托现有企业的扩建及技术改造项目，现有企业法人即为项目法人)从银行或资金市场筹措的债务性资金外，还必须拥有一定比例的资本金。资本金对投资项目来说是非债务性资金，项目法人不承担这部分资金的任何利息和债务；投资者可按其出资的比例依法享有所有者权益，也可转让其出资，但是，不得以任何方式抽回。对于提供债务融资的债权人来说，项目的资本金是获得负债融资的一种信用基础，因为项目的资本金后于负债受偿，可以降低债权人债权回收风险。

为了深化投资体制改革，建立投资风险约束机制，有效地控制投资规模，提高投资效益，国家对于固定资产投资实行资本金制度。根据国务院发布的规定，从1996年开始，国有单位和集体投资项目必须首先落实资本金才能进行建设。个体和私营企业的经营性投资项目参照执行。公益性投资项目不实行资本金制度。

2）我国建立项目资本金制度的意义

我国资本金制度的建立，主要是为了抑制20世纪90年代中期固定资产投资领域出现的较严重的投资膨胀现象。项目资本金制度的及时出台，抑制了投资膨胀和杜绝了无本投资，在当时具有十分重要的意义。尽管目前投资和经济形势与20世纪90年代中期相比发生了很大变化，但项目资本金制度仍有一定的意义，主要表现在以下几个方面。

(1) 适应了建立现代企业制度的要求

项目资本金制度要求经营性固定资产投资项目也必须有符合规定的项目资本金，因而从建设项目开始就做到了与注册资本金制度的衔接。此外，投资者为项目支付资本金，拥有项目资产的所有权，而项目法人只是投资者的代理人，即只是项目资产的管理者和使用者。因此，项目资本金制度适应了现代企业制度对于“产权明晰、权责明确”的要求。

(2) 有助于建立风险约束责任机制

项目资本金制度要求项目的投资者必须为项目建设支付一定的初始投资，因此，对投资者和项目法人双方具有一定的约束作用。一方面，使投资者更加注重项目可行性的论证和各种投资风险的分析，并且更加慎重地组建项目法人，加强对项目法人的监管；另一方面，项目法人受到投资者的约束，必须更好地建设、管理和经营项目，以维护自己的声誉和利益。

(3) 有利于政府的投资宏观调控

首先，项目资本金制度规定了各类经营性项目的最低资本金比例，从资金的源头上杜绝了投资者的少本甚至无本投资的现象。同时，项目资本金制度界定了项目资本金的各种合法来源，从而控制了项目资本金的总量，即间接地控制了项目投资的总体规模。其次，项目资本金制度通过规定不同行业和项目不同的资本金比例，调整了投资资金流向不同行业的难易程度，从而间接地调控了经营性投资的产业结构。因此，实行项目资本金制度是一种很重要的投资宏观调控措施。

(4) 有利于企业增资减债工作的进行

由于体制上的原因，我国现有一些国有企业的资本金严重不足，债务负担过重，严重影响了企业的改革和发展。为了减轻企业负担，在实际中，主要通过将“拨改贷”资金和基建经营基金转为国家资本金、企业发行股票上市、债转股、企业收购、债务重组等方式进行项目资本金的筹集。

(5) 有利于项目筹措贷款

按中国人民银行的规定，若企业的资产负债率高于一定的比例(一般为70%~80%)，商业银行有权不给企业发放贷款。因此，实行项目资本金制度使项目从建设开始就具备比较恰当的资产负债率，使企业在项目建设过程中比较容易获得银行的贷款。

3) 项目资本金的比例

国务院规定，投资项目资本金占总投资的比例，根据不同行业和项目的经济效益等因素确定；另外，国家根据国民经济发展的实际情况，可能随时调整建设项目的资本金比例。例如，根据《国务院关于加强固定资产投资项目资本金管理的通知》(国发〔2019〕26号)，港口、沿海及内河航运项目，项目最低资本金比例由25%调整为20%。机场项目最低资本金比例维持25%不变，其他基础设施项目维持20%不变。其中，公路(含政府收费公路)、铁路、城建、物流、生态环保、社会民生等领域的补短板基础设施项目，在投资回报机制明确、收益可靠、风险可控的前提下，可以适当降低项目最低资本金比例，但下调不得超过5个百分点。实行审批制的项目，审批部门可以明确项目单位按此规定合理确定的投资项目资本金比例。实行核准或备案制的项目，项目单位与金融机构可以按此规定自主调整投资项目资本金比例。法律、行政法规和国务院对有关投资项目资本金比例另有规定的，从其规定。

项目资本金的具体比例，由项目审批单位根据项目的经济效益以及银行贷款意愿和评估意见等情况，在审批可行性研究报告时核定。经国务院批准，对个别情况特殊的国家重点建设项目，可以适当降低资本金比例。作为计算资本金基数的总投资，是指投资项目的建设投资(含建设期利息)与铺底流动资金之和。

外商投资项目(包括外商投资、中外合资、中外合作经营项目)目前不执行上述项目资本金制度，而是按照外商投资企业的有关法规执行。按照有关法规，并根据《关于中外合资经营企业注册资本与投资总额比例的暂行规定》(工商企字〔1987〕第38号)，要求外商投资企业的注册资本与生产经营规模相适应，明确给定了注册资本占投资总额的最低比例，具体如表 5.1 所示。

表 5.1 外商投资企业的注册资本占投资总额的最低比例

序号	投资总额	注册资本占投资总额的比例	附加条件
1	300 万美元以下	7/10	
2	300 万~1000 万美元	1/2	其中投资总额在 400 万美元以下的，注册资本不低于 210 万美元
3	1000 万~3000 万美元	2/5	其中投资总额在 1250 万美元以下的，注册资本不低于 500 万美元
4	3000 万美元以上	1/3	其中投资总额在 3600 万美元以下的，注册资本不低于 1200 万美元

5.2.2 项目资本金的资金来源

1）概述

投资项目资本金可以用货币出资，也可以用实物、工业产权、非专利技术、土地使用权作价出资。根据新《中华人民共和国公司法》的规定，不再对工业产权、非专利技术等无形资产占资本金的比例加以限制，而是变换角度，规定全体股东的货币出资金额不得低于有限责任公司注册资本的 30%，以此保障公司的正常运营。

投资者以货币方式认缴的资本金，其资金来源有：

（1）各级人民政府的财政预算内资金、国家批准的各种专项建设基金、“拨改贷”和经营性基本建设基金回收的本息、土地批租收入、国有企业产权转让收入、地方人民政府按国家有关规定收取的各种规费及其他预算外资金。

（2）国家授权的投资机构及企业法人的所有者权益（包括资本金、资本公积金、盈余公积金和未分配利润等）、企业折旧资金以及投资者按照国家规定从资金市场上筹措的资金。

（3）社会个人合法所有的资金。

（4）国家规定的其他可以用作投资项目资本金的资金。

按照资本金来源的不同，可以分为三种不同的融资方式：公司（既有项目法人）自有资金，即公司融资项目资本金；从资本市场上进行融资，即资本市场融资项目资本金；通过项目本身进行融资，即项目融资项目资本金。下面就对这三种类型的融资方式分别进行介绍。

2）公司融资项目资本金

采取传统的公司融资方式进行项目的融资，项目资本金来自公司的自有资金。这是一种既有法人内部融资的融资方式。公司可用于一个投资项目的自有资金来自四个方面：企业的货币资金、企业资产变现的资金、直接使用非现金资产和资产经营权变现的资金。在项目研究中，应通过分析公司的财务报表，判断现有企业是否具备足够的自有资金投资于拟建项目。

（1）企业的货币资金

企业可用于项目建设的货币资金包括企业的现有货币资金和未来经营活动中可能获得

的盈余现金两部分。

现有货币资金即企业的库存现金、银行存款，可以作为工程项目建设中最直接的、最可靠的资金来源。在扣除保持必要的日常生产经营所需的货币资金后，剩余的库存现金和银行存款均可以用于项目投资。这是企业项目融资的最基本方式。

未来生产经营中可能获得的盈余现金即在项目的建设期间，企业可以从持续的生产经营中获得新的现金，扣除生产经营开支及其他日常开支之后，剩余的利润可以作为资本金用于项目投资。

未来企业经营获得的净现金流量，需要通过对企业未来现金流量的预测来估算。实践中常常采用经营收益间接估算企业未来的经营净现金流量。经营净现金流量和经营净收益的计算公司见式(5.1)~式(5.3)。

$$\text{经营净现金流量}=\text{经营净收益}-\text{流动资金占用的增加} \tag{5.1}$$

$$\text{经营净收益}=\text{净利润}+\text{折旧}+\text{无形资产及其他资产摊销}+\text{财务费用} \tag{5.2}$$

$$\text{经营净现金流量}=\text{净利润}+\text{折旧}+\text{无形资产及其他资产摊销}+\text{财务费用}-\text{流动资金占用的增加} \tag{5.3}$$

企业未来经营净现金流量中，财务费用及流动资金占用的增加部分将不能用于固定资产投资，折旧、无形资产及其他资产摊销通常认为可以用于再投资或偿还债务，净利润中有一部分可能需要用于分红或用于盈余公积金留存，其余部分可以用于再投资或偿还债务。由此，可以用于再投资及偿还债务的企业经营净现金可按式(5.4)估算。

$$\text{可以用于再投资及偿还债务的企业经营净现金}=\text{净利润}+\text{折旧}+\text{无形资产及其他资产摊销}-\text{流动资金占用的增加}-\text{利润分红}-\text{利润中需要留作企业盈余公积金的部分} \tag{5.4}$$

(2) 企业资产变现的资金

企业可以将现有资产转让变现，取得现金用于项目投资。企业资产变现通常包括：流动资产、短期投资、长期投资、固定资产、无形资产。企业可以通过减少应收账款、存货等流动资产的占用和提高流动资产周转率来取得现金，也可以通过有价证券的变现取得现金。企业的长期投资包括长期股权投资和长期债权投资，一般都可以通过转让而变现。企业的固定资产中，存在的由于技术更新而被替代和由于产品方案改变而被闲置的固定资产，都可以出售，从而获得资金用于项目建设。

(3) 直接使用非现金资产

在企业中存在的适用于拟建项目的资产，如固定资产、非专利技术、工业产权、土地使用权等资产，经资产评估作价后可直接用于项目建设。

(4) 资产经营权变现的资金

资产经营权变现的资金是指公司可将其所属资产经营权的一部分或全部转让，取得现金用于项目建设。如某公司将其已建成的高速公路的30%收费权转让给另一家公司，转让价格为未来10年这条高速公路收益的30%，然后将这笔收益用于建设其他的项目。

3) 资本市场融资项目资本金

企业可以通过资本市场筹集所需的项目资本金，在资本市场上筹集资金可采用两种形式：私募与公开募集。私募，又称不公开发行或内部发行，是指面向少数特定的投资人发行证券的方式。与之相对应，公开募集是指企业在证券市场上公开向社会发行股票。无论是私募还是公开募集，所筹集的资金的一部分甚至全部都可以用于工程项目的建设。对于已经公开上市发行股票的企业，则可以采用增发和配股的形式进行项目资本金的筹措。

此外，随着我国金融体制的不断深化和完善，公司在二级市场上进行权益融资的方式也越来越多，如可以采取发行可转换公司债券和认股权证等方式进行项目资本金的筹集。

当然，公司若选择上市的方式筹集资本金，则须满足有关部门规定的条件，即要求公司在规模、信誉上达到一定的标准，这些条件对一些规模不大的企业是无法达到的。所以，选择在资本市场上进行融资需要公司具备一定的规模和实力。此外，从公司决定上市到最终成功上市要经过一系列的准备过程，筹资时间较长。例如，《中华人民共和国证券法》规定公司上市前须由保荐机构进行辅导，且辅导期不少于1年，因此，选择上市方式筹集资本金对一些急于筹措资金的企业来说是不现实的选择。

4）项目融资项目资本金

采取项目融资方式进行项目的融资，需要设立新的独立的法人实体——项目公司。这是一种新设法人的融资方式。这样，项目资本金是新设法人的资本金，是投资者(一般包括项目发起人)为拟建项目提供的资本金。

为项目投资而组建的新法人大多是企业法人，包括有限责任公司、股份有限公司、中外合资、合营公司等。此外，有些公用设施项目建设的资本金也可以采取新组建事业法人的方式实施。在专门为项目新设法人的情况下，新设法人的注册资本即为项目的资本金。公司形式可以是有限责任公司和股份有限公司，股东以认缴的注册资本金额作为行使股东权利的基础，股东投入资金超过注册资本的部分，以资本公积形式入账。

（1）有限责任公司融资项目资本金

有限责任公司是由五十个以下股东共同出资设立的企业法人，公司以其全部财产依法自主经营，自负盈亏。《中华人民共和国公司法》规定，有限责任公司的注册资本为在公司登记机关登记的全体股东认缴的出资额。公司全体股东的首次出资额不得低于注册资本的20%，也不得低于法定注册资本最低限额。其余部分由股东自公司成立之日起2年内缴足；其中，投资公司可在5年内缴足。有限责任公司的注册资本的最低限额放宽到3万元。

（2）股份有限公司融资项目资本金

股份有限公司的设立分为发起设立和募集设立两种方式。股份有限公司采取发起设立的，发起人须认购全部股份总额，公司全体发起人首次出资额不得低于注册资本的20%，其余部分由发起人在公司成立之日起2年之内缴足；其中，投资公司可以在5年内缴足。在缴足前，不得向发起人之外的任何人募集股份。募集设立时由发起人认购股份总额的一部分，现行的公司法规定发起人认购的股份不少于全部股份总额的35%，其余部分向发起人之外的自然人、法人公开募集股本资金。发起人向社会公开募集股份，必须有经主管部门批准的招股章程或招股说明书，并制作认股书，根据招股章程公开募集股份。

（3）利用外资创办企业融资项目资本金

在成立企业过程中，也可与外商合作，成立中外合资、中外合作企业，以利用外资支持我国建设。中外合资经营企业是股权式合营企业，组织形式为有限责任公司或股份有限公司，其中，外资的出资比例应不少于注册资本的25%。其特点是合营各方共同投资、共同经营、按各自出资比例分担风险和盈亏。中外合作经营企业是契约式企业，合营各方的出资额构成各自的股权。利润和收益的分配原则、分配形式等内容由双方通过合作经营企业合同约定。中外合资企业和中外合作企业在投资总额、利润分配等方面与我国内资企业有所不同，具体内容由《中华人民共和国外商投资企业法》规定。

5.2.3 项目资本金的筹集方式

1）股本资金

股本资金是投资者投入的风险资金。它是项目融资的基础。在资金偿还顺序中股本资金排在最后一位。作为项目投资者，股本资金在承担风险的同时，也会因为项目具有良好的发展前景而能够拥有相应的投资收益。目前各个国家应用最普遍的股本资金形式是认购项目公司的普通股和优先股。

在项目融资中，股本资金的比例不一定非常大，但却起着非常重要的作用，表现在以下几个方面。

（1）股本资金可提高项目的抗风险能力

因为股本资金在资金偿还顺序中排在最后一位，它标志着项目有一个稳固的财务基础。股本资金投入得越多，项目的抗风险能力就越强，贷款银行的风险就越小。反之，项目承受的债务越高，现金流量中用于偿还债务的资金比例就越大，贷款银行的风险相应就越大。

（2）股本资金是项目最基本的资金来源

股本资金可作为其他方式融资的基础，尤其可为债权人提供保证，能相应降低银行的贷款风险，增强项目的举债能力。

股本资金的投入多少，反映了投资者对项目的关心程度。投资者在项目中投入的股本资金的多少与其对项目管理和前途的关心是成正比的。贷款银行总希望项目投资者能够全力以赴地管理项目，尤其是在项目遇到困难的时候这种希望变得更为迫切。如果要实现这一点，要求投资者在项目中投入相当数量的股本资金是最好的方法之一。

2）准股本资金

准股本资金是指投资者或者与项目利益有关的第三方提供的一种从属性债务或初级债务资金。它的特点主要包括：首先，准股本资金在债务本金的偿还上更具灵活性，不能规定在某一特定期间强制性地要求项目公司偿还。其次，从偿还优先顺序上讲，准股本资金要先于股本资金受偿，但是，要后于其他的债务资金的偿还。最后，当项目公司破产时，在偿还所有的项目融资贷款和其他的高级债务之前，从属性债务将不能被偿还。所以，从融资贷款银行角度来看，准股本资金可被看作股本资金的一部分。

准股本资金可以作为一种与股本资金平行的形式进入项目的资本结构，也可以作为一种准备金形式，用来支付项目建设成本超支、生产费用超支以及其他贷款银行要求投资者承担的资金责任。根据资金的从属性质，准股本资金又可以分为一般从属性债务和特殊从属性债务。前者是指该种资金在项目资金偿还优先序列中低于任何其他债务资金形式；而后者将在其从属性定义中明确规定该种资金相对哪些形式的债务具有从属性，而相对于其他债务则具有平等性。

（1）准股本资金的形式

项目融资中，最常见的准股本资金形式有无担保贷款、可转换债券、附认股权证的债券和零息债券等。

① 无担保贷款

指没有任何项目资产作为抵押和担保的贷款，它是银行信用贷款的一种常见类型。在形式上与商业银行贷款相似，其贷款协议包括贷款金额、期限、利率、利息支付方式、本金偿还等主要条款，但是，贷款没有任何项目资产作为抵押和担保，其本息的支付也通常带有一定的附加限制条件。

无担保贷款实质上是靠债务人的信誉作为担保的一种贷款形式，所以无担保贷款仅限于少数财务状况良好、信誉卓著的大公司。在项目融资中，项目发起人往往愿意提供无担保贷款作为初始资金，以此吸引有担保贷款和其他融资。因为项目融资数额巨大，发起人只能筹集到有限的权益资本，为了使主要债权人放心，项目发起人提供无担保贷款作为发起人投入资金的补充形式，以支持来自金融市场的商业贷款。而且，发起人使用债务筹资还可享受到一些好处，如利息免税、利用财务杠杆提高其资本的报酬率等。

因此，项目发起人乐于接受无担保贷款来代替权益融资。对于发展中国家来说，无担保贷款往往由政府提供，因为有些融资项目政府不能拥有股权，但是，可以给项目提供无担保贷款，以此作为初始资金吸引外国金融机构的主要贷款，是鼓励外商投资的一种措施。

有时无担保贷款也可能由项目其他参与者提供，如急于为自己的设备寻找长期销路的设备供应商可能以商业信誉的方式为项目公司提供货物，即相当于供应商向项目公司提供了无担保贷款。由于无担保贷款仅以项目公司的信用为基础发放，所以在操作上一般会规定一些限制性的附加条款，以在一定程度上保护债权人的利益。这些条款主要包括负抵押条款、加速还款条款、限制新债务条款。

负抵押条款(negative pledge clause)：契约中的负面条款，声明若资产抵押会减少贷款方抵押价值，则借贷方不可进行这项抵押。在这里具体是指，若项目公司抵押其流动性较强的和高价值的资产会降低债权人的贷款回收安全时，项目公司将不得抵押其资产。

加速还款条款：规定在经营期间按一定比例偿还贷款的本息，并且在分期付款过程中，如有一期不能按期偿付，则全部债务视为到期，债权人有权要求提高还款比例，甚至可以要求以项目全部的净现金流量用于还款，以保证无担保贷款的按期或加速偿还。

限制新债务条款：为了保证无担保贷款人的资金安全，在签订无担保贷款协议时一般都包含了限制项目公司筹措新的债务的条款。

② 可转换债券

可转换债券在其有效期内往往只需支付较低的利息，在债券到期日或某一段特定时间内，债券持有人有权选择将债券按照规定的价格转换为公司的普通股，转换的价格一般比股票的发行价高20%~30%。如果债券持有人在规定的期间内没有行使转换权，而是将债券持有到期，则公司需在债券到期日兑现本金。这种债券对于债券持有人的吸引力在于，如果公司或项目经营良好，公司股票价格或项目资产价值高于事先确定的转换价格，则债券持有人通过转换可以使其获得资本增值；反过来，如果公司或项目经营结果比预期差，债券持有人可选择在债券到期日收回债券本金。由于提供了这样一种可供选择的权利，可转换债券利率一般要比同类债券利率略低。在一些外国项目融资结构中的投资者，为了法律或者税务上的考虑希望推迟在法律上拥有项目的时间时，常常采取可转换债券的形式安排项目的股本资金。目前，可转换债券作为准股本资金的投入在国外一些项目融资中得到了广泛的应用。

③ 附认股权证的债券

附认股权证的债券与可转换债券相类似，但这种债券可以是也可以不是从属性债务。所谓认股权，即赋予这种债券的持有者以特定的价格(一般比股票市场价格高 15%以上)购买股票的权利，一般可以用债券支付股票的购买费用。

在实践中，附有认股权证的债券比可转换债券的应用更广泛，这是因为：第一，认股权证比可转换债券对投资者更有利。认股权与债券特征的关系不是十分明显，认股权的持有者有可能得到更高的回报。第二，由于债券与认股权分离，认股权证赋予债券持有者更大的灵活性，其可以持有该债券及认股权，也可以单独出售认股权，还可以行使认股权，买入股票。同时，因为该种债券的应付利息通常低于非转换债券市场利率，项目公司实际上是通过发行延期股权，来以合理的价格借得资本。所以也深受项目公司的青睐。

④ 零息债券

零息债券是只计算利息但不支付利息的一种债券。它也是项目融资中常用的一种从属性债务形式。在债券发行时，根据债券的面值、贴现率(即利率)和到期日贴现计算出其发行价格，债券持有人按发行价格认购债券。债券发行价格与面值之间的差额就是零息债券持有人的收益。零息债券的期限，原则上等于或略长于项目融资期限。债券市场上的深贴现债券其实是零息债券的一种变通形式。深贴现债券需要定期支付很低的利息，同时，在发行时采取贴现的方法计算价格，因而，这种债券的收益主要也是来自贴现而不是来自利息收入。零息债券作为一种准股本资金形式，在项目融资中获得较为普遍的应用，主要是因为这种资金安排既带有一定的债务资金性质，如每年的名义利息可以取得税务扣减，又不需要实际支付利息，减轻了对项目现金流量的压力。因此，如果项目投资者由于某些原因没有在项目中投入足够的股本资金，贷款银行通常会要求投资者以零息债券的形式为项目提供一定数额的从属性债务，作为投资者在项目中股本资金的补充。

⑤ 以贷款担保形式提供的准股本资金

它是项目融资中较有特色的一种资金投入方式，是指在融资结构中，投资者不直接投入资金作为股本资金或准股本资金，而是提供固定金额的贷款担保作为替代。由于在项目中没有实际的股本资金占用，可以使项目的资本成本最低，因此，成为项目投资者利用资金的最好形式。

贷款担保作为股本资金有两种主要形式：担保存款和备用信用证担保。

担保存款是指投资者在一家由贷款银团指定的银行中存入一笔固定数额的定期存款，存款资金与利息属于投资者，但存款资金的使用权却掌握在贷款银团的手中，如果项目出现资金不足，贷款银团可以调用担保存款来弥补。备用信用证担保是比担保存款对项目投资者更为有利的一种形式，具体指投资者不动用公司的任何资金，而只是利用本身的资信作为担保，项目一旦出现资本不足的情况，将由开出信用证的银行设法解决。由于采用这种方式时贷款银团要承担投资者的信用风险，所以，一般要求备用信用证必须由一家被各方接受的独立银行开出，从而达到将风险转移的目的。

贷款担保在项目融资结构中的作用也同样分为两种形式：一是一般性贷款担保，即如果项目出现资金短缺，或者出现项目到期债务无法偿还等情况时，动用贷款担保弥补资金短缺或偿还债务，贷款担保中的资金将按比例在贷款银行之间分摊；二是针对性贷款担保，该贷款担保只针对项目资金中的某一家银行或一部分资金，而这家银行或者这部分资金只在整个融资活动中扮演从属性债务的角色。

从贷款银行的角度来看，采用贷款担保形式的项目的风险高于投资者直接投入股本的形式，因为银行在项目的风险因素之外，又增加了投资者自身的风险因素。因此，采用贷款担保形式作为全部股本资金投入替代项目融资结构是很少见的，多数情况下，贷款担保只是作为项目实际投入股本资金或者准股本资金的一种补充，只有在项目具有很好的经济强度，同时承诺担保责任的一方本身又具有很高的政治、商业信誉的项目融资结构，才有可能更大比例地以贷款担保形式来替代投资者实际的股本资金投入。

⑥ 准股本资金的其他形式

在项目融资过程中，有时与项目有关的一些政府机构和公司出于政治利益或经济利益等方面的考虑，也会为项目提供类似的股本资金和准股本资金，这类资金通常被称为第三方资金，它直接构成了对项目股本资金的一种补充式支持。这些机构包括购买项目产品的公司、为项目提供原料的公司、工程承包公司、政府机构，以及世界银行和地区开发银行等。这些机构为了促使项目开发的顺利进行，而提供一定数量的股本资金、软贷款或贷款担保等，虽然形式不一，但其本质与作用是相同的。

此外，优先股也可被看作准股本资金投入的方式。

(2) 准股本资金的作用

投资者为项目提供准股本资金要比提供股本资金更为灵活，更为有利，作用也更为明显。

投入资金的回报率相对稳定。由于准股本资金作为一种从属性债务，一般包含了比较具体的利息和本金偿还计划，而股本资金的红利分配则带有较大的随机性和不确定性。因而，投资准股本资金，能比股本资金更稳定地获得利息收益，从而使投资者投入资金的回报率相对稳定。

使投资者在安排资金时有较大的灵活性。有的投资者在项目中投入的股本资金是通过其他渠道安排的债务资金，他们对项目的投资是要支付一定的融资成本的，因此，他们会更希望可以利用项目的收入来归还部分或全部的融资成本。所以，准股本资金都有一个比较具体的偿还计划，并且在资金安排上也有很高的灵活性。

有利于减轻投资者的债务负担。在项目融资安排中，对于项目公司的红利分配往往都有严格的限制，它必须在保证能按时分期偿还项目贷款银行债务的前提下才能进行股东红利的分配。但是，对准股本资金在这方面的限制，尤其是对债务利息支付的限制则可以通过谈判来减少，通常的情况是要求投资者在从属性债务协议中加入有关债务和股本资金转换的条款，从而减轻项目经济状况不好时投资者的债务负担。

有利于项目公司形成较为优良的税务结构。在大多数国家，债务利息的支付是可以抵税的，而且债务资金的偿还可以不用考虑项目是否缴税，相反股本资金的偿还则要受到项目投资结构和税务结构的种种限制。因此，以准股本资金作为股本资金的替代形式，就可以使项目公司充分利用在税务方面的优惠，提高公司的综合经济效益。

除了上述几种项目资本金融资方式以外，对于国防、教育、文化、科学、卫生事业中较大型的公用项目的建设，和对国计民生有重大影响的项目的建设，很多时候国家会进行财政拨款，项目的资本金是靠国家财政拨款支持的。由于财政拨款无偿无息，因此，常常得不到合理使用，很多项目浪费严重，效益相对较差。针对这种情况，我国目前在基础设施投资方面，已经引入新的投资机制，以特许经营的方式引入非国有的其他投资人投资。国家或地方政府将基础设施的投资和经营权，通过法定的程序，有偿或者无偿地交给选定的投资人投资经营，在规定的经营期满后再将项目无偿移交给政府。典型的基础设施特许经营方式有 BOT、PPP、TOT 方式，在我国开展的不少项目中，都取得了成功。

5.3 债务资金筹措

如何安排债务资金是解决项目融资来源问题的核心。对于一个项目投资者来说，其所面对的债务资金市场可以分为本国资金市场和外国资金市场。除了一些规模较小的工程项目外，大多数大型项目的融资，其债务资金几乎全部或者大部分来自国外的资金市场。所以，我们在介绍项目债务资金筹资方式时，更多地借鉴了国外项目融资的经验。

5.3.1 贷款融资

贷款是项目发起人为项目融通资金的一个非常重要的渠道。有些项目甚至由贷款融资构成其债务融资的全部。

1）商业银行贷款

如前所述，商业银行是项目融资的最大来源。这主要是因为商业银行具备评估项目贷款风险的能力。许多大的国际商业银行拥有各种各样的工程师及金融专家，他们擅长于构建项目融资的结构、分析项目的风险等。

在项目融资中，商业银行贷款一般分为两个阶段进行：一是建设阶段，二是经营阶段。在建设阶段，项目风险逐渐增加，而项目不产生任何现金流入；在经营阶段，项目风险逐渐减少，项目开始产生现金流入，项目公司开始偿还银行贷款。因此，在贷款操作上，一种方法是根据项目的这两个阶段，由项目债务人与贷款银行分别签订两个贷款协议，即建设阶段贷款协议和经营阶段贷款协议。另一种方法是将两个贷款协议合为一个，签订一个总的贷款协议，但在具体贷款提取上根据项目阶段分别掌握。

在建设阶段，贷款的发放一般是根据工程进度进行的，由于不产生项目收入，这一阶段的利息一般都资本化，即计入贷款本金，债务人无须偿还利息。银行所承受的信贷风险相当大，所以，在这一阶段，为了降低银行的风险，项目发起人要提供部分或全部建设风险的担保，贷款一般都是完全追索的，直到项目完工为止；或者对于某种特定的风险，如成本超支风险，安排为有限追索，即项目发起人提供一定数额的完工担保。

在经营阶段，贷款的发放就是一次性的了。因为在这一阶段，项目已投入正常运营，开始产生现金流入，有了收入就可以按期偿还银行本息。银行贷款的信贷风险逐渐减少，甚至为零。

商业银行贷款典型的类型有：

(1) 工程贷款(Construction Loan)。即在项目建设阶段银行对建筑工程发放的短期不动产贷款。贷款资金按实际需要或事先拟订的计划分期支付。工程完工后，一般用抵押贷款的资金偿还这种贷款。这种贷款的利率一般较高。

(2) 定期贷款(Term Loan)。即对债务人发放的中长期(一般为2~10年)有担保贷款，通常用来购买生产设备或用作营运资金(Working Capital)。该贷款通常按协议分期偿还。

(3) 转换贷款(Bridge Loan)。俗称桥梁贷款，是债务人希望得到中长期资金而暂时使用的一种贷款种类，以满足债务人对资金的临时需求。因此，这种贷款期限一般不长，具有过渡性特点。

(4) 抵押贷款(Mortgage Loan)。即债务人以某项财产的留置权作为还款抵押而取得的银行贷款。在项目融资中，通常以项目公司的资产和现金流量为抵押而取得银行的贷款。

(5) 运营资金贷款(Working Capital Loan)。一般为短期贷款，是为了弥补债务人的运营资金的不足，以保证项目的正常运行。

(6) 双货币贷款(Dual Currency Loan)。所谓双货币贷款，实际上其利息的计算和支付采用的是一种货币，本金的计算和支付采用的是另一种货币。一般情况下，双货币贷款使用低利率货币作为计算利息的货币，使用相对高利率货币作为计算本金的货币。双货币贷款是在单一货币的银团贷款的基础上发展起来的一种债务资金形式。它于1981年首次在国际金融市场上出现，由于其明显的特征，在国际融资活动中获得了迅速发展。

(7) 商品关联贷款(Commodity-linked Loan)。即通过债权人参与产品价格波动来实现降低融资成本的目的。在操作方式上又分为两种类型：一种是贷款本金的商品价格参与，另一种是贷款利息的商品价格参与。

贷款本金的商品价格参与是将贷款的本金与某一种商品的价格联系在一起，而贷款利率则低于同样条件下的商业贷款或银团贷款的利率。在还款日，贷款本金的偿还金额部分或全部取决于当时该种商品的价格，如果该种商品当时的价格低于某一个预定价格，则债务人只需要偿还贷款本金；如果商品价格高于这一预定价格，则需要按照一个预定公式增加银行贷款本金的偿还数额。然而，一般情况下，在商品价格上升时，生产该种商品的项目的经济效益也会增加，因而债务人也有能力承受较高的债务。

贷款利息的商品价格参与是将贷款期限内的贷款利率水平与某种商品价格在同一期限内的变化水平联系起来，如果在这一时期内实际商品价格的变化与预测的商品价格的变化相吻合或相接近，则债务人可以获得较低的贷款利率；反之，债务人将要承担较高的贷款利率。

2) 银团贷款

在项目融资中，银团贷款的具体操作方式有两种：一种是直接参与型，另一种是间接参与型。

(1) 直接银团项目贷款

直接银团项目贷款由银团内的各个成员银行直接向项目公司贷款，贷款工作由各成员银行在借贷协议中指定的代理银行(Agent Bank)统一管理。在成立银团的过程中，有一个贷款银行起了牵头作用，它就是牵头银行(Lead Bank)，但无论是成员银行发放贷款还是项目公司归还借款，均须由代理银行统一管理，而与牵头银行无关。在这种贷款方式中，所有成员银行都是直接同项目公司签订借贷协议，按贷款协议所规定的统一条件贷款给项目公司，但是每个贷款行都明确表明对其他银行的贷款义务不承担任何责任。因此，如果在贷款银团中某家银行不能履行其贷款义务，项目公司只能向该银行追究违约责任，而不能要求银团中的其他成员银行对此负责。

（2）间接银团项目贷款

间接银团项目贷款是由一家牵头银行向项目公司贷款，然后由该银行将参加贷款权分别转售给其他银行，后者称为参与银行，它们按照各自承担的参加贷款的数额贷款给项目公司，贷款工作由牵头银行负责管理。

牵头银行在与项目公司订立借贷协议后，可以采用不同的法律方式将参加贷款权授予其他债权人，这些不同的方式对当事人之间的权利和义务会产生重大的影响。在欧洲货币市场上，目前最常见的几种方式是更新或替代、不披露身份的代理、从属贷款和让与。

第一，更新或替代。这是由项目公司、牵头银行与参与银行三方达成的一项协议。根据这项协议，牵头银行经项目公司同意，将牵头银行的权利和义务转让给参与银行，原先在项目公司和牵头银行之间发生的债权债务关系即告消失。这种做法在大陆法上称为债务更新(Novation)，在英美法上称为合同替代(Substitution)，在法律上都认为是有效的。在银团贷款业务中，采用更新的办法来授予参加贷款权是不多见的，因为它不符合授予参加贷款权的一个主要目的，即无须通知债务人或无须让债务人参与就可把参加贷款权授予其他债权人，而且，项目公司也没有达到只与一个债权人发生信用关系的目的。但这样做对牵头银行有一个好处，即牵头银行可以解除其根据与债务人所订立的借贷协议所承担的一部分贷款义务，因为按照合同法的一般原则，非经债务人同意，牵头银行是不能解除其任何贷款义务的。

第二，不披露身份的代理(Undisclosed Agency)。这是英美法所承认的制度，其具体做法是：由牵头银行作为银团其他成员的代理人，同项目公司签订借贷合同，但不披露其代理人的身份，所以，在项目公司看来，它是同当事人打交道而不是同代理人打交道。但银团成员必须在签署借贷协议之前就指定该牵头银行为代理人，在签字以后就不能再指定。当项目公司发现不披露的代理关系时，可以选择向牵头银行要求给予贷款，或直接向参与银行要求给予贷款。

第三，从属贷款(Sub-loan)。参与银行先给牵头银行贷款，再由牵头银行贷款给项目公司。参与银行贷款给牵头银行的条件是：在牵头银行从项目公司那里收回贷款后，由其归还参与银行的款项，参与银行不能要求牵头银行用其他资金归还贷款。如果项目公司破产，牵头银行不能从项目公司那里收回贷款，参与银行向牵头银行发放的贷款也不可能收回。这种做法与下面即将介绍的让与方式的主要区别是，参与银行不能取得对项目公司的直接请求权，项目公司是直接从牵头银行取得贷款、直接向牵头银行还本付息的，而不是直接从参与银行取得贷款，所以也无义务向其还本付息。

第四，让与。牵头银行将其与项目公司订立的借贷协议中的一部分贷款义务连同其收益一道让与其他参与银行，这种做法在法律上称为让与(Assignment)。通过让与使受让人取得参加贷款权，成为参加贷款权人。让与的特点是，通过让与方式取得参加贷款权的银行可以取得对项目公司的直接请求权。让与参加贷款权事先要取得项目公司的同意，所以，这种方式在项目融资中的应用也不多见。

5.3.2　债券融资

债券融资也是项目融资较大的资金来源，越来越多的项目通过债券融资，特别是在美国和欧洲的债券市场上融资。1991 年 11 月，美国的内陆发电项目率先在证券市场上发行了具有有限追索权的项目债券，自此，资本市场同项目融资结下了不解之缘。

1）债券融资的利弊

同有限的银行贷款相比，在资本市场发行债券为项目筹集资金具有以下优势：

（1）能提供规模巨大的资金。因为项目债券一般都是在公开的资本市场上发行，资本市场上存在着大量的机构投资者和个人投资者，其规模效应是显而易见的。

（2）能取得较长期限的资金。资本市场上发行的项目债券的平均期限一般较商业银行的贷款期限长。

（3）项目发起人受到较少的限制。在商业银行项目贷款中，项目发起人要受到诸多限制，以防止出现对银行不利的情况，并进行诸多的事前干预。通过资本市场发行债券筹资，市场上的投资者一般很少与项目发起人签订烦琐的协议及条款，而且只能是事后干预，即只有当项目公司不能及时兑付债券时，投资者才会有所反应。

当然，利用资本市场发行债券为项目筹资也存在一些弊病：

（1）导致管理上的过度疏忽（Regulatory Oversight）。市场投资者缺乏专门的技术和机构来监督项目的经营和管理，可能使项目发起人及其他参与者疏于对项目的严格管理。

（2）信用评级受到挑战。在资本市场上公开发行债券，一般都要经过公认的信用评估机构的信用评级，而项目公司多是新成立的公司，没有运营历史，因此就需要项目发起人提供一定的信用担保等，最终取得在资本市场上发行债券的资格，这可能是一个很费时的过程。

（3）较高的交易成本。在资本市场上发行与销售债券要承担高额的交易费用，因此，一般少于一百万美元的融资规模就没有必要通过这种方式去融资。

（4）债券到期时会形成对项目现金流量的巨大压力。项目现金流量的产生是有阶段性的，这就容易产生债券兑现要求与现金流量不匹配的问题。如果处理不好，可能会影响项目借款者的进一步融资。

（5）项目债券的投资者有限。债券市场上的投资者一般不喜欢冒险。因此，只有信用好的公司发行的债券才会受到欢迎，而投资者很少愿意承担纯粹的项目风险。

2）一般债券市场

（1）利用欧洲债券市场融资

欧洲债券是指用境外货币标价并交易的债券，如在纽约发行的英镑债券，在伦敦发行的美元债券等。欧洲债券市场是跨国公司、外国政府以及第三世界国家重要的资金来源。

欧洲债券一般由许多国家的银行和证券公司组成庞大的认购集团承销，再同时向多个国家销售，涉及多个国家的法律体系。许多大型国际商业银行积极参与欧洲债券的认购，个人投资者也受税收优惠的吸引而投资于欧洲债券市场。主要的欧洲债券市场是欧洲美元债券市场、欧洲日元债券市场和欧洲马克债券市场。

通过欧洲债券市场筹集资金具有以下优势：可以借入多种货币。在一些国家，采用欧洲债券方式融资可以获得不用支付利息预提税的优惠。筹资时间比较短，一旦建立发行系统后，可以迅速进入市场，以利用货币市场的有利条件。由于交易的是没有一国的中央银行能管制的欧洲货币，发行一般无须在当地注册，发行成本低。

缺点是在这个市场上，投资者的分散使其缺乏分析复杂项目的资信及风险的能力，因此，他们一般投资于部分资信较高的公司债券。对项目债券来说，都需要有一个银团组织作为发行债券的后盾(由该银团承担项目债券风险)，如作为债券发行人的担保人或直接以银团名义发行，而这样一来又增加了发行成本，使发行欧洲债券融资的成本优势相对削弱。

(2) 利用外国债券市场融资

外国债券是指债务人在外国资本市场发行的以东道国货币标价的国际债券，主要市场包括苏黎世、纽约、东京、法兰克福、伦敦、阿姆斯特丹等。比较典型的外国债券包括外国投资者在美国发行的以美元标价的扬基债券(Yankee Bonds)、在日本发行的以日元标价的武士债券(Samurai Bonds)和在英国发行的以英镑标价的猛犬债券(Bulldog Bonds)等。

(3) 债券品种

在债券市场筹集资金，可以通过发行不同的债券品种来达到债务人的不同目的。

① 固定利率债券(Fixed-Rate Bonds)。该种债券有固定的利率和兑现日期，通常每年或每半年支付一次利息，兑现日偿还本金。

② 变动利率债券(Variable Rate Bonds)，即债券的利率可以按照事先规定的条件调整，不过，其利率变动的频率和幅度均小于浮动利率债券。

③ 浮动利率债券(Floating Rate Bonds)，即债券的利率按照事先规定的定价公式和定价周期定期调整。一般每3~6个月就调整一次，利率通常在LIBOR(London Inter Bank Offered Rate，伦敦同业拆借利率)或者美国财政部债券(U. S. Treasury Bill)利率的基础上加上一个贴水。

④ 附有其他权利的债券。即投资者认购该种债券时，同时得到与债券发行者进行其他交易的权利，这种权利可以与债券相剥离而单独买卖。这些权利包括：一是认股权证，即以指定价格购买普通股的权利，前文已论述。二是认债权证，即以同样价格增购该种债券的权利，当利率下降时，投资者可以得到好处。三是货币转换权，即以指定的汇率将一种货币兑换成另一种货币的权利，使投资者规避汇率风险或从中获益。四是产品购买权，即以指定价格购买产品的权利，典型的产品有黄金、石油等。

⑤ 双货币债券。即以一种货币支付利息，而以另一种货币支付本金的债券。利息及本金支付所用的汇率可以是事先指定的，也可以用支付时的汇率。对于项目融资中的债务人来说，可以根据项目现金流量的货币结构，有的放矢地选择一种当时市场上相对利率较低的货币作为计算利息的货币，而选择项目所在国货币或者一种与项目现金流量密切相关的货币作为偿还本金的货币。对于项目债券持有人来说，投资双货币债券则可以获得比投资单一货币债券更高的利息收入。

对于债券投资双方来说，双货币债券仍然存在一定的汇率风险，因为其债券的内在价值是根据双货币债券的定价原理，运用远期汇率确定下来的，在实际经济生活中，还款日的汇率由于受到种种不可预测的国际政治、经济、军事、金融等方面因素的影响，有可能偏离这一预先确定的远期汇率，其结果可能只是对一方有利而对另一方不利，这是投资双方为了在其他方面获得收益所必须承担的风险。

⑥ 商品关联债券。即与商品的价格联系在一起的债券。如与白银或黄金价格联系的债券，债券投资者将通过盯住这些贵金属市场价格的方式获取利息，而不是得到一个固定的利息额。此种债券意味着针对通货膨胀套期保值，因为通货膨胀会驱使大多数商品价格上涨。其操作方法类似于商品关联贷款。

3）市政债券市场

所谓市政债券（Municipal Bond），是指由地方政府或其授权代理机构发行的用于当地城市基础设施和社会公益性项目建设的有价证券。在美国，市政债券的最大特点是免征联邦收入税，因而成为投资者青睐的对象。美国、德国、日本等发达国家已经形成了成熟和完善的市政债券市场，市政债券与国债、企业债券、股票和投资基金等一起，共同构筑了完整统一的证券市场。

（1）市政债券的种类

根据信用基础的不同，市政债券可分为一般责任债券和收益债券，也存在着一些兼具二者特点的混合证券。

一般责任债券（General Obligation Bonds）是以发行人的无限征税能力为保证的市政债券，政府以自身的信誉和信用为这种债券提供全面支持，除非受到某种限制，政府将把所有的收入作为偿还债券的基础。因此，这种市政债券的资信等级较高。

收益债券（Revenue Bonds）是指为特定的具有一定收入的城市基础设施项目融资而发行的市政债券。收益债券以所融资项目的收入作为对债券持有人的抵押，地方政府通常不给予担保。因此，收益债券的投资风险比一般责任债券高，但其收益率也较高。

常见的收益债券如下：

机场债券（Airport Bonds）：这类债券的收入来自交通收入，如着陆费、场地使用费及航空加油费；或来自因一家或多家航空公司对某一具体设施如终点站或飞机库的使用而获得的租金收入。

工业收益债券（Industrial Revenue Bonds，IRB）：通常这些债券是由地方政府代表具体某一公司和行业发行的。

公用电力债券（Public Power Bonds）：这类债券以发电厂取得的收入作担保。有些债券是由某一发行人独家发行，该发行人建造并经营电厂，之后出售电力。其他公用电力收入债券是由一组为国家及私人投资者所有的公用事业部门联合集资兴建一家或多家发电厂而发行的。

海港债券（Seaport Bonds）：这类债券的担保品可包括与修建港口的公司签订的明确租约，或被抵押的海港卸货码头及货物的吨费。

因此，发行收益债券也可以作为项目融资的一个重要渠道。工业收益债券由行政机构在其所属的地方发行，发行收入用于购买设备或建设项目，然后将设备租赁给公司或将项目出售给公司，行政机构仅充当债权人和公司之间的融资中介人，目的是利用其发行免税债券的优势。

（2）收益债券结构

收益债券的发行人不承担任何债务责任，债券本息和其他发行成本均由公司承担，这一问题在发行人与公司签订的融资协议中会加以规定，因此就形成了不同的收益债券结构。

贷款协议(A Loan Agreement)。发行人将发行收入贷给公司，使后者能建设项目或得到设施。在贷款协议中，或借助本票，公司同意偿还贷款给发行人，使其有足够的金额兑付债券本息。这是一种最简单的结构，但可能一些国家的法律不支持。

租赁协议(A Lease Agreement)。发行人用发行收入建造项目，然后出租给公司使用，收取足够的租金用于兑付债券本息。在多数案例中，实际上是公司以发行人的名义建造项目。

租赁—再回租协议(A Lease-leaseback Agreement)。公司将设备出租给发行人以收取租金，租金的金额等于出租人的设备建造成本或债券发行收入。与此同时，发行人将设备再出租给公司，租金应等于债券的本息之和。

分期销售协议(An Installment Agreement)。发行人用债券收入建造项目，然后销售给公司，后者的购买价格应足以支付债券的本金和利息。公司的付款责任可以由分期付款协议确定，也可以用发行担保的本票履行。设施的所有权可以在签订分期销售协议时转移给公司，也可以在付清全部的本息之后转移给公司。

5.3.3 商业票据融资

商业票据(Commercial Paper)是享有信誉的大企业在金融市场上筹措短期资金的借款凭证，是一种附有固定到期日的无担保的本票。商业票据的主要投资者是工业企业、保险公司、各种基金(如退休基金、养老基金等)及个人，票据的销售价格是基于国际资本市场情况和主要的评级公司如标准普尔公司和穆迪公司所授予的信用等级而定的，一般以贴现方式发行。通过发行新的商业票据偿还旧的商业票据，就可以达到融通长期资金的目的。

1) 商业票据融资的优点

发行商业票据进行融资的主要优点是：

第一，可以提高企业在国际金融市场上的知名度。因项目发行人在商业票据市场频繁出现而增加投资者对其的了解，可以为公司将来发行扬基债券或其他融资方式打下基础。

第二，发行成本较低。在美国报批手续简便，期限为 270 天或短于此期限的商业票据不需要在美国联邦证券委员会注册，评级公司的评级也是基于信用证开证行的短期信誉，评级公司不需要对商业票据的发行人和母公司的资产、信誉、偿还能力、财务状况等进行严格调查。

第三，资金筹集较灵活。美国商业票据为票据发行人在票据期限和发行时间上提供了很大的灵活性，从而可以满足票据发行人的各种具体需要。使用商业票据市场可以做到同一天发行票据并获得资金，不需要任何提前通知，筹资者能及时获取资金。

2) 商业票据的种类

(1) 欧洲商业票据融资

欧洲商业票据种类丰富，包括欧洲期票、欧洲商业票据等。

① 欧洲期票(Euro Note)

欧洲期票在原理上类似于商业票据，它作为欧洲债券市场的一个组成部分，是金融市场业务创新的结果，开始于 20 世纪 70 年代后期。1978 年 12 月，美国花旗银行(Citibank)

香港分行发行了一种被称为承诺期票购买贷款(Committed Note Purchase Facility)的新型融资工具，为新西兰航运公司筹集了一笔可循环使用的为期6年的3000万美元浮动利率银团贷款。此后，这种融资方式就在欧洲债券市场上得到了广泛的应用。在性质上，欧洲期票接近于银团贷款，但较后者具有低成本及避免利息预提税的优点，所以，近年来成为国际项目融资中一种重要的债务资金来源。

主要的欧洲期票品种有以下几种：

a. 欧洲期票贷款(Euro Notes Facility)：这类期票是欧洲期票中比较简单的一种类型，期票发行人在一个确定的期限内(一般为3~7年)利用招标组(Tender Panel)等多种发行手段发行短期可转让票据筹集资金，票据期限一般为1~6个月。其发行的特征是不需要期票承购组作为发行的后盾，因此，一般只适用于为欧洲期票市场所熟悉的、信誉好的政府机构及大公司的融资活动。这类欧洲期票包括欧洲期票发行贷款(Euro-Note Issuance Facility，ENIF)、期票发行贷款(Note Issuance Facility，NIF)等几种形式。

b. 可循环承购贷款(Revolving Underwriting Facility)：循环承购实际上是在欧洲期票发行程序中加入了承购的机制，是欧洲期票中最典型的结构，也是使用最为普遍的一种形式。绝大多数使用欧洲期票作为债务资金来源的项目融资案例，都是使用这个结构或者改进其来为项目融资的。其过程一般为：由一组金融机构提供中期承购允诺，在这个承诺下，债务人通过发行短期(1~6个月)期票筹集资金，任何未能在招标中售出的期票由承购人买入，在承购期内，每次期票到期时，通过发行新的票据替代到期期票来达到贷款资金不断循环进行中期使用的目的。

c. 综合期票贷款(Global Note Facility)：这类欧洲期票包括多期权贷款(Multi-Option Facilities，MOF)和综合期票贷款等几种形式。一般地，在确定的借款额度内，期票发行人(即债务人)可以通过在欧洲债券市场发行欧洲期票，也可以通过在美国商业票据市场发行商业票据，或者通过直接贷款等其他方式筹集所需的债务资金。有时，期票发行人可以在几个市场上进行贷款掉期，甚至可以同时在几个市场上筹集资金，只要债务资金不超过限定总额就可以了。所以，可以看出，这种欧洲期票的融资活动具有更大的灵活性。

② 欧洲商业票据(Euro Commercial Paper)

欧洲商业票据是在欧洲期票市场的基础上发展起来的，其期限一般为78~178天，可以是固定利率，也可以是以LIBOR为基础的浮动利率。欧洲商业票据基本上类似于欧洲期票中的可循环承购贷款，只是在欧洲商业票据的发行过程中，没有金融机构的承购机制，因而一般只有资信卓著的公司或政府机构可以在这个市场上获得成本更低的资金。欧洲商业票据一般是通过交易行发行，交易行没有责任一定要购入商业票据，除非它们确信可以将其有利可图地转售出去。因此，欧洲商业票据在项目融资中的应用就存在一些困难。只有在引入银行备用信用证作为信用担保或承购担保之后，欧洲商业票据才有可能成为项目融资的一种有效融资工具，但这样一来，除发行方式外，欧洲商业票据和欧洲期票已没有任何本质的区别了。

(2) 美国商业票据融资

根据美国1933年证券法的规定，公募商业票据没有登记和发行计划书的要求，而且，外国公司在美国举债的票据期限不得超过270天，所以市场上发行商业票据的期限大多数在90~180天，然后，通过滚动(发行商业票据来归还到期的商业票据)发行的办法来获取较长的借款使用期。其利率以银行贴现率为计算基础，因为传统的商业票据都是以贴现方式发行。但近年来以付息形式发行商业票据成为一种发展趋势。在绝大多数情况下，商业票据的最小单位为10万美元。而且，根据美国法律，商业票据不能直接售予个人。因此，票据持有人(投资者)多为活跃在金融市场上的投资基金、保险公司、银行、养老基金等金融机构以及一部分工业公司。

3）美国商业票据与欧洲商业票据的比较

一般来说，美国商业票据和欧洲商业票据具有以下不同之处，投资者可以根据项目的需要选择不同的商业票据种类进行融资：

① 平均融资期限不同。欧洲商业票据的期限较长，它可比美国商业票据期限长两倍左右。

② 投资方式不同。欧洲商业票据存在着活跃的二级市场，而美国商业票据通常被原始持有者持有至到期。

③ 投资主体不同。在欧洲商业票据市场上，中央银行、商业银行和公司是其重要的投资者，而美国商业票据以货币市场基金为投资主体。

④ 信用评级的要求不同。只有一部分欧洲商业票据的发行进行过信用评级，而在美国商业票据市场上，信用评级是必需的一个条件。

⑤ 融资的灵活性不同。欧洲商业票据显现出更大的灵活性，比如，其票面货币可以是多国的，即在一次票据发行总额中，可以由多种货币组成。但美国商业票据只能以美元为计价货币。

5.3.4 租赁融资

租赁融资也经常被作为项目融资结构中一种重要的债务资金来源。这是因为，项目融资所希望达到的一些目标都可以通过租赁融资的手段实现。租赁是使用者(即承租人)可以获得某一设备或某一工厂的使用权而不需要在使用初期支付该设备或工厂全部资本开支的一种融资手段。

在西方国家，根据在租赁协议中承租人和出租人所承担的责任以及租赁期间资产的使用价值占该资产全部使用价值的比重，将租赁分为经营租赁和融资租赁两种基本类型。它们在项目融资中都占有重要的地位。

(1) 经营租赁

经营租赁一般是指租赁期较短并且在租赁期内承租人有权取消租约，将租赁物退还给出租人的租赁协议。在经营租赁期间，出租人承担对被出租资产的保养和维修责任，承租人的责任只局限于按期交纳租金，在租赁期结束时有权选择是将租赁资产退还给出租人还是将其购入。经营租赁一般适用于厂房、土地、轮船、飞机、建筑机械、铁路运输设备等通用性强或易于移动的资产的出租。

(2) 融资租赁

融资租赁是指一种租赁期限相对较长，承租人不能随意提前终止租约的租赁协议。其租赁期限占出租资产的大部分经济生命期，有时可以占到90%以上。在租赁期内，出租人虽然拥有被出租的资产，但是实质责任只局限于提供一种融资，占有和使用被出租资产所需要的一切费用和成本，包括维修、保养乃至有关税收均需要由承租人负担。承租人按照租赁协议定期支付租金，并且向出租人保证在租赁期满时支付一笔资金以购买所租赁资产。融资租赁的应用范围十分广泛，小到一个机械设备，大到一个完整的工程项目，都可以采用这种方式。按照租赁的结构，融资租赁又可进一步分为直接租赁和杠杆租赁。

直接租赁(Direct Lease)是指只有出租人和承租人两方参与的简单租赁形式。出租人自己安排资金购买被出租资产，然后将其租赁给承租人。

杠杆租赁(Leverage Lease)是指在租赁融资中，出租人只需投资租赁设备购置款项20%~40%的金额，即可在法律上拥有该设备的所有权，享有如同对设备100%投资的同等税收待遇，设备购置款项的60%~80%由银行等金融机构提供无追索贷款解决，但需出租人以租赁设备作抵押，以转让租赁合同和收取租金的权利作为信用担保。

5.4　融资方案设计

项目的融资方案研究，需要在充分调查项目的投资需求和融资环境基础上对于各种可能的资金需求及获得的资金来源，分析各自的利用价值，并组成几组符合项目投资要求的资金筹措计划，根据资金成本、融资结构以及融资风险考虑各种组合方案的可行性，从而选择最佳的融资方案。在融资方案确定以后，就应根据项目的实施情况来编制资金的运用表，以便在保证完成项目实施规划任务的基础上，更合理有效地运用资金。

5.4.1　项目融资计划方案的编制

1）项目投资预测

项目融资计划方案的编制基础是对项目投资的合理估计。项目建设投资是指从项目策划开始到项目竣工试运行为止过程中为项目建设花费的全部费用。一般新项目的建设投资主要构成为建筑工程费、安装工程费、设备购置费、工程建设其他费、预备费、流动资金等。

建筑工程费主要包括场地清理平整、永久性主体工程及辅助公用工程建筑、水电管线铺设、道路绿化共存及有关户外工程建筑等。建筑工程费由直接费、间接费、利润和税金组成。直接费包括人工费、材料费、施工机械使用费和其他直接费。可按工程量和预算综合指标计算。间接费包括施工管理费和其他间接费，一般以直接费基础，按间接费率计算。利润以工程的直接费与间接费之和为基数计算。

安装工程费包括设备及室内外管线安装等费用，由直接费、间接费、计划利润和税金构成。直接费按每吨设备或设备原价的百分比估算。间接费按照间接费率计算。计划利润以安装工程的直接费与间接费之和为基数，按照一定的费率计算。税金按有关规定计算。

设备购置费包括需要安装和不需要安装的全部设备、工器具及生产用家具购置费等。后者是指新建项目为保证初期正常生产所必须购置的第一套不够固定资产标准的设备、仪器、工卡模具、器具等的费用，不包括备品备件购置费。该费用应随同有关设备列入设备费中。

工程建设其他费包括土地使用费、研究试验费、勘察设计费等。研究试验费是按照建设项目提供或验证设计数据资料进行必要的研究试验，按照方案要求在施工过程中必须进行试验所需的费用，以及支付科技成果、先进基数的一次性技术转让费，按照可行性研究方案提出的研究试验内容和要求编制。勘察设计费指委托勘察设计单位设计时，按规定应支付的费用，以及为建设项目进行可行性研究而支付的费用，同时，也包括在规定范围内由建设单位进行勘察设计所需的费用。按照国家计委颁发的工程勘察设计收费标准和有关规定进行编制。

预备费是指在确定工程造价时，还必须考虑影响造价的变动因素，比如投资估算一般按当时当地的设备、材料预算价格计算，因此，在投资估算的过程中应考虑设备、材料价格的浮动因素，以及其他影响工程造价变动因素。同时，由于一些不可抗力而导致的工程的停顿、工程的损坏等造成的损失进行一部分资金的预算。

流动资金是指项目投产后，为进行正常的运营，用于购买原料，设备的维修及其他运营费用等所必不可少的周转资金。

在进行资金使用计划的编制过程中应着重考虑以下几个方面：第一，项目实施进度规划是否能与资金筹措方式和筹资规划相吻合，是否有调整和修改意见。资金使用规划能否与项目实施进度规划相衔接。第二，各项不同渠道来源的资金使用是否合理、是否符合国家规定，特别是外汇的使用是否符合国家有关政策规定和使用者签订的协议，有无外汇偿还能力。第三，投资使用规划的安排是否科学合理，是否能够达到保证项目顺利实施和资金最优利用的目的。

2）项目融资计划

资金筹措和投资方案的选择是既有联系又有区别的两个方面，建设资金是项目建设的基本前提条件，只有在相当明确的筹措资金前景的情况下，才可进行项目策划和可行性研究。如果筹集不到资金，投资方案再合理，也不能付诸实施。而另一方面，建设项目的资金需求量必须在进行深入的产品需求研究、工艺技术及财务经济研究之后才能进行较为符合实际情况的估算。因此，要分析投资方案在技术和商业上的生命力以及筹资方案是否适当，并将它们联系起来同时作出评价。

项目融资计划方案由两个部分构成：一是项目资本金及债务融资资金来源与构成；二是以分年投资计划为基础，编制资金筹措计划。

（1）项目资本金及债务融资资金来源与构成

项目融资的来源主要有以下几种方式，包括国家政策性银行贷款、商业银行贷款、世界银行贷款、发行股票、发行债券、流动资金贷款等方式。在融资计划方案中，应对资金的融资渠道、金额、融资条件和融资可信程度进行详细说明，并编制投资项目资金来源计划表。

（2）分年投资计划与资金筹措计划

估算出项目总投资后，应根据项目计划进度的安排，编制分年投资计划表。在此基础上，编制资金筹措计划，使资金筹措在时间和数量上与资金需求平衡。在编制过程中要考虑以下几个方面。一是分析鉴定可行性研究报告中提出的各种筹资渠道是否可行、可靠和能否落实。考察其落实程度和资金提供的条件，即项目建设所需总投资和分年所需投资能否得到足够的、持续的资金供应。二是分析资金来源方案是否满足项目要求。项目需要引进先进技术，则可选用现汇引进或合资经营方式；项目需要扩大出口、增加外汇，则可采用合资、合作、补偿贸易方式；项目投资大、见效慢、利润低，则可申请外国政府低息贷款或国际金融机构贷款；等等。三是分析资金来源是否正当、合理，是否符合国家政策规定。固定资产投资需验证资金落实证件，贷款要有贷款银行意见，并分析其资金来源的合理性和筹资能力的可靠性。同时，要根据项目特点，按照国家规定的政策法规，选择政策允许的资金来源方式。四是对于利用外资项目，需要复核外汇来源和外汇额度是否落实和可靠，外汇数额能否满足项目的要求。

3）还本付息方案

对于一项工程项目，在分析其融资及投资计划之外，我们还要编制债务融资的还本付息方案，计算贷款偿还期。

对一般国内项目来说，贷款偿还期是指固定资产投资贷款偿还期。因为流动资金虽然也包括自由资金和借款两部分，但是，流动资金借款在生产经营期内并不归还银行。因此，贷款偿还期就是指在国家财政规定及项目具体财务条件下，项目投产后可用作还款的利润、折旧、摊销及其他收益额偿还固定资产投资贷款本金和利息所需要的时间，其表达式为式(5.5)。

$$I_d=\sum_{t=1}^{P_d}(R_p+D'+R_o-R_r)_t \tag{5.5}$$

式中：I_d为固定资产投资本金和利息之和；P_d为贷款偿还期(从建设开始年算起)；R_p为年利润总额；D'为年可用作偿还借款的折旧；R_o为年可用作偿还借款的其他收益(含摊销费等)；R_r为还款期间的年企业留利。

因此，$(R_p+D'+R_o-R_r)_t$ 为第 t 年可用于还款的收益额。

涉及外资的项目，国外贷款部分的还本付息应按已经明确的或预计可能的贷款偿还条件计算。

5.4.2 资金成本

1）概述

(1) 概念

每个项目的融资都是有成本的，与传统企业融资相比其成本较高。各种融资方式筹集的资金不可能无偿使用，需要付出代价，也就是要向资金提供者如股东、银行、债券持有人等支付股息、利息等作为报酬，即要产生资金成本。资金成本，一般理财专著中较准确的定义为：为筹集和使用资金而付出的代价，包括资金筹集费(简称筹资费)和资金占用费。筹资费是指在资金筹集过程中支付的各项费用，如发行股票、债券的印刷费，发行手续费，律师费，资信评估费，公证费，担保费，银团贷款管理费等。资金占用费是指占用资金的费用，如借款利息、债券利息、股息、红利等。资金占用费与所筹资金金额的大小以及占用时间长短有关，是筹资企业经常发生、需定期支付的，它构成了融资成本的主要内容。相比之下，资金筹集费则通常在筹集资金时一次性发生，属于一次性费用，它与筹资次数有关。因此，在计算成本时可作为筹资金额的一项扣除。融资成本的一般计算公式为式(5.6)。

$$K=\frac{D}{M-F} \tag{5.6}$$

式中：K 为融资成本；D 为资金占用费；M 为所筹资金金额；F 为资金筹集费。

(2) 计算资金成本的作用

资金成本是比较融资方式、选择融资方案的依据。资金成本有个别资金成本、综合资金成本、边际资金成本等形式，它们在不同情况下有各自的作用。

个别资金成本是比较各种融资方式优劣的一个尺度。工程项目筹集长期资金一般有多种方式可供选择，如长期借款、发行债券、发行股票等。由于融资渠道和融资方式的不同，它们的个别成本也是不同的。资金成本的高低可作为比较各种融资方式优劣的一个依据。

综合资金成本是项目资金结构决策以及评价融资方案的基本依据。通常项目所需的全部长期资金是采用多种融资方式筹集组合构成的，这种融资组合往往有多个融资方案可供选择。所以，综合资金成本的高低就是比较各个融资方案，作出最佳资金结构决策的基本依据。

边际资金成本是比较选择追加融资方案的重要依据。项目公司为了扩大工程规模，增加所需资产或投资，往往会追加筹集资金。在这种情况下，边际资金成本就成为比较选择各个追加融资方案的重要依据。

相对于公司融资(既有项目法人融资)而言，项目融资(新设项目法人融资)在取得债务资金时，要支付更多的前期筹资费用和利息成本。这就需要项目管理者更重视资金成本的测算。

2) 个别资金成本

个别资金成本是指使用各种长期资金的成本，这又分为普通股和优先股资金成本、项目借款和债券融资资金成本、融资租赁资金成本等。

(1) 普通股资金成本

普通股股东收益一般不固定，它随投资项目的经营状况而改变。普通股股东拥有的财富等于他将来从投资项目预期得到的收益按股东的必要收益率进行贴现而得到的总现值，即股东愿意投资的最低限度必须获得的收益率。低于这个收益率，投资者宁愿把资金投向别处，这个收益率就是普通股的资金成本。股东的预期收益由两部分组成：一部分是股利，其收益率称为股利收益率；二是资本利得，即由预期以后股票涨价给股东带来的收益，其收益率称为资本利得收益率。鉴于普通股成本计算考虑的因素，普通股成本的测算方法一般有三种。

① 股利折现模型。公式为式(5.7)。

$$P_e(1-F_c)=\sum_{t=1}^{\infty}\frac{D_t}{(1+K_c)^t} \tag{5.7}$$

式中：P_e为普通股融资额；F_c为普通股融资费用率；D_t为普通股第 t 年的股息；K_c为普通股资金成本率。

根据股利折现模型测算普通股资金成本，因实行的股利政策而有所不同。

如果公司采用固定股利政策，即每年分配现金股利 D_c元，则其资金成本率计算公式为式(5.8)。

$$K_c=\frac{D_c}{P_e(1-F_c)} \tag{5.8}$$

如果公司采用固定增长股利，股利固定增长比率为 G，则其资金成本率为式(5.9)。

$$K_c=\frac{D_1}{P_e(1-F_c)}+G \tag{5.9}$$

式中：D_1为第 1 年的股利。

② 资本资产定价模型。资本资产定价模型阐述为普通股投资的必要报酬率 K_s 等于无风险报酬率加上风险报酬率。公式为式(5.10)。

$$K_s=R_f+\beta(R_m-R_f) \tag{5.10}$$

式中：R_f为无风险报酬率；β 为股票的贝他系数；R_m为市场平均报酬率。

③ 债券投资报酬率加股票投资风险报酬率模型。从投资者的角度，股票投资的风险高于债券。因此，股票投资的必要报酬率可以在债券利率的基础上再加上股票投资高于债券投资的风险报酬率。

(2) 优先股资金成本

优先股的一个最大特点是每年的股利不是固定不变的，当项目运营过程中出现资金紧张时可暂不支付。但是，因其股息是在税后支付，无法抵消所得税，因此筹资成本大于债券。这对项目企业来说是必须支付的固定成本。由于优先股的股息是固定的，优先股的资金成本率计算公式为式(5.11)。

$$K_p=\frac{D_p}{P_p(1-F_p)} \tag{5.11}$$

式中：K_p为优先股资金成本率；D_p为优先股息；P_p为优先股融资额；F_p为优先股融资费用率。

(3) 项目借款资金成本

项目借款成本包括借款利息和筹资费用两部分。借款利息计入税前成本费用，可以起到抵税的作用。一次还本、分期付息借款的资金成本可表示为式(5.12)。

$$K_L=\frac{I_t(1-T)}{L(1-F_L)} \tag{5.12}$$

式中：K_L为项目借款融资资金成本率；I_t为项目借款年利息；T 为所得税率；L 为项目借款筹资额(借款本金)；F_L为项目借款筹资费用率。

式(5.12)也可以改为式(5.13)。

$$K_L=\frac{R_L(1-T)}{(1-F_L)} \tag{5.13}$$

式中：R_L为项目借款的利率。

当项目借款的筹资费(主要是借款的手续费)很少时，也可以忽略不计。

考虑货币的时间价值，可先采用计算现金流量的方法确定长期借款税后成本。公式为式(5.14)。

$$L(1-F_L)=\frac{\sum I_t(1-T)}{(1+K_L)^t}+\frac{P}{(1+K_L)^n} \tag{5.14}$$

式中：P 为第 n 年末应偿还的本金；K_L为项目借款融资成本(税后)。

若忽略借款的筹资费，由式(5.14)可以推出式(5.15)。

$$K_L = R_L(1-T) \tag{5.15}$$

这一结果显然与式(5.13)等价。

若项目借款采用其他还本付息方式，也可在式(5.14)的基础上进行相应调整。

(4) 债券融资资金成本

发行债券的成本主要指债券利息和筹资费用。债券利息的处理与项目借款利息的处理相同，应以税后的债务成本为计算依据。债券的筹资费用主要包括发行债券的手续费、注册费用、印刷费以及上市推销费用等，因费用较高，不可在计算资金成本时省略。

① 债券面值发行时融资成本的计算。按照一次还本、分期付息的方式，债券面值发行时融资成本的计算公式为式(5.16)和式(5.17)。

$$K_b = \frac{I_b(1-T)}{B_0(1-F_b)} \tag{5.16}$$

式中：K_b为债券融资成本；I_b为债券年利息；T 为所得税率；B_0为债券面值；F_b为债券筹资费用率。

或：

$$K_b = \frac{R_b(1-T)}{(1-F_b)} \tag{5.17}$$

式中：R_b为债券利率。

② 债券折价或溢价发行时融资成本的计算。当债券溢价或折价发行时，融资成本的计算公式为式(5.18)。

$$K_b = \frac{\left[I - \frac{(B_1 - B_0)}{n}\right](1-T)}{B_1(1-F_b)} \tag{5.18}$$

式中：I 为债券年利息；B_1为债券的实际发行总金额；B_0为债券面值总金额；n 为债券偿还期。

③ 考虑时间价值的债券融资成本的计算。若考虑时间价值，债券融资成本计算公式为式(5.19)。

$$B_1(1-F_b) = \frac{\sum I_b(1-T)}{(1+K_b)^t} + \frac{B_0}{(1+K_b)^n} \tag{5.19}$$

(5) 融资租赁资金成本

融资租赁是项目企业在资金短缺情况下取得生产所需设备的手段之一，它具有融资和融物相结合的特点，其实质是一种信贷行为。在融资租赁中，承租方以向出租方支付租金为代价，取得了资产大部分使用年限的使用权，并实现了资产所有权上附带的报酬和风险由出租方向承租方的转移。因此，融资租赁和其他筹资方式一样，对于承租方而言具有资金成本。融资租赁的成本包括设备购置成本和租息两部分。设备购置成本是租金的主要组成部分，由设备的买价、运杂费和途中保险费构成。租息又分为租赁公司的融资成本、租赁手续费等，融资成本是指租赁公司为购置租赁设备而筹措资金的费用，即设备的营业费用和一定的盈利，融资租赁的资金成本的计算公式为式(5.20)。

$$A = \sum_{t=1}^{n} \frac{F_t - D_t T}{(1 + K_r)^t} \tag{5.20}$$

式中：A 为租赁设备的公允价值(一般可以采用设备的现行市价，它和设备的入账价值是两个概念)；n 为租赁期；F_t为第 t 个租赁期支付的租金(一般情况下各期租金额是相同的)；D_t为第 t 个租赁期设备计提折旧额；T 为所得税税率；K_r为融资租赁承租方资金成本。

3）综合资金成本

上述几种筹资模式各有利弊。借债是成本最低的一种资金来源，但是，不能无限度地使用债务，借债过多会使偿债缺乏保障而加大风险，使资金成本升高。今天以较低的债务成本筹资，必须以牺牲将来借债的机会为代价。股票筹资的好处很多，不用还本付息，财务风险低，但是，其缺点是筹资成本高，出售普通股的同时，也把选举权出售给了新股东，可能会发生公司控制权的转移，而且对老股东来说，发售新股票会稀释每股的收益。所以，筹资者必须设计出一个最优的目标资本结构，即确定债权和股权的合理比例。对此就应考虑项目融资的加权平均资本成本，它是以各种资本占全部资本的比重为权数，对个别资本成本进行加权平均确定的。加权平均资金成本可根据公司的债务成本、权益成本计算出来。其计算公式为式(5.21)。

$$K_w = \sum_{j=1}^{n} K_j W_j \tag{5.21}$$

式中：K_w为加权平均资金成本；n 为个别资金的种数；K_j为第 j 种个别资金成本；W_j为第 j 种个别资金占全部资金的比重(权数)。

市场价值权数是指债券、股票以市场价格确定的权数。这样计算的加权平均资金成本能反映企业目前的实际状况。同时，为弥补证券市场价格变动频繁的缺陷，也可选用平均价格。

目标价值权数是指债券、股票以未来预计的目标市场价值确定权数。这种权数能体现期望的资本结构，而不像账面价值权数那样只反映过去和现在的资本结构，所以，按目标价值权数计算的加权平均资金成本更适用于企业筹集新资金。

4）边际资金成本

项目在建设过程中追加筹资时，不能仅仅考虑目前所使用的资金的成本，还必须考虑新筹资金的成本，即边际资金成本。边际资金成本是项目追加筹资的成本，是项目建设过程中确定追加权益资金和债务资金比例的重要标准。边际资金成本是一个动态的概念，对边际资金成本的计算也应从一个动态的过程来考虑，具体可以分为两种情况。

第一种情况，项目新增资金的成本与项目现有资金的成本相同，且在任何筹资范围内都能保持不变，则当新增资金的结构与项目现有资金结构相同时，综合边际资金成本将与项目现有综合资金成本相同；当新增资金的结构与项目现有资金的结构不同时，综合边际资金成本将不同于项目现有的综合资金成本，这时的综合边际资金成本则要根据各项新增资金的成本及其结构计算。显然，各项新增资金的成本与企业现有各项资金的成本相同，且在任何筹资范围内都保持不变的情况是不常见到的。

第二种情况，也是通常发生的情况，是各项新增资金的成本将随着筹资规模的扩大而上升，这时边际资金成本的确定比较复杂，需要按一定的方法步骤来计算。第一，要分析资金市场的资金供需状况等相关因素，以确定各种筹资方式的资金成本分界点。所谓资金成本分界点，是指使资金成本发生变动的筹资额，例如，当项目借款在1000万元时，其贷款利率为12%，如果借款超过1000万元时，由于风险的增加，超过部分的资金成本或利率就要上升为15%，则1000万元就为该种筹资方式的成本分界点。第二，要确定新筹资金的资金结构，也就是用各种筹资方式筹得资金之间的比例结构关系。第三，要确定筹资总额的资金成本分界点及与之对应的筹资范围。所谓筹资总额的资金成本分界点是指使用某项资金成本发生变动的筹资总额，这是根据已定的资金结构及各种筹资方式的资金成本分界点确定的。例如，若项目确定的新筹资金结构中，银行借款占20%，银行借款的资金成本分界点为1000万元，则项目的筹资总额在1000万元/20%=5000万元之内时，银行的资金成本不会上升；若筹资总额超过5000万元，按20%的银行借款资金比例结构，银行借款就会超过1000万元，银行借款的资金成本就会上升。因此，这5000万元就是针对银行借款的资金成本而言的筹资总额资金成本的分界点。

5.4.3 融资风险

在对项目融资方案设计以及项目融资结构进行研究时，为了使项目融资实现更好的经济效果，还必须进行融资风险分析。融资风险是指融资活动中存在的可能使投资者、项目法人、债权人等各方蒙受损失的各种风险。在融资方案分析中，应对各种方案的风险进行识别与比较，并提出防范风险的对策。

从广义上来讲，融资风险包含了项目的全部风险，有系统性风险，也有非系统性风险。系统性风险是指那些影响所有企业项目即整个市场的风险，如战争、通货膨胀、经济周期变动等。这类风险波及所有的项目投资对象，不能通过多样化投资、加强内部管理等方式加以规避。非系统性风险是指某一项目所特有的风险。如项目开发阶段的失败、管理层发生严重问题等。这类风险只波及特定的项目投资对象，可以通过多样化投资来分散。

从狭义上来讲，融资方案设计者最为关心的融资风险包括偿债能力风险、出资能力风险、再融资风险和金融风险等。这里我们着重介绍一下狭义上的融资风险。

1）偿债能力风险

依照《建设项目经济评价方法与参数(第三版)》中的要求，项目偿债能力分析的主要指标包括利息备付率、偿债备付率和资产负债率等。

（1）利息备付率

利息备付率(ICR)是指在项目借款偿还期内，各年用于支付利息的息税前利润与当期应付利息费用的比值，它从付息资金来源的充足性角度反映项目偿付债务利息的保障程度。其计算公式为式(5.22)。

$$ICR=\frac{EBIT}{PI}\times 100\% \tag{5.22}$$

式中：$EBIT$为息税前利润；PI为计入总成本费用的应付利息。

利息备付率一般可按年计算。利息备付率较高，即表明利息偿付的保障程度高。对于正常运营的企业，利息备付率起码应大于1，否则表示付息能力保障程度不足。具体的衡量标准应结合债权人的要求确定。

(2) 偿债备付率

偿债备付率($DSCR$)是指在项目借款偿还期内，用于计算还本付息的资金与当期还本付息金额的比值，用以表示可用于还本付息的资金偿还借款本息的保障程度。其计算公式为式(5.23)。

$$DSCR=\frac{EBITAD-T_{AX}}{PD} \tag{5.23}$$

式中：$EBITAD$ 为息税前利润加折旧和摊销；T_{AX} 为企业所得税；PD 为当期应还本付息金额。

可用于还本付息的资金还可以表示为税后净利润加上折旧、摊销和计入总成本费用中的利息；当期应还本付息金额包括当期应还贷款本金和计入总成本费用的全部利息。

偿还备付率一般可按年计算，该指标较高，表明可用于还本付息的资金保障程度较高。在正常情况下，偿债备付率应当大于1。当指标小于1时，表示当年资金来源不足以偿付当期债务，需要通过短期借款偿付已到期债务。

(3) 资产负债率

资产负债率($LOAR$)是指各期末负债总额同资产总额的比率，其计算公式为式(5.24)。

$$LOAR=\frac{TL}{TA}\times 100\% \tag{5.24}$$

式中：TL 为期末负债总额；TA 为期末资产总额。

该指标反映项目总体偿债能力。该比率越低，项目的偿债能力越强。反之，则项目的偿债能力越弱，存在偿债能力风险。

值得注意的是，从项目债权人的立场上看，其最关心的是贷款的安全程度，因此，债权人希望债务比例越低越好，项目的偿债能力越强越好。然而，从项目的权益投资者立场上看，当总投资收益率高于借款利息率时，负债比例增大会提高资本金利润率。总的来看，项目适度的负债可以兼顾权益投资者和债权人的利益。

2) 出资能力风险

预定的项目股本投资人及贷款融资人应当具有充分的出资能力。在项目融资方案的设计中应当对预定出资人出资能力进行调查分析。出资人的出资能力风险大多来自出资人自身的经营风险和财务能力，也可能来自出资人公司的经营和投资策略的变化，甚至可能来自其领导人的变更。有时可能来自出资人所在国家的法律、政治、经济环境的变化。世界经济状况、金融市场行情的变化也可能导致出资人出资能力和出资意愿的变化。

对于股本投资方来说，项目是否具有足够的吸引力，取决于项目的投资收益和风险。合理设定项目的投资收益并控制投资风险是项目融资中需要解决的重要问题。项目所在国家的经济环境、法律、政治的变化可能会导致项目筹资吸引力的变化，从而带来投资人出资风险。

对项目提供贷款的融资人应当有充分出资能力，资金实力弱的债权人可能由于经营中出现问题，无力履行当初的贷款承诺，从而产生项目贷款融资落空的风险。

考虑到出资人的出资风险，在选择项目的股本投资人及债权人时，应当选择资金实力强、既往信用好、风险承受能力强、所在国政治及经济稳定的出资人。

3）再融资风险

项目实施过程中会出现许多风险，包括设计的变更、技术的变更甚至失败、市场的变化、某些预定的出资人变更等。这些将会导致项目的融资方案变更，给项目带来再融资风险。故项目需要具备足够的再融资能力。在项目的融资方案设计中应当考虑备用融资方案，主要包括项目公司股东的追加投资承诺、贷款银团的追加贷款承诺、银行贷款承诺高于项目实施过程中追加取得新的融资。

4）金融风险

项目的金融风险主要是指由于一些项目发起人不能控制的金融市场的可能变化而对项目产生的负面影响。这些因素包括汇率波动、利率波动、国际市场商品价格上涨（特别是能源和原材料价格上涨）、项目产品的价格在国际市场上下跌、通货膨胀、国际贸易、贸易保护主义和关税的趋势等。

对于国际工程项目而言，金融风险的内容更为丰富，最敏感的金融风险是与货币有关的风险。因为在大多数国际项目融资中，都会出现主要收入货币与支出货币的差别，比如项目成本和收入基本上是当地货币，而项目贷款基本上都是外国货币，由国外银团提供外币贷款。这样，就容易使项目暴露在货币风险之下。

（1）金融风险的类型

① 利率风险。利率风险是指因市场利率变动而给项目融资带来一定损失的风险。主要表现在市场利率的非预期性波动给项目资金成本带来的影响。如果项目采取浮动利率贷款，当市场利率上升时，项目的资金成本将提高，会给借款较多的项目造成较大困难，表现在项目融资风险中主要是利率变动后引起项目债务利息负担增加而造成的损失。如果项目采取固定利率贷款，当市场利率下降时，贷款利率不随市场利率变动，项目的资金成本不能相应下降，相对资金机会成本将变高。

② 汇率风险。汇率风险，是指项目因汇率变动而遭受损失或预期收益难以实现的可能性。对于任何一个项目来说，只要在融资活动中运用到外币资金，都有可能因汇率变动而使融资成本提高或生产收益下降，形成外汇风险。

③ 外汇的不可获得风险。外汇的不可获得风险指由于东道国外汇短缺可能导致项目公司不能将当地货币转换成需要的外国货币，以偿还对外债务和其他的对外支付，从而使项目无法正常进行的风险。这是因为东道国一般都有使用外汇的先后顺序，比如，其先后顺序可能是：首先，偿还多边开发银行的贷款；其次，用于必要的进口支付；最后，支付金融机构对公共部门的贷款。如果该国外汇还有剩余，则项目单位才能与其他单位一起竞争这些有限的外汇，使其极易遭受外汇的不可获得风险，尤其在发展中国家这种风险更为明显。

④ 外汇的不可转移风险。由于外汇管制的存在，可能使项目公司的所得不能转换成需要的外汇汇出国外。有人将外汇管制比作古代的城墙，只有通过城墙的城门，货币才能进出国境，而政府持有该城门的钥匙，以使有限的外汇用于国内建设，而不愿意外汇外流。所以，即使项目公司产生了足够的现金流量，如不允许兑换成外汇汇出国外，外国投资者将无法及时取得利润，这对项目公司的投资者来说就是一种风险。

(2) 金融风险管理的一般方法

在工程项目融资中，一般通过以下方法来进行金融风险的管理。

① 降低利率风险的金融工具

降低利率风险最主要的金融工具是采取利率互换的方式，在项目融资中，互换就是用项目的全部或部分现金流量交换与项目无关的另一组现金流量。利率互换在项目融资中很有价值，因为多数银团贷款在安排长期项目贷款时，只愿意考虑浮动利率的贷款公式，使项目承担较大的利率波动风险。作为项目投资者，如果根据项目现金流量的性质，将部分或全部的浮动利率贷款转换成固定利率贷款，在一定程度上可以减少利率风险对项目的影响。在项目融资中，利率互换的作用可以归纳为以下两个方面：

第一，根据项目现金流量的特点安排利息偿还，减少因利率变化造成项目风险的增加，由于项目融资在贷款安排方面仍然存在一定的不灵活性，因而可能出现贷款利率结构不一定符合项目现金流量结构的情况。如果通过浮动利率与固定利率之间的转换，不同基础的浮动利率之间的转换，或者不同项目阶段的利率转换在一定程度上可以起到项目风险管理的作用。

第二，根据债务人在市场上的位置和金融市场的变化，抓住机会降低项目的利息成本。这方面的做法包括：将固定利率转换为浮动利率；通过先安排浮动利率贷款，然后再将其转换为固定利率的方法，降低直接安排固定利率贷款的成本；同样，通过先安排固定利率贷款，然后再将其转为浮动利率的方法，降低直接安排浮动利率贷款的成本。

② 降低汇率风险的金融工具

降低汇率风险可以采用以下两种方式。

第一种，汇率封顶，即在正式签署贷款合同或提取贷款前，项目公司与债权人协商约定一个固定的汇率最高值，还款时，债务人以不超过协商约定的汇率最高值进行换汇还款。例如，某项目公司向日本银行借款 1.0 亿美元，签署正式借款合同时，双方约定美元对人民币的汇率最高值为 100/835，且计价还款货币为美元，5 年后还款，还款时的美元对人民币的汇率为 100/900。由于锁定了汇率最高值为 100/835。因此，还款时，可以只用 8.35 亿元人民币来偿还 1.0 亿美元借款，而不需用 9.0 亿元人民币。

第二种，货币利率的转换，是指为降低借款成本或避免将来还款的汇价和利率风险，从而将一种货币的债务转换为另一种货币的债务。

③ 降低外汇获得和转移风险的方法

在一些项目融资中，常常是通过长期固定的合同带来现金流量的，这样的收入流量就不能进行适时的调整，极易遇到货币贬值风险。处理方法有以下几种。

第一，可以通过构造不同的合同结构，使项目的收入与债务支出货币相匹配。如在电力开发项目中，如果借进的是美元货币，则电力购买协议应主要以美元或者其他硬货币来结算。

第二，在当地筹集债务。项目公司可以通过在当地举债的办法来减少货币贬值风险。由于项目收入多以当地货币取得，债务偿还就不存在货币兑换问题。当然，在当地借款要受到许多因素的制约。

第三，将产生项目收入的合同尽量以硬货币支付，尤其是当这些合同的一方是政府部门时，这实际上意味着政府以合同的方式为项目提供了硬货币担保。

第四，与东道国政府谈判取得东道国政府担保，保证项目公司优先获得外汇的协议或者由其出具外汇可获得的担保。

5.4.4 融资结构分析

在项目资金筹集过程中有很多资金来源可供选择，包括权益资本和债务资本两大类，具体又包括很多种不同的来源。采取项目融资筹集资金的项目也是一样，在其投资结构基本确定以后，都要涉及资金的来源和筹资的方式问题。因此，在项目融资结构设计中有一个关键问题需要解决，这就是项目投资的资本结构和债务资金的来源问题。由于各种资金来源在成本和风险等方面存在差异，因此，这一问题通常是与项目的投资结构和融资模式设计紧密联系在一起的。

项目融资的资金构成有三个部分：股本资金、准股本资金(亦称从属性债务或初级债务资金)、债务资金(亦称高级债务资金)。虽然这三部分资金在一个项目中的构成以及相互之间的比例关系在很大程度上受制于项目的投资结构、融资模式和项目的信用保证结构，但是，也不能忽略资金结构安排和资金来源选择在项目融资中可能起到的特殊作用。通过灵活巧妙地安排项目的资金构成比例，选择适当的资金形式，可以达到既能减少投资者自身资金的直接投入，又能够提高项目综合经济效益的双重目的。

1）权益与债务融资比例

项目资本金与项目债务资金的比例是项目资金结构中最重要的比例关系，在确定时要受到如下因素的制约。

（1）项目各参与方的利益平衡

项目投资者希望投入较少的资本金，获得较多的债务资金，尽可能降低债权人对股东的追索。而提供债务资金的债权人则希望项目能够有较高的资本金比例，从而降低债权人的风险。若资本金比例过低，债权人可能拒绝提供贷款。

（2）资金成本和风险的平衡

由于项目的债务资本和权益资本在资金成本和风险程度上存在差异，因此，项目资本结构的确定事实上是项目资金成本和可承受风险的权衡问题。安排项目资金的一个基本原则是：在不会因为借债过多而伤害项目经济强度的前提下尽可能地降低项目的资金成本。对于一个具体项目来说，在考虑到公司所得税的基础上，债务资金成本相对股本资金成本要低得多，这是因为税法规定公司贷款的利息支出可以计入公司成本冲抵所得税，所以实际贷款利息成本计算公式见式(5.25)。

$$IC = ID - (1 - T) \tag{5.25}$$

式中：IC 为实际债务资金成本；ID 为贷款利率；T 为公司所得税率。

因此，理论上如果一个项目使用的资金全部是债务资金，它的资金成本应该是最低的，然而项目的财务状况和抗风险能力则会因承受如此高的债务而变得相对脆弱起来；相反，如果一个项目使用的资金全部是股本资金，则项目将会有一个非常稳固的财务基础，而且项目的抗风险能力也会因减少了金融成本得以加强，但是，这样一来却大大提高了资金使用的“机会成本”，使得综合资金成本变得十分昂贵。

对于绝大多数的项目，实际的资金构成和比例是在以上两个极端中间加以选择的。项目融资没有标准的“债务/股本资金比率”可供参考，确定一个项目资金比例的主要依据是该项目的经济强度，而且这个比例也会随着工业部门、投资者情况、融资模式等因素的不同而发生变化，并在一定程度上反映出当时当地的借贷双方在谈判中的地位、金融市场上的资金供求关系和竞争状况，以及贷款银行承受风险的能力。

与公司融资方式相比，项目融资的一个重要特点就是可以提高项目的债务承受能力。在项目融资中，通过对项目的全面风险分析，可确定项目最低现金流量水平和债务承受能力；通过对整体融资结构的综合设计，可以减少和排除许多风险因素和不确定因素，对潜在的风险会有较为清楚的认识。因此，与传统的公司融资相比较，采用项目融资方式可以获得较高的债务资金比例。但是，项目融资的这一特点并不意味着项目融资可以不需要或很少需要股本资金投入，而完全依靠贷款来解决项目的全部资金需求。事实上，项目融资所做的只是使资金的投入形式多样化，最大限度地利用项目的信用保证结构来支持项目的经济强度。

2）资本金融资结构

项目资本金融资结构是指项目资本金的出资形式和各方的出资比例。对于采用新设法人融资方式的，应根据投资各方在资金、技术和市场开发方面的优势，通过协商确定各方出资比例、出资形式和出资时间。对于采用既有法人融资方式的，资本金结构与比例要考虑既有法人的财务状况和筹资能力。

（1）出资形式

在项目融资中，资本金融资包含了股本资金与准股本资金。相对于贷款银行提供的债务资金而言，股本资金与准股本资金在项目融资中没有区别，承担的风险相同，只是在形式上有所不同。但是，对于项目投资者来讲，准股本资金相对于股本资金在安排上具有较高的灵活性。关于股本资金与准股本资金的介绍，可见“5.2.3 项目资本金的筹集方式”，这里不做赘述。

（2）项目资本金出资比例

项目资本金的不同出资比例决定了各投资方对项目建设和运营的决策权、责任和项目收益分配的比例。

在进行融资方案分析时，应注意出资人出资比例的合法性。按照我国现行规定，有些项目不允许国外资本控股，有些项目则要求必须由国有资本控股。例如，《外商投资产业指导目录》(2017 年修订)中规定，核电站、电网、铁路干线路网等项目，必须由中方控股。

3）债务融资结构

在一般情况下，项目融资中债务融资占有较大的比例，因此，项目债务资金的筹集是解决项目融资的资金结构问题的核心。对于项目投资者来说，其所面对的债务资金市场可以分为本国资金市场和外国资金市场。而债务资金具有多种多样的形式和种类，例如企业借款、银行贷款、国际借款，等等。作为一个债务人，应该如何选择适合于具体项目融资需要的债务资金呢?

首先，根据融资要求确定债务资金的基本结构框架。债务资金形式多种多样，并且每种形式均具有一些与其他形式不同的特征。债务人只有在众多的资金形式中找出具有共性的主要特征，才能根据项目的结构特点和项目融资的特殊要求，在一个共同的基础上对各种形式的债务资金加以分析和判断，确定和选择出债务资金的基本框架。

其次，根据市场条件确定债务资金的基本形式。在确定了债务融资的基本框架之后，还需要根据融资安排当时当地的市场条件来进一步确定几种可供选择的资金形式，针对这些资金形式的特点从中选择出一种或几种可以保证项目融资获得最大利益的债务资金形式。选择债务融资的结构时应该考虑以下几个方面。

（1）债务期限

债务的到期时间是区别长期债务和短期债务的一个重要界限。在资产负债表中，短于1年的债务被称为流动负债，超过1年的债务则被称为长期负债。项目融资结构中的债务资金基本上是长期性的资金，即便是项目的流动资金，多数情况下也是长期资金框架内的短期安排。有的资金形式，如商业银行贷款、融资租赁等可以根据项目的需要灵活地安排债务的期限，但是，如果使用一些短期资金形式，如期票、商业票据等作为项目融资的主要债务资金来源，如何解决债务的合理展期就会成为资金结构设计中的一个重要问题。另外，在项目负债结构中，短期借款利率一般会低于长期借款，适当安排一些短期融资可以降低总的融资成本，但是，如果过多地采用短期融资，会使项目公司的财务流动性不足，项目的财务稳定性下降，产生过高的财务风险。长期负债融资的期限应当与项目的经营期限相协调。

（2）债务偿还

长期债务需要根据一个事先确定下来的比较稳定的还款计划表来还本付息。对于从建设期开始的项目融资，债务安排中一般含有一定的宽限期。在此期间，贷款的利息可以资本化。由于项目融资的有限追索权，还款需要通过建立一个由贷款银团经理人控制的偿债基金来完成。每年项目公司按照规定支付一定数量的资金到偿债基金中，然后由经理人定期按比例分配给贷款银团成员。如果资金形式是来自资金市场上公开发行的债券，则偿债基金的作用就会变得更为重要。项目债务人通常希望保留提前还款的权利，即在最后还款期限之前偿还全部的债务。这种安排可以为债务人提供较大的融资灵活性，根据金融市场的变化或者项目风险的变化，对债务进行重组，以节约成本。但是，某些类型的债务资金安排对提前还款有所限制，例如一些债券形式要求至少一定年限内债务人不能提前还款，又如，采用固定利率的银团贷款，因为银行安排固定利率的成本，如果提前还款，债务人可能会被要求承担一定的罚款或分担银行的成本。通常，在多种债务中，对于债务人来讲，在时间上，由于较高的利率意味着较重的利息负担，所以，应当先偿还利率较高的债务，后偿还利率较低的债务。但是，为了使所有债权人都有一个比较满意的偿还顺序，在融资方案中应对此作出妥善安排。

（3）境内外借款

对于借款公司来讲，如果贷款条件一样，使用境外借款或国内银行外汇贷款，并没有什么区别。境内外借款主要取决于项目使用外汇的额度，同时也可能由借款取得的可能性及方便程度决定。但是，对于国家来讲，项目使用境外贷款，相对于使用国内银行的外汇贷款，国家的总体外汇收入增加，对于当期的国家外汇平衡有利。但是，对境外贷款偿还期内的国家外汇平衡会产生不利影响。从项目的资金平衡利益考虑，如果项目的产品销售不取得外汇，应当尽量不使用外汇贷款，投资中如果需要外汇，可以采取投资方注入外汇，或者以人民币购汇。如果项目使用的外汇额度很大，以至于项目大量购汇将会对当期国家的外汇平衡产生难以承受的影响，则需要考虑使用外汇贷款。如果国家需要利用项目从境外借款融入外汇，改善国家当期外汇平衡，也可以考虑由项目公司在国际上借贷融资，包括向世界银行等国际金融机构借款。

（4）利率结构

项目融资中的债务资金利率主要为浮动利率、固定利率以及浮动/固定利率三种机制。评价项目融资中应该采用何种利率结构，需要综合考虑三方面的因素。

首先，项目现金流量的特征起着决定性的作用。对于一些工程项目而言，项目的现金流量相对稳定，可预测性很强。采用固定利率机制有许多优点，有利于项目现金流量的预测，减少项目风险。相反，一些有关产品或资源项目的现金流量很不稳定，采用固定利率就有一定的缺点，在产品价格不好时将会增加项目的风险。

其次，对进入市场中利率的走向分析在决定债务资金利率结构时也起到很重要的作用。在利率达到或接近谷底时，如果能够将部分或全部浮动利率债务转换成为固定利率债务，无疑对债务人是一种有利的安排，这样可以在较低成本条件下将一部分融资成本固定下来。

最后，任何一种利率结构都有可能为债务人带来一定的利益，但是，也会相应增加一定的成本，最终取决于债务人如何在控制融资风险和减少融资成本之间的权衡。如果债务人将控制融资风险放在第一位，在适当的时机将利率固定下来是有利的，然而，短期内可能要承受较高的利息成本。如果债务人更趋向于减少融资成本，问题就变得复杂得多，要更多地依赖金融市场上利率走向的分析。因此，近几年来在上述两种利率机制基础上派生出了几种具有固定利率特征的浮动利率机制，以满足债务人的不同需要。

简单地说，具有固定利率特征的浮动利率机制是对浮动利率加以优化，对于债务人来讲，在某个固定利率之下，贷款利率可以自由浮动，但是，利率如果超过该固定水平，债务人只按照该固定利率支付利息。这种利率安排同样是需要成本的。

（5）货币结构

项目融资债务资金的货币结构可以依据项目现金流量的货币结构加以设计，以减少项目的外汇风险。不同币种的外汇汇率总是在不断变化。如果条件许可，项目使用外汇贷款需要仔细选择外汇币种。外汇贷款的借款币种与还款币种有时是可以不同的。通常主要考虑的是还款成本，选择币值较为软弱的币种作为还款币种。这样，当这种外汇币值下降时，还款金额相对降低。当然，币值软弱的外汇贷款利率通常较高。这就需要在汇率变化和利率差异之间作出预测权衡和抉择。

4）融资结构方案比选方法

不同的融资结构会给项目带来不同的经济后果。虽然负债资金具有双重作用，通过适当地利用负债，可以降低项目资金成本，但是，当项目负债比率太高时，也会带来较大的财务风险。所以，项目公司必须权衡财务风险和资金成本的关系，确定最佳资金结构。项目资金结构决策也就是确定最佳融资结构。所谓最佳融资结构是指在适度的财务风险条件下，使其预期的加权平均资金成本率最低，同时使其收益及项目价值最大的资金结构。确定项目的最佳融资结构，可以采用每股利润分析法和比较资金成本法。

（1）息税前利润——每股利润分析法

息税前利润——每股利润分析法是利用每股利润无差别点来进行资金结构决策的方案。所谓每股利润无差别点是指两种或两种以上融资方案下普通股每股利润相等时的息税前利润点，亦称息税前利润平衡点或融资无差别点。根据每股利润无差别点，分析判断在什么情况下可利用什么方式的融资来安排及调整资金结构，进行资金结构决策。

每股利润无差别点的计算公式如见式(5.26)。

$$\frac{(EBIT-I_1)(1-T)-D_{p1}}{N_1}=\frac{(EBIT-I_2)(1-T)-D_{p2}}{N_2} \tag{5.26}$$

式中：$EBIT$ 为息税前利润平衡点，即每股利润无差别点；I_1、I_2为两种增资方式下的长期债务年利息；D_{p1}、D_{p2}为两种增资方式下的优先股年股利；N_1、N_2为两种增资方式下的普通股股数。

分析者可以在依据上式计算出不同融资方案间的无差别点之后，通过比较相同息税前利润情况下的每股利润值大小，分析各种每股利润值与临界点之间的距离及其发生的可能性，来选择最佳的融资方案。当息税前利润大于每股利润无差别点时，增加长期债务的方案要比增发普通股的方案有利；而息税前利润小于每股利润无差别点时，增加长期债务则不利。

所以，这种分析方法的实质是寻找不同融资方案之间的每股收益无差别点，以使项目能够获得对股东最为有利的最佳融资结构。

这种方法既适用于既有项目法人融资决策，也适用于新建项目法人融资决策。对于既有项目法人融资，应结合公司整体的收益状况和资本结构，分析何种融资方案能够使每股利润最大；对于新建项目法人融资而言，可直接分析不同融资方案对每股利润的影响，从而选择适合的融资结构。

（2）比较资金成本法

比较资金成本法是指在适度财务风险的条件下，测算可供选择的不同资金结构或融资组合方案的加权平均资金成本率，并以此为标准相互比较确定最佳资金结构的方法。

项目融资可分为创立初始融资和发展过程中追加融资两种情况。与此相应地，项目资金结构决策可分为初始融资的资金结构决策和追加融资的资金结构决策。下面分别说明比较资金成本法在这两种情况下的运用。

① 初始融资的资金结构决策

项目公司对拟定的项目融资总额，可以采用多种融资方式和融资渠道来筹集，每种融资方式的融资额亦可有不同安排，因而形成多个资金结构或融资方案。在各融资方案面临相同的环境和风险情况下，利用比较资金成本法，可以通过加权平均融资成本率的测算和比较来做出选择。

② 追加融资的资金结构决策

项目有时会因扩大投资规模而需要追加筹措新资，即追加融资。因追加融资以及融资环境的变化，项目原有的最佳融资结构需要进行调整，在不断变化中寻求新的最佳融资结构，实现融资结构的最优化。

项目追加融资可有多个融资方案选择。按照最佳融资结构的要求，在适度财务风险的前提下，选择追加融资方案可用两种方法：一种方法是直接测算各备选追加融资方案的边际资金成本率，从中比较选择最佳融资组合方案；另一种方法是分别将各备选追加融资方案与原有的最佳融资结构汇总，测算比较各个追加融资方案下汇总资金结构的加权资金成本率，从中比较选择最佳融资方案。

项目公司在决定其融资结构时要综合考虑各种因素造成的影响，选取能使项目融资成本最低，收益率最高的最佳融资结构。决策者应结合项目具体情况，对影响项目融资结构的各种因素进行综合的分析并做出决策。

第6章 项目财务数据估算

6.1 项目的总投资估算

6.1.1 项目总投资的构成

投资是指向某一项目中投入一定的资源以获得未来收益的经济行为。项目总投资是指投资项目从前期准备工作开始到项目完全建成所发生的全部投资费用。投入的资源可以是人力、设备、技术、资金等。在计划投资一个项目前，企业通过对项目总投资额度的准确估算，可以确定筹资金额，选择合适的筹资方式，减少利息支出，提高投资效益。

项目总投资包括项目的固定资产投资、建设期借款利息、无形资产投资、递延资产投资和流动资金。通过对各个项目的估算最后加总可以得出项目总投资的估算额度。其中固定资产投资和建设借款利息形成企业的固定资产，无形资产投资形成企业的无形资产，开办费形成企业的递延资产，流动资金形成企业的流动资产。项目总投资构成内容如下。

(1) 固定资产投资

固定资产是指企业为生产商品、提供劳务、出租或经营管理而持有的，使用寿命超过一个会计年度的有形资产，如使用期限超过一年的房屋、建筑物、机器、运输工具及其他与生产经营有关的设备、器具和工具等。固定资产投资是指用于项目固定资产的各种费用，包括工程费用、预备费用和其他费用。

工程费用是指直接形成固定资产的工程项目费用，包括安装工程费用、建筑工程费用和设备购置费用。

预备费用是指在初步设计和概算中难以预料的工程费用，包括基本预备费用和价差预备费用。

其他费用是指除安装、建筑工程费用和设备购置费用以外的费用，包括土地和青苗等补偿费、安置补助费、建设单位管理费等。

(2) 建设期借款利息

建设期借款利息是指项目建设期间建设投资借款的应计利息，主要包括建设贷款、出口信贷、债券等的借款利息和融资费用。项目建设期的借款利息应计入项目总投资内，并摊入固定资产。

(3) 流动资金

流动资金是流动资产的表现形式，即企业可以在一年内或者超过一年的一个生产周期内变现或者耗用的资产合计，包括现金、存货、应收账款、有价证券、预付款等项目。生产过程中流动资金的实物形态会不断变化，最终其价值会转移到产品中去。

(4) 无形资产投资

无形资产投资是指形成企业无形资产的初始投资。无形资产指企业能长期使用而没有实物形态的资产，代表企业所拥有的知识产权和其他法定权利，如专有技术、专营权、商标权等。

(5) 递延资产投资

递延资产投资又称开办费，指形成项目投产后的递延资产会在项目投产后的前几年内逐步摊销。开办费是企业在筹建期间发生的各种费用，包括筹建人员开支的费用、企业登记费、验资费、税务登记费、筹资支付的手续费及不计入固定资产和无形资产的汇兑损益、引进设备和技术需要消化吸收的费用，选派一些职工在筹建期间外出进修学习的费用或聘请专家进行技术指导和培训的劳务费及相关的人员培训费，企业资产的摊销、报废和毁损及筹建期间发生的办公费、广告费、交际应酬费。递延资产实质上是一种费用，但由于这些费用的效益要期待于未来，并且这些费用支出的数额较大，是一种资本性支出，其受益期在一年以上，若把它们与支出年度的收入相匹配就不能正确计算当期经营成果，所以应把它们作为递延资产处理，在受益期内分期摊销。

6.1.2 项目固定资产投资评估

1) 固定资产投资评估的目的与意义

固定资产投资是项目的重要投入和项目成本的重要组成部分，具有内容复杂、量大、投入集中等特点。在项目评估中，固定资产投资是直接计算项目经济效益的重要因素，也是估算产品生产成本、规划资金来源和估算贷款还本付息等财务费用的重要依据。因此，准确地估算固定资产投资，对于保证项目其他财务数据的正确评估、真实地反映项目的经济效果、避免投资决失误有着重要的作用。固定资产投资的评估必须在生产建设条件和项目设计方案评估的基础上进行，项目采用的生产设备和技术达到适用、可靠和先进的要求，项目构成和平面布置合理，这时评估固定资产投资才具有实际意义。

2) 固定资产投资的估算方法

固定资产投资的估算方法有很多，有概略估算和详细估算两类。国外常用的单位生产能力投资估算法、生产规模指数法、比例估算法等都属于概略估算。编制概算就是一种详细估算方法。编制概算的方法是以单项工程为对象，利用各种概算指标精确地估算固定资产的一种方法，编制过程较复杂，但估算的精确度较高。下面分别介绍几种常用的概略估算方法。

(1) 单位生产能力投资估算法

单位生产能力投资估算法是指根据同类项目单位生产能力所耗费的固定资产投资额估算拟建项目固定资产投资额的一种方法，单位生产能力投资是指每单位的设计生产能力所需要的建设投资。该方法简单地将同类项目的固定资产投资额与其生产能力的关系视为线性关系，与实际情况的差距较大。运用该方法时，我们应当注意拟建项目与同类项目的可比性，尽量减少误差，一般是据行业设计部门或主管部门提供的资料，以已建成的可比建设项目的单位生产能力投资额，近似估算拟建项目固定资产投资额。计算公式见式(6.1)。

$$I_2=N_2(I_1/N_1)P \tag{6.1}$$

式中：I_2为拟建项目所需固定资产投资额；N_2为拟建项目生产规模；I_1为可比项目实际固定资产投资额；N_1为可比项目生产规模；P为物价换算系数。

单位生产能力投资估算法是把建设项目的生产能力和建设投资额看作简单的线性关系，一般适用于拟建项目与同类项目的生产能力比较接近的情况。否则，误差较大。另外，我们要根据拟建项目与同类项目时间、装备水平的差异进行调整，不能简单套用。因为单位生产能力投资要受劳动生产率和市场物价变动的影响，所以不同地点、不同时间、不同装备水平也会对投资产生很大影响。

（2）生产规模指数法

生产规模指数法又称指数估算法，是指根据已建成的、性质类似的建设项目的投资额和生产能力与拟建项目的生产能力估算拟建项目的投资额的方法。计算公式为式(6.2)。

$$该项目投资额=已知项目投资额\times(已知项目/该项目规模)^n\times调整系数 \tag{6.2}$$

上式表明造价与规模呈非线性关系，且单位造价随工程规模的增大而减小。运用这种方法估算项目投资的条件是要有合理的生产能力指数，不同生产率水平的国家和不同性质的项目中，生产能力指数是不相同的。若已建类似项目的规模和拟建项目的规模相差不大，生产规模比值为0.5~2，则指数n的取值近似1；若已建类似项目的规模和拟建项目的规模相差较大，但不大于50倍，且拟建项目规模的扩大仅靠扩大设备规模来达到时，n取值为0.6~0.7；若已建类似项目的规模和拟建项目的规模相差较大，但不大于50倍，且项目规模的扩大靠增加相同规格设备的数量时，n取值为0.8~0.9。

生产规模指数法与单位生产能力估算法相比精确度略高，其误差可控制在-20%~20%，尽管估价误差仍较大，但它有独特的好处：这种估价方法不需要详细的工程设计资料，只知道工艺流程及规模就可以；对于总承包工程而言，可作为估价的旁证，在总承包工程报价时，承包商大多采用这种方法估价。但其要求类似工程的资料可靠，条件基本相同，否则误差就会增大。生产规模指数法主要应用于拟建装置或项目与用来参考的已知装置或项目的规模不同的场合。采用生产规模指数法时，要求类似项目的资料可靠，条件与拟建项目基本相同，否则误差就会增大。本方法不适用于已建类似项目的规模和拟建项目的规模相差大于50倍的情况。

单位生产能力估算法是把固定资产投资与其生产能力视作线性关系，然而，在一般的情况下固定资产投资与生产能力的增加并非完全线性关系，单位生产能力估算法就是考虑了二者的增长关系，以两个类似项目或设备生产能力增长的比例为参照，用指数的乘方来调整其投资增长比例，以此估算拟建项目所需的投资就比较客观些。单位生产能力一般是根据行业的经验数据而定，国内没有统一取值标准，一般根据工程项目规模的扩大方式不同而有所区别。

（3）比例估算法

比例估算法要先进行调查分析，找出主要设备投资或主要生产车间投资占整个项目建设总投资的比例，作为投资估算的基础，然后比较细致地计算拟建项目中主要设备或主要生产车间的投资数，以此推算拟建项目的总投资额，其计算公式为式(6.3)。

$$I_2=Y_2/(I_1/Y_1)=Y_2\times I_1/Y_1 \tag{6.3}$$

式中：I_2为拟建项目的主要设备或主要生产车间投资额；Y_2为拟建项目总投资额；I_1为已建成同类项目的主要设备或主要生产车间投资额；Y_1为已建成项目总投资额。

例如，已知同类已建项目的主要生产设备投资占建成项目总投资额的60%，拟建项目的主要生产设备投资为100万元，则拟建项目总投资额为100÷60%=166.67万元。

（4）系数法

系数法是以拟建项目的主体工程费或主要设备购置费为基数，以其他工程费与主体工程费的百分比为系数估算项目的静态投资的方法。这种方法简单易行，但是精度较低，一般用于项目建议书阶段。系数估算法的种类很多，在我国常用的方法有设备系数法和主体专业系数法，朗格系数法是世界银行项目投资估算常用的方法。

设备系数法以拟建项目的设备购置费为基数，根据已建成的同类项目的建筑安装费和其他工程费等与设备价值的百分比，求出拟建项目建筑安装工程费和其他工程费，进而求出项目的静态投资。其计算公式为式(6.4)。

$$C=E(1+f_1P_1+f_2P_2+f_3P_3+\cdots)+I \tag{6.4}$$

式中：C为拟建项目的静态投资，E为拟建项目根据当时当地价格计算的设备购置费；f_1、f_2、$f_3\cdots$为由时间因素引起的定额、价格、费用标准等变化的综合调整系数；P_1、P_2、$P_3\cdots$为已建项目中建筑安装工程费及其他工程费等与设备购置费的比例；I为拟建项目的其他工程费。

主体专业系数法以拟建项目中投资比重较大，并与生产能力直接相关的工艺设备投资为基数，根据已建同类项目的有关统计资料，计算拟建项目各专业工程(总图、土建、采暖、给排水、管道、电气、自控等)与工艺设备投资的百分比，进而求出拟建项目各专业投资额，然后加总即为拟建项目的静态投资。其计算公式为式(6.5)。

$$C=E(1+f_1P_1+f_2P_2+f_3P_3+\cdots)+I \tag{6.5}$$

式中：P_1、P_2、$P_3\cdots$为已建项目中各专业工程费用与工艺设备投资的比重。其他符号含义同设备系数法公式。

朗格系数法是以设备购置费为基数，乘以适当系数推算项目的静态投资。这种方法在国内不常见，是世行项目投资估算常用的方法。该方法的基本原理是分别计算项目建设的总成本费用中的直接成本和间接成本，再合为项目的静态投资。其计算公式为式(6.6)。

$$C=E(1+\sum k_i)k_c \tag{6.6}$$

式中：k_i为管线、仪表、建筑物等费用的估算系数；k_c为管理费、合同费、应急费等间接费用的总估算系数，其他符号含义同设备系数法公式。

（5）分项类比估算法

分项类比估算法是比例估算法与分项估算法结合运用的一种方法。它是通过分项类比已有类似项目各组成部分的实际投资指标，对拟建项目建设投资进行估算。先分别计算出已有类似项目土建工程费和其他基建费占设备费用的比例，估算拟建项目设备费，再分别将求出已有类似项目的有关比例乘以拟建项目设备费、拟建项目的土建工程费和其他基建费的估值，然后将三部分的总和乘以预备费系数，得出拟建项目固定资产投资的估值。分项类比估算法的表达式为式(6.7)~式(6.10)。

$$I=(I_A+I_B+I_D)\times(1+S) \tag{6.7}$$

$$I_A=I_B\times I_{A1}/I_{B1} \tag{6.8}$$

$$I_B=\sum_{i=1}^{n}[Q_i\times P_i\times(1+L_i)] \tag{6.9}$$

$$I_D=I_B\times I_{D1}/I_{B1} \tag{6.10}$$

式中：I 为拟建项目固定资产投资估算值；I_A为拟建项目土建工程估算值；I_B为拟建项目设备估值；I_D为拟建项目其他基建费估算值；S 为预备费系数；I_{A1}为已有类似项目的土建工程费；I_{B1}为已有类似项目的设备费；Q_i为类似项目第 I 种设备的数量；P_i为类似项目第 I 种设备的单价；L_i为类似项目第 I 种设备的运输安装费系数；I_{D1}为已有类似项目的其他基建费。

分项类比估算法充分考虑了项目内容的组成情况，估算精度较高。但确定项目固定资产投资的关键在于正确地选定工程项目各部分投资的百分比。而估算方法中的百分比是随企业的性质和具体条件而变化的，目前国内各行业还没有规范的标准数据，各部门和行业往往根据实际经验确定百分比。

（6）单项工程投资估算法

单项工程投资估算法是将一个综合项目划分为多个单项工程，分别计算各单项工程建设费用，最后将各单项工程的建设投资相加所得总额就是该项目建设投资总额。项目单项工程建设投资，一般包括以下几个方面的内容：

建筑工程投资：是指项目单项工程建造中所必须投资的建筑物和构筑物，如房屋、水电、道路、通信等土建工程设施所需要的费用投资。

设备、工具、仪器等购置费用投资：如加工机械、运输机械、测量仪器等所需的费用投资。

设备安装费用：是指安装各种设备、仪器、机械所需的费用投资。

其他基建投资：主要包括土地征用和补偿、勘察设计、筹建管理、生产准备、项目区域绿化、人员培训、技术转让和专利购置等费用。

不可预见费用：是指由于在估算时对某些工程内容、费用开支及项目执行期物价上涨，事先很难估计的支出费用。

3）固定资产投资的评价

第一，项目固定资产投资估算的内容是否完整，项目的投资构成是否符合设计和有关部门的规定要求，有无漏项或重复计算，估算的价值是否准确无误。

第二，对项目固定资产投资的各项工程费用估算的方法和依据，是否符合工程概预算规定和要求，各项费用计算是否符合财税部门和其他有关部门的规定。例如，对涨价预备费的审查分析，要考察物价上涨指数选用是否合适，是否符合国内物价水平；汇率的选用是否考虑外汇汇率的变动与通货膨胀的因素等。

第三，对建筑工程投资的评价，应参照类似项目建筑物和构筑物的建筑面积造价，结合项目的工艺技术要求，分析建筑工程设计方案中所提出的各项建筑物和构筑物的面积和结构是否合理，是否符合工艺技术和设备的操作要求，然后用近期各类建筑物、构筑物的单位面积造价指标测算其造价是否合适。在评估造价时，应考虑建筑材料和人工费用的价格变化情况。

第四，对安装工程投资费用的评价主要审查其估算依据是否合理可靠，而后再审查其安装费用是否估算得正确。

第五，对固定资产投资方向调节税的审查分析主要考察调节税率、税目和调节税的计算方法是否符合国家规定及投资方向调节税额的计算是否准确无误。

第六，对建设期利息的考察分析，首先应审查利息的计算期是否与项目建设期一致，利息的计算基数是否与分年投资用款计划一致；其次再考察分析利率的选用是否与投资的来源和贷款的种类相吻合，以及贷款利息的计算方法是否正确。

6.1.3 无形资产投资估算与评估

1）无形资产的概念

无形资产是指企业拥有或者控制的没有实物形态的可辨认的非货币性资产。无形资产主要包括专利权、专有技术、商标权、著作权、土地使用权、特许权等。

专利权是指政府有关部门向发明人授予的在一定期限内生产、销售或以其他方式使用发明的排他权利。专利分为发明、实用新型和外观设计三种。专有技术又称秘密技术或技术诀窍，是指从事生产、管理和财务等活动领域的一切符合法律规定条件的秘密知识、经验和技能，其中包括工艺流程、公式、配方、技术规范、管理和销售的技巧与经验等。商标权是商标专用权的简称，是指商标使用人依法对所使用的商标享有的专用权利，是商标注册人依法支配其注册商标并禁止他人侵害的权利，包括商标注册人对其注册商标的排他使用权、收益权、处分权、续展权和禁止他人侵害的权利。著作权是指文学、艺术、科学作品的作者依法对其作品享有的一系列的专有权。著作权是一种特殊的民事权利，与工业产权构成知识产权的主要内容。在广义上，它也包括法律赋予表演者、音像制作者、广播电台、电视台或出版者对其表演活动、音像制品、广播电视节目或版式设计等与著作权有关的权利。根据我国的著作权制度，著作权是一种包含若干特殊的人身权和财产权的混合权利，行使著作权中的财产权往往涉及其中的人身权。例如，作者将他的作品首次交给出版社出版时，不仅是在行使出版权，往往也是在行使发表权。土地使用权是指国家机关、企事业单位、农民集体和公民个人，以及三资企业，凡具备法定条件者，依照法定程序或依约定对国有土地或农民集体土地所享有的占有、利用、收益和有限处分的权利。土地使用权是外延比较大的概念，这里的土地包括农用地、建设用地、未利用地。特许权指由政府部门授予或通过协议由一方授予另一方行使某一特定功能或销售某一产品的权利。专营权包括专卖和专买权。政府授予的专营主要是具有垄断性质的服务或某些特殊权利，如邮电等公用事业、烟草专卖、进口权等特许经营权。常见的公司间的专营权是公司授予另一公司使用商标、专利、专有技术，如饮食业的肯德基、旅馆业的假日饭店等。

2）无形资产投资估算的意义

无形资产投资估算可以培养品牌意识和加强品牌维护。市场经济下，知识就是财富，知识产权就是财富，客观上的评价标准之一就是其市场化的价值。在市场经济的作用下，各行各业都在想方设法对自身现有的无形资产进行挖掘、开发、整合，通过评估将各种附加值体现出来。品牌已经成为主体宣传自己，开展竞争的有力武器。另外，品牌的维护比创建更加重要，对无形资产进行价值评估可以在客观上说明评估对象的市场价值，但如果缺乏对其内涵的维护，就会出现品牌的市场价值和其需求背道而驰的情况。无形资产的价值也不是一成不变的，会随着市场因素发生起伏。当前，无形资产交易越来越广泛，促成无形资产交易成功的不仅仅是其技术水平和应用后创造的经济效益，公正的交易价格也是极为重要的因素之一。无形资产的交易不像有形资产那样有可参考的市场价格，作为中介的无形资产评估机构可以依据无形资产的综合因素，合理公正地做出评估，为无形资产交易提供价格依据。无形资产的价格如果能够很好地与其所带来的经济效益和社会效益相适应，就会促进无形资产经营的进行，这样就可以促进知识产品向现实生产力转化，提高无形资产的运用效果。

3）无形资产投资估算的方法

（1）市场价值法

市场价值法根据市场交易确定无形资产的价值，适用于专利、商标和版权等，一般是根据交易双方达成的协定以收入的百分比计算上述无形资产的许可使用费。该方法存在的主要问题是：首先，大多数无形资产并不具有市场价格，有些无形资产是独一无二的，难以确定交易价格；其次，无形资产一般都是与其他资产一起交易，很难单独分离其价值。

（2）收益法

收益法根据无形资产的经济利益或未来现金流量的现值计算无形资产价值，如商誉、特许代理等。使用此方法的关键是确定适当的折现率或资本化率。这种方法同样存在难以分离某种无形资产的经济收益问题。此外，当某种技术尚处于早期开发阶段时，其无形资产可能不存在经济收益，因此不能应用此方法进行计算。

（3）成本法

成本法是计算替代或重建某类无形资产所需的成本，适用于那些能被替代的无形资产的价值计算，也可估算无形资产使生产成本下降、原材料消耗减少或价格降低、浪费减少和更有效地利用设备等所带来的经济收益，从而评估这部分无形资产的价值。但受无形资产获得替代技术或开发替代技术的能力及产品生命周期等因素的影响，无形资产的经济收益很难被确定，此法在应用上受到限制。

6.1.4 流动资金的估算与评价

1）流动资金的构成

项目流动资金是项目建成后保证其生产经营活动得以正常进行所必需的资金。由于这部分资金需要在投产前后集中使用以形成企业的流动资产，在项目整个生产期内长期保持和周转使用，因此流动资金投资是项目投资的重要组成部分。流动资金根据其在生产过程的价值形态，可由储备资金、生产资金、成品资金、结算资金和货币资金五部分组成。储备资金包括生产准备阶段购置的各种原材料、辅助材料、燃料、包装物、外购半成品、低值易耗品、修理备件等；生产资金是指生产阶段投入的各项制品、自制半成品的费用和待摊费用；成品资金包括产出后待销售的各种库存产成品及外购商品；结算资金是指正在结算中的各种款项，如发出商品后应收的账款、预付的购料款及短期负债等；货币资金是指库存现金、备用金及银行存款。

2）流动资金估算方法

不同类型的项目，其流动资金的需要量差异较大，一般可根据项目的类型与类似项目的经验数据加以估算。流动资金常用的估算方法主要有以下几种。

（1）扩大指标估算法

扩大指标估算法是根据类似企业的实际资料，求出各种资金率指标，依次估算项目流动资金需要量的一种方法。

① 销售收入资金率估算法。销售收入资金率是指项目流动资金需要量与一定时期内的销售收入的比率。用该比率计算流动资金需要量的公式见式(6.11)。

流动资金需要量=项目年销售收入×销售收入资金率　　(6.11)

式中：项目年销售收入取项目达到设计生产能力时的数值；销售收入资金率根据类似项目的经验数据加以确定。一般加工工业项目多采用该法进行流动资金估算。

② 总成本资金率法。总成本(或经营成本)资金率是指项目流动资金需要量与一定时期内总成本的比率。用该比率计算流动资金需要量的公式见式(6.12)。

流动资金=项目总成本×总成本资金率　　(6.12)

式中：项目年总成本取达到生产能力时的数值；总成本资金率根据同类项目的经验数据加以确认。

③ 固定资产价值资金率法。固定资产价值资金率是指项目流动资金的需要量与固定资产价值的比率。用该比率计算流动资金需要量的公式见式(6.13)。

流动资金需要量=固定资产价值×固定资产价值资金率　　(6.13)

式中：固定资产价值根据前述方法得出；固定资产价值资金率根据类似项目的经验数据加以确定。某些特定的项目(如火力发电厂、港口项目等)可采用该法进行流动资金估算。

④ 单位产量资金率法。单位产量资金率是指项目单位产量所需的流动资金金额。用该比率计算流动资金需要量的公式见式(6.14)。

流动资金需要量=年产量×单位产量资金率　　(6.14)

式中：单位产量资金率根据类似项目经验数据加以确定。某些特定的项目可采用该法进行流动资金估算。

（2）分项详细估算法

分项详细估算法是指在分项估算储备资金、生产资金和成品资金的基础上加以汇总，进而得出流动资金需要量的一种估算方法。

① 储备资金估算。储备资金是指为保证生产经营活动的正常进行，需要储备一定数量的材料、商品等物资而占用的那部分流动资金。对于占用资金较多的材料、商品等，要按品种类别逐项分别计算。储备资金估算的公式见式(6.15)。

某投入物流动资金需要量=(该投入物的价格×年耗用量)÷360×储备天数=在途天数+
(平均供应间隔天数×供应间隔系数)+验收天数+
整理准备天数+保险天数　　(6.15)

式中：供应间隔系数取50%～60%。各项投入物流动资金除以其所占储备资金的百分比，即为项目的储备资金需要量。

② 生产资金估算。生产资金是指从投入生产到产品完成这一阶段所占用的那部分流动

资金。其计算公式见式(6.16)。

生产资金在产品每日需要量=平均生产费用×生产周期天数在产品成本系数=(单位产品成本中的材料费+单位产品成本在产品中的其他费用/2)÷单位产品成本 (6.16)

式中：在产品成本系数是指在产品平均单位成本与产成品单位成本的比值。产品的生产费用是在生产过程中逐渐形成的，随着生产的进行而不断积累，因此，在产品成本系数根据生产费用逐渐增加的程度而定。如果生产费用集中在生产开始时投入，在产品成本系数就大；反之亦然。如果生产费用在生产过程中均衡发生，在产品成本系数可以按50%计算。在上式中，假定原材料费用在生产开始时发生，其他费用在生产过程中均衡发生。

③ 成品资金估算。成品资金是指从生产完成到产品售出这一阶段所占用的流动资金。成品资金应按品种类别分别计算后汇总。其计算公式为式(6.17)。

成品资金需要量=产品平均日销售量×工厂单位产品成本×定额天数 (6.17)

④ 非定额流动资金估算。非定额流动资金可按定额流动资金的一定比例估算，也可按式(6.18)进行估算。

非定额流动资金=现金+应收账款-应付账款-应付工资 (6.18)

式中：现金包括备用金、库存现金和银行存款，应收账款主要是发出商品到收回货款所垫支的资金。由于这两类资金经常发生变化，很难准确地确定其每日资金需要量和占用天数，我们可按式(6.19)进行简略估算。

现金=(年经营成本-外购原材料、燃料、动力成本-年维修费用)÷360×周转天数 (6.19)

应收账款是销售产品所形成的垫付资金，但同时要考虑在投入物供应过程中购买原材料、燃料和外购动力时所形成的应付账款，以及工资发放形成的应付工资等抵补资金来源。因此，我们既要计算应收账款，也要计算应付账款及应付工资所形成的抵补资金。各项资金量的计算方法见式(6.20)~式(6.22)。

应收账款=年经营成本÷360×结算天数(周转天数) (6.20)

应付账款=年外购原材料、燃料、动力费用÷360×结算天数 (6.21)

应付工资=年工资总额÷360×发放工资间隔天数 (6.22)

式中：应收及应付账款的结算天数，取30~60天，发放工资间隔天数可按15天或30天估算。上述两类资金需要量的总和减去应付账款及应付工资就是项目非定额流动资金总额。

3）流动资金的审查与评价

流动资金是保证项目建成后，维持企业正常经营活动的资金。对流动资金需要量的估算与决策将直接影响企业的盈利水平与清偿能力。因为评价项目清偿能力的主要指标是流动比率，即流动资产与流动负债的比率。流动资金也影响企业的流动负债成本，还进一步影响企业的资金结构和资金预算。因此，项目的流动资金的审查和评价需要注意审查流动资金估算总额能否满足项目的正常生产经营活动的基本要求，即审核流动资金的占用量与周转期是否符合企业经营要求。若有缺口，应予以调整。同时，流动资金的定额指标要达到行业的平均水平要求。企业在审查、评价中发现问题时要及时修改调整，并编制流动资金估算表。

6.2 项目生产成本与费用的估算

6.2.1 测算成本与费用的意义

生产成本与费用是指以货币形式表示的一定时期内在产品生产和销售过程中所消耗的物化劳动和活劳动的总和，是维持企业正常生产经营活动不断进行的重要条件，构成了产品价格的重要基础。企业发生的成本和费用是企业生产经营活动的综合性质量指标。项目投产后企业产量的多少、质量的好坏、设备利润的高低、劳动生产率的高低、物质消耗的节约或者浪费都会通过成本、费用指标综合表现出来。因此，费用、成本预测提供的资料能综合反映项目投产后的生产经营水平和工作质量，是确定和计量盈利的基础。同时，成本和费用是定价的最低界限，成本费用预测提供的资料是定价决策的重要依据。

6.2.2 总成本费用的构成

总成本费用由生产成本和期间费用两部分构成。

(1) 生产成本

生产成本亦称制造成本，是指企业生产经营过程中实际消耗的直接材料、直接工资、其他直接支出和制造费用。

直接材料包括企业生产经营过程中实际消耗的原材料、辅助材料、设备配件、外购半成品、燃料、动力、包装物、低值易耗品及其他直接材料。

直接工资包括企业直接从事产品生产人员的工资、奖金、津贴和补贴。

其他直接支出包括直接从事产品生产人员的职工福利费等。

制造费用是指企业各个生产单位(分厂、车间)为组织和管理生产所发生的各项费用，如管理人员工资、职工福利费、折旧费、维简费、修理费、物料消耗费、低值易耗品摊销、劳动保护费、水电费、办公费、差旅费、运输费、保险费、租赁费(不包括融资租赁费)、设计制图费、试验检验费、环境保护费及其他制造费用。

(2) 期间费用

期间费用是指在一定会计期间发生的与生产经营没有直接关系和关系不密切的管理费用、财务费用和销售费用，期间费用不计入产品的生产成本，直接体现为当期损益。

管理费用是指企业行政管理部门为管理和组织经营活动发生的各项费用，包括公司经费(工厂总部管理人员工资、职工福利费、差旅费、办公费、折旧费、修理费、物料消耗费、低值易耗品摊销及其他公司经费)、工会经费、职工教育经费、劳动保险费、董事会费、咨询费、顾问费、交际应酬费、税金(企业按规定支付的房产税、车船使用税、土地使用税、印花税等)、土地使用费(海域使用费)、技术转让费、无形资产摊销、开办费摊销、研究发展费及其他管理费用。

财务费用是指企业为筹集资金而发生的各项费用，包括企业生产经营期间的利息净支出、汇兑净损失、调剂簿记手续费、金融机构手续费以及筹资发生的其他财务费用等。

销售费用是指企业在销售产品、自制半成品和提供劳务等过程中发生的各项费用以及专设销售机构的各项经费，包括应由企业负担的运输费、装卸费、包装费、保险费、委托代销费、广告费、展览费、租赁费(不包括融资租赁费)和销售服务费用、销售部门人员工资、职工福利费、差旅费、办公费、折旧费、修理费、物料消耗费、低值易耗品摊销及其他费用。

6.2.3 总成本费用的估算

为便于计算，在总成本费用中，我们将工资及福利费、折旧费、修理费、摊销费、利息支出进行归并后分别列出，其中的“其他费用”是指在制造费用、管理费用、财务费用和销售费用中扣除工资及福利费、折旧费、修理费、摊销费、维简费、利息支出后的费用。按照总成本费用估算表的内容，总成本费用的计算公式为式(6.23)。

总成本费用=外购原材料费+外购燃料动力费+工资及福利费+折旧费+修理费+维简费+摊销费+利息支出+其他费用=经营成本+折旧费+维简费+摊销费+利息支出=固定成本+可变成本　　(6.23)

1）外购原材料成本的估算

原材料成本是总成本费用的重要组成部分，其计算公式为式(6.24)。

原材料成本=全年产量×单位产品原材料成本　　(6.24)

式中：全年产量可根据测定的设计生产能力和生产负荷加以确定，单位产品原材料成本是依据原材料消耗定额及单价确定的。工业项目生产所需要的原材料种类繁多，在评估时，我们可根据具体情况，选取耗用量较大的、主要的原材料为估算对象，依据国家有关规定和经验数据估算原材料成本。

2）外购燃料动力成本的估算

外购燃料动力成本估算公式为式(6.25)。

外购燃料动力成本=全年产量×单位产品燃料动力成本　　(6.25)

3）工资及福利费的估算

如前所述，工资及福利费包括在制造费用、管理费用、财务费用和销售费用之中。为便于计算和进行项目经济评估，我们需将工资及福利费单独估算。

工资的估算可采取以下两种方法：

一是按全厂职工定员数和人均年工资额计算年工资总额。其计算公式为式(6.26)。

年工资成本=全厂职工定员数×人均年工资数　　(6.26)

二是按照不同的工资级别对职工进行划分，分别估算同一级投资项目评估中职工的工资，然后再加以汇总。一般可分为五个级别：高级管理人员、中级管理人员、一般管理人员、技术工人和一般工人。若有国外的技术和管理人员，我们要单独列出。

福利费主要用于职工的医药费、医务经费、职工生活困难补助及按国家规定开支的其他职工福利支出，不包括职工福利设施的支出，一般可按照职工工资总额的一定比例提取。

4）折旧费的估算

折旧费包括在制造费用、管理费用、财务费用和销售费用中。为便于进行项目的经济评估，我们可将折旧费单独估算和列出。所谓折旧，就是固定资产在使用过程中，通过逐渐损耗(包括有形损耗和无形损耗)而转移到产品成本或商品流通费中的那部分价值。计提折旧是企业回收其固定资产投资的一种手段。按照国家规定的折旧制度，企业把已发生的资本性支出转移到产品成本费用中去，然后通过产品的销售，逐步回收初始的投资费用。根据国家有关规定，计提折旧的固定资产范围是：企业的房屋、建筑物、在用的机器设备、仪器仪表、运输车辆、工具器具、季节性停用和修理停用的设备、以经营租赁方式租出的固定资产、以融资租赁方式租入的固定资产。结合我国的企业管理水平，我们可将企业固定资产分为三大部分二十二类，按大类实行分类折旧评估时，我们可分类计算折旧，也可综合计算折旧，要视项目的具体情况而定。我国现行固定资产折旧方法一般采用平均年限法或工作量法。

(1) 平均年限法

平均年限法亦称直线法，即根据固定资产的原值估计的净残值率和折旧年限计算折旧。其计算公式为式(6.27)~式(6.29)。

$$\text{年折旧率}=(1-\text{预计净残值率})/\text{预计使用年限}\times100\% \tag{6.27}$$

$$\text{月折旧率}=\text{年折旧率}\div12 \tag{6.28}$$

$$\text{月折旧额}=\text{固定资产原价}\times\text{月折旧率} \tag{6.29}$$

上述计算的折旧率是按个别固定资产单独计算的，称为个别折旧率，即某项固定资产在一定期间的折旧额与该固定资产原价的比率。通常，企业按分类折旧计算折旧率，计算公式为式(6.30)~式(6.32)。

$$\text{某类固定资产年折旧额}=\frac{\text{某类固定资产原值}-\text{预计残值}+\text{清理费用}}{\text{该类固定资产的使用年限}} \tag{6.30}$$

$$\text{某类固定资产月折旧额}=\text{某类固定资产年折旧额}\div12 \tag{6.31}$$

$$\text{某类固定资产年折旧率}=\frac{\text{某类固定资产年折旧额}}{\text{该类固定资产原价}}\times100\% \tag{6.32}$$

采用分类折旧率计算固定资产折旧，虽其计算方法简单，但准确性不如个别折旧率。采用平均年限法计算固定资产折旧虽然简单，但也存在一些局限性。例如，固定资产在不同使用年限提供的经济效益不同，平均年限法没有考虑这一事实。又如，固定资产在不同使用年限发生的维修费用不一样，平均年限法没有考虑这一因素。因此，只有当固定资产各期的负荷程度相同，各期应分摊相同的折旧费时，采用平均年限法计算折旧才是合理的。

固定资产原值是根据固定资产投资额、预备费和建设期利息计算求得的。

预计净残值率是预计的企业固定资产净残值与固定资产原值的比率，根据行业会计制度规定，企业净残值率按照固定资产原值的3%~5%确定。特殊情况下，净残值率低于3%或高于5%时，企业自主确定净残值率，并报主管财政机关备案在项目评估中，折旧年限是由项目的固定资产经济寿命期决定的，因此固定资产的残余价值较大，净残值率一般可选择10%，个别行业如港口等可选择高于此数的数值。

折旧年限。国家有关部门在考虑现代生产技术发展快、世界各国实行加速折旧的情况下，为适应资产更新和资本回收的需要，对各类固定资产折旧的最短年限做出了规定：房屋、建筑物为20年，火车、轮船、机器、机械和其他生产设备为10年，电子设备和火车、轮船以外的运输工具及与生产、经营业务有关的器具、工具、家具等为5年。若采用综合折旧，项目的生产期即为折旧年限。在项目评估中，对轻工、机械、电子等行业的折旧年限可确定为8~15年，有些项目的折旧年限可确定为20年，对港口、铁路、矿山等项目的折旧年限可超过30年。

（2）工作量法

工作量法是指以固定资产能提供的工作量为单位计算折旧额的方法。工作量可以是汽车的总行驶里程，也可以是机器设备的总工作台班、总工作小时等。对于下列专用设备，我们可采用工作量法计提折旧。

按照行驶里程计算折旧，其计算公式为式(6.33)。

$$\text{单位里程折旧额}=\text{原值}\times(1-\text{预计净残值率})\div\text{总行驶里程} \tag{6.33}$$

按工作小时计算折旧，其计算公式为式(6.34)。

$$\text{每工作小时折旧额}=\text{原值}\times(1-\text{预计净残值率})\div\text{工作总小时} \tag{6.34}$$

按台班计算折旧的公式为式(6.35)和式(6.36)。

$$\text{每台班折旧额}=\text{原值}\times(1-\text{预计净残值率})\div\text{工作总台班数} \tag{6.35}$$

$$\text{年折旧额}=\text{每工作小时折旧额}\times\text{年工作小时} \tag{6.36}$$

根据规定，企业专业车队的客、货运汽车、大型设备及大型建筑施工机械可采用工作量法计提折旧。由于各种专业设备具有不同的工作量指标，因而，工作量法又有行驶里程折旧法和工作小时折旧法之分。工作量法假定折旧是一项变动的而不是固定的费用，即假定资产价值的降低不是由于时间的推移，而是由于使用。对于许多种资产来讲，工作量法这一假定是合理的，特别是有形磨损比经济折旧更为重要。因而，如果某项资产在年度内没有使用，就不应计提折旧费用，因为资产的服务价值并没有降低。即使折旧是确定资产预期使用年限的一个重要因素，如其折旧是可以被预见的，并且，资产的大概使用状况是可以被估计的，就可以使用以经营活动为依据的折旧方法，使用这种折旧方法的主要目的是按每个服务单位分配投入价值，对服务价值降低的计量则是次要的。

（3）加速折旧法

加速折旧法又称递减折旧费用法，是指在固定资产使用前期提取折旧较多，在后期提得较少，使固定资产价值在使用年限内尽早得到补偿的折旧计算方法。它是一种鼓励投资的措施，国家先让利给企业，加速回收投资，增强还贷能力，促进技术进步，因此只对某些确有特殊原因的企业，才准许采用加速折旧。加速折旧的方法很多，有双倍余额递减法和年数总和法等。

双倍余额递减法是以平均年限法确定的折旧率的双倍乘以固定资产在每一会计期间的期初账面净值，从而确定当期应提折旧的方法。其计算公式为式(6.37)和式(6.38)。

$$\text{年折旧率}=2\div\text{折旧年限}\times100\% \tag{6.37}$$

$$\text{年折旧额}=\text{年初固定资产账面原值}\times\text{年折旧率} \tag{6.38}$$

实行双倍余额递减法的固定资产，应当在其固定资产折旧年限到期前两年，将固定资产净值扣除预计净残值后的净额平均摊销。

年数总和法是以固定资产原值扣除预计净残值后的余额作为计提折旧的基础，按照逐年递减的折旧率计提折旧的一种方法。采用年数总和法的关键是每年都要确定一个不同的折旧率。其计算公式为式(6.39)和式(6.40)。

$$\text{折旧率}=\frac{\text{尚可使用年限}}{\text{各尚可使用年限之和}}=\frac{\text{预计使用年限}-\text{已使用年限}}{\text{预计使用年限}\times(\text{预计使用年限}+1)/2} \tag{6.39}$$

$$\text{年折旧额}=(\text{固定资产原值}-\text{预计净残值})\times\text{年折旧率} \tag{6.40}$$

5）修理费的估算

修理费与折旧费相同，修理费包括在制造费用、管理费用、财务费用和销售费用之中。进行项目经济评估时，我们可以单独计算修理费。修理费包括大修理费用和中小修理费用。在现行财务制度中，修理费按实际发生额计入成本费用中。其当年发生额较大时，可计入递延资产在以后年度摊销，摊销年限不能超过5年。但在项目评估时无法确定修理费具体发生的时间和金额，一般是按照折旧费的一定比例计算的。该比率可参照同类行业的经验数据加以确定。

6）维简费的估算

维简费是指采掘、采伐工业按生产产品数量(采矿按每吨原产量，林区按每立方米原木产量)提取的固定资产更新和技术改造资金，即维持简单再生产的资金，简称维简费。企业发生的维简费直接计入成本，其计算方法和折旧费相同。

7）摊销费的估算

摊销费是指无形资产和开办费在一定期限内分期摊销的费用。无形资产的原始价值和开办费也要在规定的年限内，按年度或产量转移到产品的成本之中，这一部分被转移的无形资产原始价值和开办费，称为摊销费。企业通过计提摊销费，回收无形资产及开办费的资本支出。摊销方法：不留残值，采用直线法计算。无形资产的摊销关键是确定摊销期限，无形资产应按规定期限分期摊销，即法律和合同或者企业申请书分别规定有法定有效期和受益年限的，按照法定有效期与合同或者企业申请书规定的收益年限孰短的原则确定；没有规定期限的，按不少于10年的期限分期摊销。开办费按照不短于5年的期限分期摊销，无形资产和开办费发生在项目建设期或筹建期间，而应在生产期分期平均摊入管理费用中，在经济评估时，也可单独列出。若各项无形资产摊销年限相同，可根据全部无形资产的原值和摊销年限计算出各年的摊销费；若各项无形资产摊销年限不同，则要根据无形及递延资产摊销估算表计算各项无形资产的摊销费，然后将其相加，即可得到生产期各年的无形资产摊销费，开办费的摊销费计算与无形资产的摊销费计算同理。

8）利息支出的估算

利息支出是指筹集资金而发生的各项费用，包括生产经营期间发生的利息净支出，即在生产期发生的建设投资借款利息和启动资金借款利息之和。建设投资借款在生产期发生的利息计算公式为式(6.41)。

$$\text{每年支付利息}=\text{年初累计借款余额}\times\text{年利率} \tag{6.41}$$

为简化计算，还款当年按年末偿还，全年计息。

流动资金借款利息计算公式为式(6.42)。

$$\text{流动资金利息}=\text{流动资金累计借款额}\times\text{年利率} \tag{6.42}$$

9）其他费用的估算

如前所述，其他费用是指在制造费用、管理费用、财务费用和销售费用中扣除工资及福利费、折旧费、修理费、摊销费、利息支出后的费用。在项目评估中，其他费用一般是根据总成本费用中前七项(外购原材料成本、外购燃料动力成本、工资及福利费、折旧费、修理费、维简费及摊销费)之和的一定比率计算的，其比率应按照类似企业经验数据加以确认。根据总成本费用估算表将上述各项合计，即得出生产期的总成本费用。

10）经营成本的估算

经营成本是指项目总成本费用扣除折旧费、维简费、摊销费和利息支出以后的成本费用。见式(6.43)。

$$经营成本=总成本费用-折旧费-维简费-摊销费-利息支出 \tag{6.43}$$

经营成本是工程经济学特有的概念，涉及产品生产及销售、企业管理过程中的物料、人力和能源的投入费用，反映企业生产和管理水平。类似企业的经营成本具有可比性，在项目评估的经济评估中，被应用于现金流量的分析之中。之所以要从总成本费用中剔除折旧费、维简费、摊销费和利息支出，原因主要有两点：一是现金流量表反映项目在计算期内逐年发生的现金流入和流出。与常规会计方法不同，现金收支何时发生，就在何时计算，不做分摊。投资已按其发生的时间作为一次性支出被计入现金流出，所以，不能再以折旧、提取维简费和摊销的方式计为现金流出，否则会发生重复计算。因此，作为经常性支出的经营成本中不包括折旧费和摊销费，同理也不包括维简费。二是因为全部投资现金流量表以全部投资作为计算基础，不分投资资金来源，利息支出不作为现金流出，也有资金现金流量表将利息支出单列。因此，经营成本中不包括利息支出。

11）固定成本与可变成本的估算

从理论上讲，成本可分为固定成本、可变成本和混合成本三大类。

固定成本是指在一定的产量范围内不随产量变化而变化的成本费用，如按直线法计提的固定资产折旧费、计时工资及修理费等。

可变成本是指随着产量的变化而变化的成本费用，如原材料成本、燃料动力成本等。

混合成本是指介于固定成本和可变成本之间，既随产量变化又不呈正比例变化的成本费用，亦被称为半固定成本或半可变成本，即同时具有固定成本和可变成本的特征。在线性盈亏平衡分析时，要求对混合成本进行分解，以区分其中的固定成本和可变成本，并分别计入固定成本和可变成本总额之中。在项目评估中，我们将总成本费用中的前两项(外购原材料成本和外购燃料动力成本)视为可变成本，而其余各项均被视为固定成本。划分的主要目的为盈亏平衡分析提供前提条件，经营成本、固定成本和可变成本根据总成本估算表直接计算。

6.3 项目收益与利润估算

6.3.1 项目销售收入估算

项目销售收入估算是指测算拟建项目投产后，出售各种产品和副产品或提供劳务所能获得的货币收入。销售收入的预测是评估项目经济效益的前提。销售税金的测算和贷款偿还期的预测，都要以预测的销售收入为基本数据。准确地预测销售收入取决于正确地确定各类产品的销售数量与销售价格。确定销售量首先要确定拟建项目达到设计能力的时间。项目建成投产后通常并不能立即达到设计的生产能力，技术设备的调试、生产技艺的熟练和管理经验的积累等都要经历一定的时日。项目销售收入估算公式为式(6.44)。

$$销售收入=产品销售单价\times产品年销售量 \tag{6.44}$$

投资项目评估式中，产品销售单价一般是经过测算的不变价格，也可根据需要采用不同的价格，如现行价格产品销售量等于年产量，这样年销售收入等于年产值，在现实的经济生活中产值不一定等于销售收入。但在项目评估中，一般运用这种假设，可以根据投产后各年的生产负荷确定销售量。如果项目的产品比较单一，用产品的单价乘以产量可以得到每年的销售收入；如果项目的产品品种比较多，要根据销售收入和销售税金及附加估算表进行估算，即首先计算每一种产品的销售收入，然后再汇总到一起，求出项目生产期的各年销售收入。如果产品部分销往外国，应计算外汇收入，并按外汇牌价折算成人民币，然后再计入项目的年销售收入总额中。

6.3.2　税费及附加的估算

税费及附加指在项目评价时需按规定计入项目投资，从成本或效益中直接扣除的税金、费用及附加费，根据我国税制改革实施方案，一般计征的税费及附加包括消费税、城市维护建设税、教育费附加、资源税、环境保护税、增值税、房产税、城镇土地增值税、车船税、印花税、耕地占用税、契税、车辆购置税等。

1）增值税

(1）增值税定义

增值税是以商品(含应税劳务)在流转过程中产生的增值额作为计税依据而征收的一种流转税。增值税是对销售商品或者劳务过程中实现的增值额征收的一种税。它是我国现阶段税收收入规模最大的税种。

(2）增值税征税范围

增值税的征税范围包括在中华人民共和国境内销售货物和提供加工、修理修配劳务和进口货物。下面主要列出六种常用的征税范围。

① 销售货物

在中国境内销售货物，是指销售货物的起运地或者所在地在中国境内。销售货物是指有偿转让货物的所有权。货物是指有形动产，包括电力、热力、气体在内。有偿是指从购买方取得货币、货物或者其他经济利益。

② 销售劳务

在中国境内销售劳务，是指提供的劳务发生地在中国境内。

销售劳务是指有偿提供加工、修理修配劳务。单位或者个体工商户聘用的员工为本单位或者雇主提供加工、修理修配劳务不包括在内。

加工是指受托加工货物，即委托方提供原料及主要材料，受托方按照委托方的要求，制造货物并收取加工费的业务；修理修配是指受托对损伤和丧失功能的货物进行修复，使其恢复原状和功能的业务。

③ 销售服务

销售服务是指提供交通运输服务、邮政服务、电信服务、建筑服务、金融服务、现代服务、生活服务等。

交通运输服务是指利用运输工具将货物或者旅客送达目的地，使其空间位置得到转移的业务活动，包括陆路运输服务、水路运输服务、航空运输服务和管道运输服务。

邮政服务是指中国邮政集团公司及其所属邮政企业提供邮件寄递、邮政汇兑和机要通信等邮政基本服务的业务活动，包括邮政普遍服务、邮政特殊服务和其他邮政服务。

电信服务是指利用有线、无线的电磁系统或者光电系统等各种通信网络资源，提供语音通话服务，传送、发射、接收或者应用图像、短信等电子数据和信息的业务活动，包括基础电信服务和增值电信服务。

建筑服务是指各类建筑物、构筑物及其附属设施的建造、修缮、装饰，线路、管道、设备、设施等的安装及其他工程作业的业务活动，包括工程服务、安装服务、修缮服务、装饰服务和其他建筑服务。

金融服务是指经营金融保险的业务活动，包括贷款服务、直接收费金融服务、保险服务和金融商品转让。

现代服务是指围绕制造业、文化产业、现代物流产业等提供技术性、知识性服务的业务活动，包括研发和技术服务、信息技术服务、文化创意服务、物流辅助服务、租赁服务、鉴证咨询服务、广播影视服务、商务辅助服务和其他现代服务。

生活服务是指为满足城乡居民日常生活需求提供的各类服务活动，包括文化体育服务、教育医疗服务、旅游娱乐服务、餐饮住宿服务、居民日常服务和其他生活服务。

④ 销售无形资产

销售无形资产是指转让无形资产所有权或者使用权的业务活动。无形资产是指不具有实物形态，但能带来经济利益的资产，包括技术、商标、著作权、商誉、自然资源使用权和其他权益性无形资产。

技术包括专利技术和非专利技术。

自然资源使用权包括土地使用权、海域使用权、探矿权、采矿权、取水权和其他自然资源使用权。

其他权益性无形资产包括基础设施资产经营权、公共事业特许权、配额、经营权(包括特许经营权、连锁经营权、其他经营权)、经销权、分销权、代理权、会员权、席位权、网络游戏虚拟道具、域名、名称权、肖像权、冠名权、转会费等。

⑤ 销售不动产

销售不动产是指转让不动产所有权的业务活动。不动产是指不能移动或者移动后会引起性质、形状改变的财产，包括建筑物、构筑物等。

建筑物包括住宅、商业用房等可供居住、工作或者进行其他活动的建造物。

构筑物包括道路、桥梁、隧道、水坝等建造物。

⑥ 进口货物

进口货物是指申报进入中国海关境内的货物。2023 年 1 月 1 日，十三届全国人大常委会第三十八次会议对《中华人民共和国增值税法(草案)》进行了审议。根据《中华人民共和国增值税法(草案)》，在中华人民共和国境内销售货物、服务、无形资产、不动产，以及进口货物的单位和个人，为增值税的纳税人，应当依照本法规定缴纳增值税。

(3) 增值税税率

根据《中华人民共和国增值税法(草案)》，纳税人销售货物、有形动产租赁服务或者进口货物，除按规定适用9%税率的货物以外，适用13%的基本税率。采取填埋、焚烧等方式进行专业化处理后产生货物，且货物归属委托方的，受托方属于提供“加工劳务”，其收取的处理费用适用13%的税率。

纳税人销售交通运输、邮政、基础电信、建筑、不动产租赁服务，销售不动产，转让土地使用权，销售或者进口下列货物，税率为9%：①粮食等农产品、食用植物油、食用盐；②自来水、暖气、冷气、热水、煤气、石油液化气、天然气、二甲醚、沼气、居民用煤炭制品；③图书、报纸、杂志、音像制品、电子出版物；④饲料、化肥、农药、农机、农膜；⑤国务院规定的其他货物。

纳税人销售增值电信服务、金融服务、现代服务(不动产租赁除外)、生活服务以及销售无形资产(转让土地使用权除外)，税率为6%。

纳税人出口货物，税率为0，国务院另有规定的除外。

境内单位和个人跨境销售国务院规定范围内的服务、无形资产，税率为0。

各个税目详细税率见表6.1。

表6.1 各个税目详细税率

序号	税目	税率
1	销售或者进口货物(除9~12项外)	13%
2	加工、修理修配劳务	13%
3	有形动产租赁服务	13%
4	不动产租赁服务	9%
5	销售不动产	9%
6	建筑服务	9%
7	运输服务	9%
8	转让土地使用权	9%
9	饲料、化肥、农药、农机、农膜	9%
10	粮食等农产品、食用植物油、食用盐	9%
11	自来水、暖气、冷气、热水、煤气、石油液化气、天然气、二甲醚、沼气、居民用煤炭制品	9%
12	图书、报纸、杂志、音像制品、电子出版物	9%
13	邮政服务	9%
14	基础电信服务	9%
15	增值电信服务	6%

续表

序号	税　目	税率
16	金融服务	6%
17	现代服务	6%
18	生活服务	6%
19	销售无形资产(除土地使用权外)	6%
20	出口货物	0%
21	跨境销售国务院规定范围内的服务、无形资产	0%

改革开放后，我国实施增值税政策，为配合经济发展阶段，不断对增值税政策进行改进，整个发展过程大致可以分为五个阶段：

引进试点阶段(1979—1993 年)：税种设立。我国于 1979 年引进增值税并进行试点工作。1984 年国务院发布《中华人民共和国增值税条例(草案)》，仅对机器、机械等 12 类商品改征增值税，标志着增值税正式纳入我国税种。此后纳税范围逐渐扩大，截至 1994 年 4 月，已涵盖原 260 个工业品税目中的 174 个税目。1994 年国内增值税收入 2308. 34 亿元，同比增长 113. 4%。

初步建立阶段(1994—2003 年)：征收范围扩大。1994 年我国实施分税制改革，以完善增值税制度为主。本次改革使得增值税的增收范围扩大到全部工业生产环节和商品流通领域。1994—1999 年，增值税增速缓慢下滑；2000 年受国内需求增加和原油价格与国际接轨等因素影响，增值税增速上升至 17. 3%；直至 2003 年，增值税增速在 17%上下波动。

转型改革阶段(2004—2011 年)：向消费型过渡。由于此前实施的生产型增值税已经具有抑制消费和投资的作用，2004 年 7 月起开始实施增值税转型试点，由生产型转向消费型。2008 年，国务院颁布新修订的《中华人民共和国增值税暂行条例》，自 2009 年 1 月 1 日起实施，在全国范围内实施增值税转型改革，机器设备等进项税额可全额抵扣，2009 年增值税同比增速降至 2. 7%。

全面推广阶段(2012—2016 年)：以营改增为主要任务。增值税、营业税并存导致重复征税，我国开始进行“营改增”试点，2016 年 5 月 1 日营改增全面铺开，试点范围扩大到建筑业、房地产业、金融业、生活服务业，全部企业新增不动产也可进行增值税抵扣。

深化改革阶段(2017 年至今)：以减税并档为主。2017 年我国开始增值税改革，主要以减税并档为主；2018 年政府工作报告中提出“今年要改革完善增值税制度，按照三档并两档方向调整税率水平，重点降低制造业、交通运输等行业税率”。为贯彻落实党中央、国务院决策部署，推进增值税实质性减税，2019 年财政部、国家税务总局、海关总署联合发布《关于深化增值税改革有关政策的公告》(财政部税务总局海关总署公告 2019 年第 39 号)，进一步调整纳税人购进农产品、出口退税、进口货物等税率，切实保障纳税人的合法权益。2023 年 1 月 1 日，十三届全国人大常委会第三十八次会议对《中华人民共和国增值税法(草案)》进行了审议。

(4) 增值税估算

一般纳税人计算公式为式(6. 45) ~ 式(6. 47)。

$$应纳税额=当期销项税额-当期进项税额 \tag{6.45}$$

$$销项税额=销售额\times 税率 \tag{6.46}$$

$$销售额=含税销售额\div(1+税率) \tag{6.47}$$

小规模纳税人计算公式为式(6.48)和式(6.49)。

$$应纳税额=销售额\times 征收率 \tag{6.48}$$

$$销售额=含税销售额\div(1+征收率) \tag{6.49}$$

2）企业所得税

企业所得税是对我国内资企业和经营单位的生产经营所得和其他所得征收的一种税。纳税人范围比公司所得税大。企业所得税纳税人即所有实行独立经济核算的中华人民共和国境内的内资企业或其他组织，包括国有企业、集体企业、私营企业、联营企业、股份制企业、有生产经营所得和其他所得的其他组织。企业所得税的征税对象是纳税人的所得。包括销售货物所得、提供劳务所得、转让财产所得、股息红利所得、利息所得、租金所得、特许权使用费所得、接受捐赠所得和其他所得。

企业所得税实行比例税率。居民企业及在中国境内设立机构、场所且取得的所得与其所设机构、场所有实际联系的非居民企业，应当就其来源于中国境内、境外的所得缴纳企业所得税，适用税率为25%；非居民企业在中国境内未设立机构、场所的，或者虽设立机构、场所但取得的所得与其所设机构、场所没有实际联系的，应当就其来源于中国境内的所得缴纳企业所得税，通用税率为20%。

应纳税额计算公式为式(6.50)和式(6.51)。

$$企业所得税应纳税所得额=收入总额-不征税收入-免税收入-抵扣项目-允许弥补的以前年度的亏损 \tag{6.50}$$

$$应纳税额=应纳税所得额\times 适用税率-减免税额-免抵税额 \tag{6.51}$$

3）城市维护建设税

城市维护建设税是以纳税人实际缴纳的流转税额为计税依据征收的一种税，纳税环节确定在纳税人缴纳的增值税、消费税的环节上，从商品生产到消费流转过程中只要发生增值税、消费税中一种税的纳税行为，就要以这种税为依据计算城市维护建设税。

税率按纳税人所在地区的不同设置了两档比例：纳税人所在地在市区的，税率为7%；纳税人所在地不在市区的，税率为5%。计算公式为式(6.52)。

$$应纳税额=(实际缴纳的增值税+消费税税额+出口货物、劳务或者跨境销售服务、无形资产增值税免抵税额)\times 适用税率 \tag{6.52}$$

4）教育费附加

教育费附加是由税务机关负责征收，同级教育部门统筹安排，同级财政部门监督管理，专门用于发展地方教育事业的预算外资金。其征费范围同增值税、消费税的征收范围相同，计算公式为式(6.53)。

$$应纳教育费附加=(实际缴纳的增值税+消费税)\times 3\% \tag{6.53}$$

6.3.3 项目销售利润估算

利润是企业一定期间的经营成果，反映了企业的生产经营效益，首先表现为销售利润，其计算公式为式(6.54)。

$$销售利润=销售收入-销售税金及附加-总成本费用 \tag{6.54}$$

销售利润用于计算所得税及所得税后利润。

6.3.4 项目税后利润及其分配

利润分配是企业在一定时期内对所实现的利润总额及从联营单位分得的利润，按规定在国家与企业、企业与企业之间的分配。利润分配的程序一般分为三个阶段：以企业实现的利润总额加上从联营单位分得的利润，即企业全部所得额，以此为基数，在缴纳所得税和调节税前，按规定对企业的联营者、债权人和企业的免税项目，采取扣减的方法进行初次分配。所扣除的免税项目主要有：分给联营企业的利润、归还基建借款和专用借款的利润、归还借款的利润、提取的职工福利基金和奖励基金、弥补以前年度亏损的利润及企业各种单项留利等。对于实行承包经营责任制的企业，在进行税前利润分配后，应在承包经营期内按承包合同规定的形式上交承包利润，不再计征所得税和调节税。全部所得额扣除初次分配后的余额，即为企业应税所得额。以企业应税所得额为基数，按规定的所得税率和调节税率计算应交纳的税额，在国家和企业之间进行再次分配。应税所得额扣除应纳税额后的余额，即为企业留利，以企业留利为基数，按规定比率将企业留利转作各项专用基金。

第7章 项目投资风险评估管理

7.1 项目投资风险概述

7.1.1 项目投资风险的含义

投资风险是市场经济发展的必然产物。在市场经济条件下项目投资活动十分复杂，在选择项目到项目建成投产及项目产品销售的整个过程中，风险始终存在。因此，研究项目投资风险问题，对于项目评估有着十分重要的意义。

项目投资风险是指为了获得预期投资收益时的不确定性，或者说风险就是一种不确定性。进行一项投资活动，如果只有一种确定的结果，那么，投资就没有风险，如投资购买政府债券或参加储蓄，投资者每年都可以取得固定的利息；如果投资活动有几种可能的结果，风险就会发生。例如，投资项目创办企业，有盈利、盈亏平衡、亏本三种结果，这三种结果是不确定的，说明这项投资有风险。投资风险的不确定性有造成风险损失和获得风险报酬两种可能性，即收益和风险同在，收益越大，风险越大。

投资项目评估是在预测基础上进行的，在选择决策方案时，投资行为和过程并未开始，对于描述投资过程特性的各种参数，我们只能靠已有的历史数据和信息进行估计和预测。同时，由于项目本身的特点(如建设的时间性等)和影响因素的多重性，评估人员对于项目未发生的各种变化不可能完全了解和控制。因而项目的预测评估值与未来的实际过程必然会产生偏差。当这种偏差达到一定程度，就会发生风险。这种风险大多可以用数理知识进行描述和度量。

7.1.2 项目投资风险的分类

(1) 按产生的原因不同分类

按产生的原因不同可分为自然风险、行为风险、政治风险和经济风险。

自然风险是指水、火等自然灾害所造成的风险，常出现在农业项目中。

行为风险是指个人或团体的行为不当、过失及故意行为所造成的风险，如玩忽职守、责任事故、操作不当、决策失误等。

政治风险是指与政治局势政策变化有关的风险，政治局势变化如政治危机、战争、罢工等往往造成很大的损失。政策变化引起的风险包括税收、价格、外贸等经济政策变化及管理体制改变等。

经济风险有宏观经济风险和微观经济风险之分，对于微观投资者来说，一般是指在项目经营过程中，市场变化或管理不善、市场预测失误而造成的产品滞销积压、资金周转困难等。

（2）按内容不同分类

按内容不同可分为市场风险、生产技术风险、环境风险和财务风险。

市场风险是指项目产品进入市场后，由于市场供求、市场价格、市场行为、营销信息、流通渠道等因素的变化使得产品价值无法实现而造成的风险。期货市场的存在就是对市场风险的分散转移。

生产技术风险的根源在于生产技术体系不能正常发挥其效益。例如，新的生产工艺或新技术本身不完善、不稳定或生产技术环节错位等导致项目减产或增加开支所带来的风险，这类风险贯穿于整个生产过程。

环境风险是指项目所处的外部环境变化所造成的风险。外部环境包括国内环境及国外环境，国内环境有国家的方针政策、法律法规、生活水平、科学技术、城市基础设施、人文生态等。

财务风险是项目各种风险的综合反映，主要表现为在项目建设经营过程中，资金短缺造成的资金风险，银行贷款利率的上调造成的高额利息风险，项目经营管理不力造成的财务亏损，产品用户不讲信誉造成的债务拖欠和呆账风险等。

（3）按性质或形态分类

按性质或形态可分为静态风险和动态风险。

静态风险又称纯粹风险，是指自然灾害、意外事故等造成的风险。这种风险只有造成损失的可能，而无获利的可能。动态风险发生的原因较静态风险相对复杂，经常和经济、政治、科学技术及社会变动有密切的联系。政局变动、经济政策改变、重大的科学技术进步及市场等变动都是动态风险中的风险因素。动态风险既有造成损失的可能，又有获利的可能。

上述分类，只是相对而言，对于某一具体投资项目风险的发生，往往是几个风险因素共同作用的结果。一般来说，在项目投资过程中，各种风险之间存在交互效应和延迟效应。交互效应是同一生产周期中，甲风险对乙风险发生的影响。这两种效应能导致项目投资发生亏损，形成新风险源。无论是交互效应还是延迟效应，都遵循时间序列发挥作用，即以某一风险已经发生为前提。

7.1.3 项目投资风险特征

项目投资风险具有以下八个特征。

（1）投资风险的普遍性。当前，在我国的投资市场中，风险几乎存在于从投资研究、风险分析、投资方案、投资决策、风险控制到资金管理的各个环节，可以说具有广泛性。

（2）投资风险存在的客观性。投资风险的客观性不会因为投资者的主观意愿而消逝。因为投资风险是由许多不确定的因素作用而形成的，而这些不确定因素是客观存在的，单独投资者不能每一时刻都有效控制所有投资活动，更无法预期到未来影响投资效益因素的变化，因此投资风险是客观存在的。

(3) 投资风险的影响性。在投资市场之中，收益和风险是始终是并存的。投资者进入投资市场一定要有投资风险的意识。事实上，多数人都认为存在风险就会发生亏损。正是这种消极、负面的认识，导致投资者无法客观地看待和面对投资市场，丧失许多宝贵的机会。相反，少数成功的投资者看到了风险后面带来的巨大利益，他们通过采取一定的措施规避投资风险，有效地实现了投资创效。

(4) 投资风险的相对性。项目投资的风险具有一定的相对性，不可以一概而论。投资者投资决策时往往会遇到这样的现象：A 决策风险小，但收益低；B 决策风险大，但收益很高；而 C 决策风险适度，收益可观。这就是投资的相对性。

(5) 投资风险的可变性。投资风险的可变性也是很强的。由于造成风险的因素在不断地发生变化，不同的时刻会对投资造成不同的影响：盈利或亏损，甚至有可能出现盈利和亏损的反复变化。

(6) 投资风险具有不可预见性。一般而言，投资风险的产生是不确定的。因为投资活动牵涉众多相关因素，如信用、技术、资源、经营管理、市场、金融、政治和环境等，都将影响投资活动，而实际上，对这些因素的分析控制很难实施。所以项目投资风险是不可预见性的。

(7) 投资风险的动态性。项目投资处在不断变化当中，项目内外部条件变化也可能是渐进的，也可能是突变的，投资风险的性质和后果都是随之发生变化的。故项目投资风险具有动态性。

(8) 项目投资风险的阶段性。一方面，项目投资风险的发展是分阶段进行的，而且这些阶段都有明显的界限，一般分为风险潜在阶段、风险发生阶段和后果造成阶段；另一方面，项目的不同阶段也存在不同的风险。

7.2 项目投资风险的识别

7.2.1 工程建设项目风险识别过程

工程建设项目风险识别就是组织相关人员，运用各种方法，尽可能全面找出影响项目目标实现的风险事件，这些风险事件应该是项目执行过程中一定会发生的。为了识别风险，必须搜集和处理大量的初始数据，以获得下一步进行分类和评估的风险事件。所以风险识别是为以后各步提供信息基础，下一步分析的成功与否，依赖于恰当的、有质量的风险识别。

对工程建设项目可能面临的风险进行识别是进行工程建设项目投资风险管理的基础。工程建设项目风险识别要回答以下问题：项目中有哪些潜在的风险因素？这些风险因素会引起什么风险？从过程来看，风险识别本身也是一个相对复杂的过程。这个过程要经过识别开始、项目风险分解、查看有无新的风险、识别风险因素阶段，可以用图表示，见图 7.1。

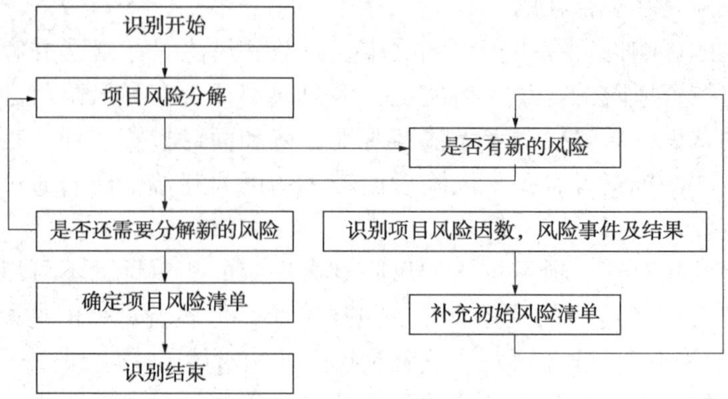

图 7.1　投资风险识别过程

7.2.2　工程建设项目风险识别方法

分析工程建设项目投资风险管理，对工程建设项目投资风险的识别是基础，为了更好地识别工程建设项目投资风险，必须首先掌握投资风险识别方法。

对风险进行识别的方法很多，目前国内外常用的方法主要有以下几种。

（1）德尔菲方法

德尔菲方法又称专家调查法。在前文“3.6.1 常用的评价方法”中已进行过具体介绍，在此不做赘述。

（2）头脑风暴法

所谓头脑风暴法，就是以专家的创造性思维来索取未来信息的一种直观预测和识别方法。此法是由美国人奥斯本于 1939 年首创的，在 20 世纪 50 年代得到了广泛应用。头脑风暴法一般是在一个专家小组内进行以“宏观智能结构”为基础，通过专家会议，发挥专家的创造性思维来获取未来信息。这就要求主持专家会议的人在会议开始时的发言应能激起专家们的思维“灵感”，促使专家们积极主动回答会议提出的问题，通过专家之间的信息交流和相互启发，从而诱发专家们产生“思维共振”，以达到互相补充并产生“组合效应”，获取更多的未来信息，使预测和识别的结果更准确。我国 20 世纪 70 年代末开始引入头脑风暴法，很快就受到有关方面的重视和采用，按照头脑风暴法来组织专家预测和识别风险。

（3）分解分析

分解分析是指将大系统分解成小系统，将复杂的事物分解成简单的容易被关注和操作的事物，从而识别大系统和复杂事物风险的风险识别方法。对于一个工程建设项目来说，很难从整体上找出存在的风险，而通过将工程建设项目层层分解，原本深藏在工程建设项目内部的风险就会逐渐暴露出来，这样就可以比较容易地找出工程建设项目风险。通过分解分析对工程建设项目风险进行识别，可以按照工程建设项目的结构将工程建设项目分解为单项工程、单位工程、分部工程和分项工程，然后，从最小单位开始，逐步找出工程建设项目中存在的风险。

（4）核查表法

核查表法，一般是借用保险行业或有关风险管理团体所设计的风险分析表格来发现项目的潜在风险。用它进行风险识别时，将项目可能发生的潜在风险列于一个表上，供识别人员进行检查核对，用来判断是否存在表中所列或类似的风险。检查表中所列都是历史上类似项目曾发生过的风险，是项目风险管理经验的结晶，对项目管理人员具有开阔思路、启发联想、抛砖引玉的作用。

(5) 流程图法

流程图法以作业流程为分析风险的依据，属于动态分析。流程图法可以帮助风险识别人员分析和了解项目风险所处的具体项目环节、各个环节之间存在的风险以及项目风险的起因和影响。运用该法风险管理人员可以明确地发现项目本身所面临的风险。使用该法时，风险管理人员必须对项目的各个作业流程有非常清晰的认识，一般来说，要咨询有关专家。

(6) 事故树分析

在可靠性工程中常常利用事故树进行系统的风险分析。此法不仅能识别出导致事故发生的风险因素，还能计算出风险事故发生的概率、提出各种控制风险因素的方案。既可做定性分析，也可做定量分析。事故树由结点和连接结点的线组成。结点表示事件，而连线则表示事件之间的关系。事故树分析是从结果出发，通过演绎推理查找原因的一种分析过程。事故树分析一般用于技术性强、较为复杂的项目。

关于项目风险预测和识别的理论和方法，还远没有达到完善的地步，还需人们进一步研究。具体到工程建设项目投资风险识别来说，目前应用较多的是流程图法、检查表法和财务报表法以及事故树分析等。

7.2.3　风险识别的原则

除了上面介绍的方法外，风险识别还包括其他方法，例如分解分析法、图解法、SWOT (Strengths、Weaknesses、Opportunities、Threats，优势、劣势、机遇、威胁)法以及现场观察法等。需要指出的是，在工程实践中，风险识别的方法是灵活多变的，不同性质的风险，识别的方法和过程可能会截然不同。任何能够发现风险信息的方法都可以作为风险识别的工具，而不同的方法都有自身的优缺点，都有一定的适用条件，有时需要多种方法共同使用。但总体上说，无论采用什么样的工具和手段来识别风险，其最重要的就是不遗漏风险因素，特别是不能遗漏可能对工程的整体目标实现有重大影响的风险因素。至于风险因素的具体识别工具和方法，目前还远远没有达到完善的程度，仍然需要继续研究和探讨。从现有的情况来看，对于建设项目风险的识别，以德菲尔法、核查表法和面谈法最为常见。风险识别在整个风险管理中占有重要位置，只有正确认识风险，才能衡量风险。因此，在运用这些风险识别方法的时候，需要注意如下原则：

① 任何一个建设项目，可能遇到各种不同性质的风险，因此，采用唯一的识别方法是不可取的，必须把几种方法结合起来，相互补充。

② 对于特定活动和事件，采用某种识别方法比其他方法更有效。例如，对于混凝土的浇筑质量问题，采用因果分析法就比较适当。

③ 项目的风险管理人员应尽量向有关业务部门的专业人士征求意见以求得对项目风险的全面了解。例如，其他熟悉项目风险的单位以及专家等。

④ 风险因素随着项目的进展会不断发生变化，一次大规模的风险识别工作完成后，经

过一段时间又会产生新的风险。因此，必须制订一个连续的风险识别计划。

⑤ 风险识别的方法必须考虑其相应的成本，讲究经济上的合理。对于影响项目系统目标比较明显的风险，需要花较大的精力、用多种方法进行识别，以期做到最大限度地掌握情况；但对于影响较小的风险因素如果花费较大的精力来进行识别就失去了经济意义。

⑥ 资料的不断积累是开展风险管理的重要基础，而在风险识别时产生的记录则是主要的风险资料之一，因此，在识别风险的同时要做好准确记录。这就要求识别工作开始前应准备好将要用到的记录表格，完成识别工作后，将所获取的相关资料整理保存。

7.2.4　工程建设项目风险的具体识别

为了更好地进行工程建设项目风险识别，可从工程建设项目风险特点以及风险类型等几个方面进行分析。

1）工程建设项目风险特点分析

要充分识别和分析工程建设项目的风险，必须深入了解工程建设项目的投资特点以及风险特征，才能建立客观、全面的风险清单并根据风险识别的理论方法加以识别和分析。工程建设项目投资风险特点与工程建设项目投资特点存在着密切联系，分析工程建设项目投资特点有利于进一步分析工程建设项目投资风险特点。

（1）工程建设项目投资特点

由于工程建设项目本身所具有的物理及经济特征，工程建设项目投资也表现出区别于其他投资的固有特性。熟悉工程建设项目投资的特点，有利于做出正确的投资决策。

① 投资时间长。在各类投资活动中，时间因素始终是需要认真考虑和妥善处理的。在工程建设项目中，时间因素更具有特殊意义，因为一般而言，工程的基础设施及主体工程建设周期较长，投资持续时间也较长，资金的回收是逐步进行的，所以投资相对见效慢。为此工程建设项目投资者要承受长时间的资金压力和市场风险，就必须特别重视可行性研究等投资前期工作，投资者往往不惜花费大量的时间和精力，进行投资前的经济分析与方案比较，尽可能地避免方向性失误。

② 投资数额大。一般工程建设项目均含有一定的工程量及设备购置，并且要经过较长时期建设才可以实现，所以对资金的筹措和资金投放提出了较高的要求，也需要较多的资金投入。进行工程建设，所需资金有时需要数千万元甚至数亿元。巨额的资金投入仅靠一家企业或一个家庭的自有资金是远远不够的，即使投资者只支付20%~30%的股本金用作前期投资或首期付款也是如此。工程建设项目投资的巨额性往往使众多的投资者望而却步，也使得任何一项工程建设项目投资都需要更加慎重地决策。

③ 影响投资效果的因素多。工程建设项目投资效果取决于建设项目实施运营全过程的工作质量与效率，受到社会、政治、经济、技术、自然等多种条件的制约，在任何一个环节的失误与考虑不周都可能导致投资效益下降甚至投资失败。

④ 投资转移与替代性差。有些项目投资是一定时期内对特定领域的投资，是在特定地点形成的固定资产，这种投资活动的方式及特点，决定了工程建设项目的投资不像其他投资活动具有比较灵活的转移性。一旦发现投资有误或有新的投资机会，在短期内调整投资行为能力比较差，或者说投资替代性差。发现投资有误，就很难用其他方法来弥补，而所

投资形成的固定资产与生产能力，已很难转作其他用途。

⑤ 易取得金融机构的支持。由于工程建设项目一般都形成固定资产，可以作为贷款抵押担保，并且一般能够安全地按期收回贷款，所以包括商业银行、保险公司、抵押公司等在内的许多金融机构都愿意提供较高数额的贷款。由于有些工程还具有一定的保值增值性，并且不像其他资产那样容易丢失，可能遭受抢劫或偷盗等特点，通常可以获得金融机构提供的比例相当高的抵押货款，而且还常常为贷款者提供利率方面的优惠。这使得许多自有资金不足的投资者能够通过金融机构的支持，运用财务杠杆工具满足其投资工程建设项目的愿望，并达到一定的预期盈利目标。

⑥ 投资决策复杂、难度大。由于工程建设项目涉及方方面面，各种因素都对项目的实施与进展有影响，许多分析计算都要建立在对未来情况的预测估计判断的基础上。同时项目也对各有关方面产生一定影响，而这一切都是在一个较长时期内持续存在的。未来的各种变化因素，各种不确定性，使得建设项目投资决策变得复杂、困难。由于人们对投资效果与影响的期望、对投资风险的偏好以及各自内定的目标的差异，或更明确地说由于各自利益的不同导致各种目标的不同，使得投资决策在使用有限资源满足不同目标的困难程度、复杂程度大大增加了。

⑦ 对专业知识和经验的依赖性。进行工程建设项目建设和管理等涉及的程序和领域多且复杂，需要投资者具备诸如法律、经济、管理等方面的专业知识和相应的经济管理经验。当然，工程投资者也可以聘请专业顾问为其服务，但是，如果其自身缺乏相关知识和经验等素养，将不利于其投资收益目标的实现。

(2) 工程建设项目投资风险的特点

分析了工程建设项目投资特点之后，我们可以在此基础上，进一步分析工程建设项目投资风险特点，一般来说，工程建设项目的投资风险，除具有一般项目的风险特点外，还具有其他一些特点，正是这些特点，才使得工程建设项目投资风险与其他项目投资风险区别开来。

项目的实施是人类经济活动的一种形式，工程建设项目建设过程是一个周期长，投资多，技术要求高，系统复杂的生产消费过程，在该过程中，未确定因素、随机因素和模糊因素大量存在，并不断变化，由此而造成的风险直接威胁工程建设项目的顺利实施和成功。项目的一次性使其不确定性要比其他一些经济活动大得多，因而项目风险的可预测性也就差得多，而且项目一旦出了问题，很难进行补救。从工程建设项目风险管理的角度来说，所强调的是，如何能在预计的时间内，使项目在一定的安全水平下以合理的质量标准和工程造价完成。如果由于某种原因使项目不能达到上述目标，风险就出现了。

将工程建设项目作为考虑的对象，其风险可定义为：造成建设项目达不到预期目标的不确定性，或者说是指那些影响工程建设项目目标实现的消极的不确定性。工程建设项目的目标是一个十分复杂的系统，无论是国内还是国外，通常都认为工程建设项目的建设是一项风险十分巨大的活动，工期延长和投资超标是一种十分普遍的现象，施工安全也往往是人们担心的主要方面。在考虑工程建设项目风险的时候，需要注意以下几点：

① 尽管工程建设项目的建设过程有很多共同的活动和步骤，但每一个项目都在特定的时间、场地上建造和安装，有自身的物理特性，经历不同的天气条件影响，以及不同时间

的材料规格、价格，不同时间的管理和技术水平等。项目所具有的多样性客观上决定了任何项目都不可能完全一致。

② 参与工程建设项目建设活动的主体很多，如发展商、设计人、监理人、承包商及供货商等。不同的主体经济利益不同，立场和目标不同，承担的风险不同，对风险的理解和态度不同，对风险的承受能力也不同。因此，对于同样的项目，不同的风险承担主体所采取的风险防范措施也不相同。

③ 工程建设项目实施的过程较为漫长，目标体系的构成随着时间的进程会不断地发生变化，难得出现平衡，即使偶尔出现平衡，也只能维持较短时间。因此，在这漫长的过程中，遇到的不确定性就会很多，而且，不同阶段不确定性的出现频率和属性都会不同。对于工程建设项目来说，最大的不确定性往往存在于项目的早期，随着项目的进展，不确定性会逐渐减少。因此，早期阶段做出的决策对以后阶段和项目目标的实现影响最大。为减少损失而在早期主动采取措施付出必要的代价要比到后期才迫不得已采取措施好得多。图7.2是一个典型的成本变化模型。在可行性研究阶段末期，建设成本仍然有较大的不确定性，分布的宽度表示不确定性，成本估计最可能是M，但有95%的概率小于H和大于L。随着设计的逐步完成，分布的宽度收窄，不确定性减少，成本也越来越接近实际成本，工程结束结算完成后，工程的成本成为确定的数额。

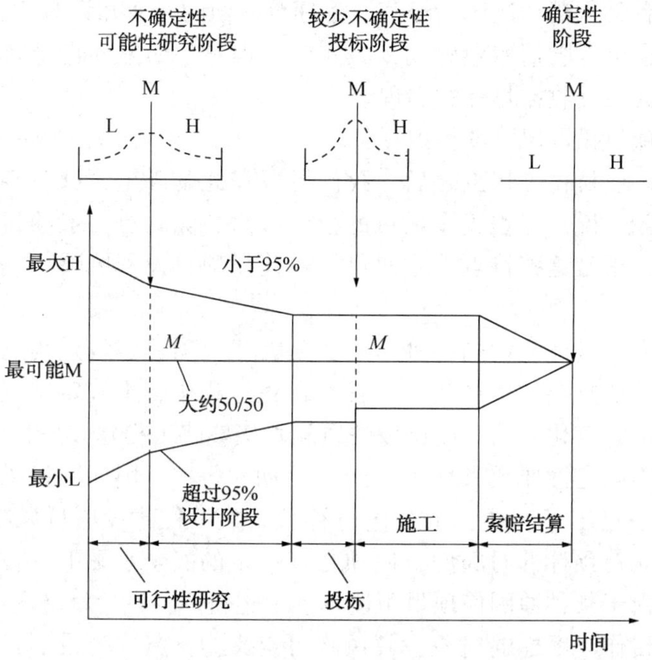

图7.2　成本变化的鱼雷模型

④ 项目各组成部分之间的关系复杂，各部分往往是互相制约、互相依赖的，而且项目的工作内容和项目所处的环境息息相关，只有认真地研究风险事件本身和环境以及两者之间的关系、相互影响和相互作用，才能正确识别所面临的风险。例如，建设项目中的质量控制和安全控制都是十分重要的工作，二者的出发点不同、目标也不一致。但离开安全的控制，质量就变得毫无意义，离开质量也就谈不上安全，而项目的质量、安全等因素在不

同的项目环境下，要求的严格程度是会发生重大变化的。

⑤ 建设项目的投资巨大，一旦项目的风险因素产生不良的后果，造成的损失往往是十分巨大的，因此，对风险的前期评估就显得尤为重要。

总之，在工程建设项目投资管理全过程中涉及很多因素和环节，哪个因素和环节没有处理好，就对整个工程建设项目经营产生风险，从而导致项目投资风险。所以，做好工程建设项目投资的风险分析与管理，对工程建设项目的顺利进行，提高投资效益有着重要的意义。

2）工程建设项目风险类型分析

对于工程建设项目来说，参与工程建设项目建设活动的不同主体均存在不同程度的风险，均需要进行风险管理。毫无疑问，项目风险对项目的实施是一个威胁，风险管理是工程建设项目管理的重要内容。要真正搞好项目的风险管理，必须确立具体的目标，制定具体的指导原则，规定风险管理的责任范围。从风险目前在我国工程建设项目上的表现形式来看，投资风险主要类型包括政治风险、社会风险、融资风险、经济风险、项目管理风险、技术风险、自然风险等几种类型，如表 7.1 所示。下面对工程建设项目投资风险类型进行分析。

表 7.1　建设项目的风险因素和风险承担主体

风险类型	风险因素	风险主要承担主体
政治风险	政府政策，民众意见，意识形态的变化，宗教，法规，战争，恐怖活动，暴乱	发展商，承包商，供应商，设计人，监理人
社会风险	城市规划，区域发展，环境污染，民众意见，或社会习惯	发展商，承包商，监理人
融资风险	破产，利润，保险，风险分担	发展商，承包商，供应商
经济风险	财政政策，税制，物价上涨，利率，汇率	发展商，承包商，供应商
项目管理风险	采购策略，规范标准，组织能力，施工经验，计划和质量控制，施工程序，劳力和资源，交流和文化	发展商，承包商
技术风险	设计充分，操作效率，安全性	发展商，承包商
自然风险	不可预见的地质条件，气候，地震，火灾或爆炸，规章，危险物质，冲突，倒塌，洪水，火灾或爆炸	发展商，承包商

（1）政治风险

政治风险是指由于政策的潜在变化给工程建设项目的投资者及相关企业带来各种不同形式的经济损失。政府的政策对工程建设项目的影响是全局性的，政策的变化趋向，直接关系到工程建设项目投资者的成功与否。工程建设项目，尤其是大型工程建设项目，与国家经济发展紧密相关，因此，在很大程度上受到政府的控制，政府对租金、售价的限制、对外资的控制、对土地使用的控制，对环境保护的要求，尤其对投资规模、投资方向与金融的控制，以及新税务政策的制定，都将对工程建设项目投资者构成风险。在未实现完全市场经济的条件下，政策风险对工程建设项目市场的风险尤为重要。因此，工程建设项目投资者非常关注政策的变化趋势，以便及时处理由此引发的风险。

（2）社会风险

社会风险主要是指由于人文社会环境因素的变化对工程市场的影响，从而给从事工程建设项目投资者带来损失的可能性。工程市场的社会风险因素主要有城市规划、区域发展、公众干预等。

城市规划的变动对已经建成的、正在建设中的以及将要建设的工程的价值量会产生影响，其负面影响就是给工程建设项目投资者带来经济上的损失。

区域发展风险。拿化工项目举例来说，区域发展风险是指由于周围环境的化工发生变化而影响其他工程的价值和价格，为投资者带来损失的风险。区域发展风险主要体现在两个方面：一是近邻地区化工发展风险。近邻地区中社会、经济和各类设施的变化，都会给工程投资者带来一定的风险。二是类似地区发展风险。所谓类似地区是指与某一特定的工程建设项目所处在的区域相类似的其他区域。类似地区经济的繁荣与发展，一方面有可能形成区域经济规模协同发展，优势互补，共同繁荣；另一方面也有可能分散该工程的吸引力，使该工程建设项目竞争力下降。因此，在项目的可行性研究中，对这一因素的风险性也需慎重研究。

公众干预风险。这是由于某项工程的兴建影响到周围居民的利益而使公众自觉地进行干预，阻止该项目的发展，从而可能给工程建设项目投资者带来各种形式的损失。

（3）融资风险

工程建设项目融资风险是指融资方式和条件发生变化对工程建设项目投资者带来损失的可能性。工程建设项目是一种资金密集型项目，工程建设项目投资生产者对非自有资金的依赖性很强，外部资金条件一旦发生变化，便立即影响工程建设项目的正常经营活动。当投资收益率小于贷款利率时，借贷比例越大，本金收益越少，甚至出现负值，本金收益率也越低，这就会给投资者带来损失，这种风险出现的机会是很大的。

（4）经济风险

经济风险主要是指一系列与经济环境和经济发展有关的不确定因素，它们的出现会对工程建设项目投资产生影响，这类风险因素可以分为以下两类：一是市场供求风险。任何市场的供给与需求都是动态的和不确定的。这种动态的不确定性决定了市场中的投资者进入的不确定性。二是财务风险。财务风险是经济风险中的一大类，它主要是由于各种财务因素发生变化而给工程建设项目投资者带来的各种损失。财务风险又可以分为以下几类：通货膨胀风险、利率变化风险、开发费用变化风险、税率变动风险以及劳动力价格变动风险等。

（5）项目管理风险

项目管理风险是指由于管理活动和行为不适合生产和经济活动发展而给投资者带来经济损失的可能。项目管理风险主要有以下三个因素：一是企业商誉风险。工程建设项目投资者的信誉是企业的无形资产，企业在经营过程中，如果发生法律纠纷或质量事故，其信誉会立即受到损害，导致客户减少。企业商誉风险的主要影响因素有企业人员本身素质、企业文化传统、企业规章制度、质量管理意识等，它们都是动态的，能左右企业的商誉。二是时间管理风险。在竞争激烈的市场经济环境中，时间就是金钱，控制时间就是控制成本，建设期越长，则资金占用期越长。三是项目合同管理风险。工程施工过程中的合同纠纷出现的概率很大，这些纠纷会对工程质量、工程进度等产生很大影响，从而给投资者或开发商带来损失。

(6) 技术风险

工程建设项目的技术风险是指由于科学技术的进步、技术结构及其相关变量的变动给工程投资者可能带来的损失。造成技术风险的因素很多，主要可分为以下几种：材料改变和更新风险、施工技术和工艺革新风险、设计变动或计算失误风险、设备故障或损坏风险、生产力因素短缺风险(生产力因素包括技术工人、原材料及半成品，这些因素的短缺会直接影响建设工期，从而增加工程建设项目的投入成本)。此外，施工事故风险(这类事故一旦发生，便会发生事故处理费和各种补偿费，同时影响整体工作气氛并延迟工期。这些损失导致开发成本的增加，而且也会转移到工程成本中而成为投资者的损失)和工程建设项目信息风险(信息风险是指因信息不精确或错误、信息短缺、信息处理缓慢、信息传递错误等造成损失的可能性。与建设市场有关的有许多种信息，例如，建材价格信息、地价信息、设计信息、施工队信息、招标信息等)也属于广义的技术风险。

(7) 自然风险

自然风险是指各种自然原因对工程的投资过程造成影响，以及对工程产品产生直接破坏，从而造成工程建设项目投资者经济上的损失。自然风险主要包括火灾风险、风暴风险、洪水风险、地震风险、雪灾风险、气温风险等。这些风险出现的概率很低，但是一旦出现，造成的危害是相当严重的。

上文根据工程建设项目投资风险的表现形式，识别分析了工程建设项目的主要风险类型，但是在这里，我们必须强调，工程建设项目各类投资风险并不是孤立存在的，而是各种类型的风险相互交叉、相互关联的。因此对各类风险的防范必须系统地考虑项目整体风险和收益的平衡。

3) 工程建设项目风险的阶段性分析

建设项目从策划、实施到投入使用，需要一个较长的过程，在这个过程中的不同阶段，项目风险管理的处境及所追求的目标不一样，面临的风险因素不同，风险管理的重点和方法也会有所不同。例如，一个商品住宅项目在进行投资决策时，投资者最为关心的是该项目完成后能否顺利推向市场以及取得盈利的市场前景，因此，投资者应分析诸如该市场的价格行情、市场的潜力、政局稳定程度、政策是否多变、法规是否完善等各种不可知、不确定或不稳定因素。

项目进入实施阶段后，如何避免项目在合同、技术以及施工环境等方面的风险因素就成为风险管理的主要问题。由于不同阶段风险管理的目标不一致，因此，对于建设项目来说，风险管理的目标并不是单一不变的，而应该是一个有机的目标系统。在总的风险控制的目标下，不同阶段需要有不同阶段的风险管理目标。当然，风险管理目标必须与项目管理的总目标一致，包括项目的盈利、形象、信誉及影响等；同时，风险管理的目标必须与项目的环境因素和项目的特有属性相一致，包括将来的顾客、项目投资决策人的个性与经历等。这些因素可能是相对稳定的，也可能是变幻不定的，在确定风险管理目标时，必须充分考虑这些因素，否则，即使在理论上已经确立目标而在实践中也无法实现。建设项目不同阶段的风险因素如表 7.2 所示。

表 7.2 建设项目不同阶段的风险因素

项目阶段	分部阶段	典型风险因素
投资准备阶段	设想/可行性 必要条件说明 技术说明	政治风险 环境风险 规章制度风险
项目实施阶段	初步设计 详细设计 采购 施工 交付	合同 采购 设计 施工方法 规章制度 安全 妨害公众安宁 环境
投入使用阶段	经营 维护 退出使用和废弃	产品市场 经营 污染

要实现风险管理目标，必须明确项目组织内部风险管理职能的分目标和总目标，规定风险管理部门的任务、权力和责任，协调组织内各部门之间的风险关系，建立和改进信息渠道和管理信息系统，以保证风险管理计划正常执行。对于建设项目来说，风险管理的具体目标又可以更加具体地表述为在保证建设过程安全的前提下，实现投资、进度和质量的控制要求。显然，建设工程风险管理的总体目标和建设工程建设项目管理的目标是一致的，从某种意义上来说，风险管理是为目标控制服务的，而风险管理的基本理论是工程建设项目管理理论的一个组成部分。

项目无论是大还是小、简单还是复杂，都可以进行风险管理。当然，从成本效益的角度来说，并不是任何一个项目的实施过程都必须进行风险管理。但是，对从事项目管理的人员来说，必须具备风险的意识，提高对风险的警觉。在建设项目的全生命周期内，正确地运用风险管理，可以取得较好的效果。

投资准备阶段：这一阶段项目变动的灵活性最大，通过风险分析可以了解项目可能会遇到的风险，并检查是否采取了所有可能的步骤来减少和管理这些风险。在作出必要的定量风险分析之后，还能够知道实现项目各种目标的可能性，例如费用、时间和功能等。这时若作出减少项目风险的变更，代价小，而且有助于选择项目的最优方案。

项目实施阶段：通过风险分析，可以建立风险监控系统，及早采取预防措施；也可以查明项目不同参与主体是否认识到项目可能会遇到的风险，以及这些风险因素对自身的影响程度，在此基础上判断是否能够完成项目的总体目标。

投入使用阶段：项目自投入使用后，风险管理对其后的经营等问题仍然有非常积极的意义，做好风险管理工作，可避免许多不必要的损失，从而降低成本、增加利润。

7.3 项目投资的风险评估

识别风险仅能从宏观上了解和识别风险，若要了解风险的准确情况和确切的根源，尚须对其进行进一步的评估和分析。在建设工程建设项目全生命周期的过程中，会出现各种不确定性，这些不确定性将对项目目标的实现产生积极或消极的影响，工程建设项目风险分析就是对将会出现的各种不确定性及其可能造成的各种影响和影响程度进行分析和评估，通过对那些不太明显的不确定性的关注，对风险影响的揭示，对潜在风险的分析和对自身能力的评估，采取相应的对策，从而达到降低风险的不利影响或减少其发生的可能性之目的。因此，对工程建设项目风险预测和识别后，我们还应对工程建设项目风险进行分析与评估，一方面深入分析风险发生的概率，另一方面评估风险可能造成的损失程度，从而为化解风险，减少损失提供参考。

7.3.1 工程建设项目风险分析与评估概述

风险分析和评估是风险识别和决策之间的纽带，是风险管理决策的基础，是风险管理的关键。风险分析是在风险识别的基础上，运用概率和数理统计的方法对投资项目风险发生的概率、项目风险的影响范围、项目风险后果的严重程度和项目风险的发生时间与次数频率进行分析，为风险管理奠定可靠的基础。工程建设项目风险分析就是通过对项目所有不确定性和风险要素的充分、系统和有条理地考虑，确定项目的各种风险。

工程建设项目风险评估就是对工程建设项目风险进行综合评价。它是在对工程建设项目风险进行规划、识别和估计的基础上，通过建立风险的系统模型，从而找到工程建设项目的关键风险，确定工程建设项目所有阶段的整体风险，各风险之间的相互影响、相互作用以及对工程建设项目的总体影响，为如何处置这些风险提供科学依据，并明确工程建设项目主体对风险的承受能力，以保障项目的顺利进行。

1）工程建设项目风险分析与评估的理论基础

为了更好地实现对工程建设项目投资风险的分析和评估，以便于结果更具有可信度，应当依照一定的理论基础作指导。一般认为，进行工程建设项目投资风险分析和评估的理论基础主要有以下四点。

（1）类推原理。在进行工程建设项目投资风险分析时，往往没有足够的风险统计资料，而且有时因为客观条件的限制，很难甚至不可能取得所需要的足够的风险资料。因此，根据事件的相似关系，利用类推原理，借鉴已掌握的整体或局部类似工程的风险统计资料，就可以分析目标风险载体的风险状况。

（2）大数法则。大数法则为风险分析奠定了理论基础，它阐述了大量随机现象的平均结果呈现出稳定性的规律。就工程建设项目投资来说，根据大数法则，只要被观察的工程建设项目足够多，就可以对损失发生的概率以及损失的严重程度衡量出一定的数值来。被观察的工程建设项目越多，分析值与实际值就越接近。这个方法在其他领域也经常运用，是一个较为常见的推理方法。

（3）概率推理原理。工程建设项目投资风险事件发生是随机的，引起损失的程度也是不确定的，但总体而言，投资中风险事件的发生呈现出统计学上的规律性，因此，在工程建设项目投资风险分析中，采用概率推理原理，通过判断随机变量的取值特点和其他特性，据此判断随机变量符合何种概率分布，确定参数，从而分析出风险事件出现的概率。

（4）惯性原理。因为事物的发展具有延续性，即惯性，可以利用这个特征来分析工程建设项目投资的风险。同时，要求系统具有相对的稳定性，能够保持其发展的基本趋势。在利用过去的风险资料来分析未来可能发生的状态时，一方面要抓住惯性发展的趋势，另一方面还要预测可能出现的偏离和偏离程度，从而对分析结果进行处理，提高分析的可靠度。

2）工程建设项目风险分析与评估的作用

在工程建设项目风险管理中，项目风险的分析和评估是一个必不可少的环节，其主要作用表现在：

（1）通过风险分析与评估，确定工程建设项目风险大小的先后顺序。对工程建设项目各种风险进行评估，根据它们对项目的影响程度，包括风险出现的概率和后果，确定它们的排序，为考虑风险控制先后顺序和风险控制措施提供依据。

（2）通过风险分析与评估，可以确定各种风险事件之间的内在联系。工程建设项目中各种各样的风险事件，表面上看是互不相关的，当进行详细分析评估后，便会发现某一些风险事件的风险源是相同的或是有密切联系的。掌握了风险事件之间的内在联系，在以后的风险控制中可以重点控制相同的风险源，消除由此风险源产生的风险。

（3）通过风险分析与评估，把握风险之间的相互关系，将风险转化为机会。

（4）通过风险分析与评估，可以进一步认识已分析的风险发生的概率和可能引起的损失，降低风险分析过程中的不确定性。当发现原分析和现状出入较大，必要时可根据工程建设项目进展现状，重新分析风险的概率和可能引起的损失。

3）工程建设项目风险分析与评估的目的和步骤

投资风险的分析与评估的目的和步骤是风险分析与评估的重要内容，进行工程建设项目投资风险管理还需要进一步了解工程建设项目投资风险分析与评估的目的和步骤。

（1）风险分析与评估目的

风险分析与评估是指应用管理科学技术，采用定性与定量相结合的方式，最终定量地分析风险大小，找出主要的风险源，并评价风险的可能影响，以便以此为依据，对风险采取相应的对策。就工程建设项目来说，投资者进行工程建设项目风险分析与评估，要达到以下目标：对项目的各种风险进行比较和评估，确定风险的先后顺序和重要性；从项目整体出发，弄清各风险事件之间确切的因果关系，为制订系统的风险管理计划服务；分析各种不同风险之间相互转化的条件，研究如何才能化解、消除风险；进一步量化已识别的风险，减少风险发生的概率和后果分析中的不确定性；对项目风险进行总体评价，确定其风险水平是否在可接受范围内。

（2）风险分析与评估的步骤

在项目风险管理的实践中，风险评价可分三步。

① 确定风险评价基准。风险评价基准是项目主体针对每一种风险后果界定的可接受水平（包括绝对的和相对的），单个风险和整体风险都要确定单个评价基准和整体评价基准。

将估计的风险后果与评价基准比较，在大多数情况下，如果投资项目达到了事先设定的基准目标，则可认为该项目是成功的。投资项目的目标是多种多样的，包括工期最短、利润最大、成本最小、风险损失最小、销售量最大、周期波动最小、产品或服务质量最好、树立最好的形象、公司的威信最高、使客户最大限度地满意等，这些目标均可以计量，并可选定评价基准。

② 确定投资项目整体风险水平。项目整体风险水平是综合了所有的个别风险之后确定的，为此，有必要弄清各单个风险之间的关系、相互作用以及转化因素对这些相互作用的影响。风险的可预见性、发生概率和后果大小三方面可以有多种方式组合，致使整体风险评价的复杂化。帕累托二八原理认为：20%的风险会构成对项目严重威胁的80%，说明项目所有风险中只有一小部分对项目威胁最大，会造成项目停顿。

③风险水平同评价基准比较。将项目整体风险水平同整体评价基准、项目各单个风险水平同单个评价基准作对比，看一下投资项目风险是否在可接受的范围之内，从而确定该投资项目应该就此停止，还是继续进行。

7.3.2　工程建设项目风险分析与评估的工具和方法

在风险评估的过程中，我们可以通过各种方法得出各种备选方案。另外，风险评估是协助风险管理者管理风险的工具，并不能代替风险管理者的判断。所以风险管理者还要辩证地看待风险评估的结果。风险分析评估的方法包括定量分析(包括敏感性分析、概率分析、决策树分析、影响图技术、模糊数学法、关键事件法等)和定性分析(包括幕景分析法、专家调查法、层次分析法等)两种方法。在风险分析与评估中，应处理好定性与定量分析的关系。敏感性分析、概率分析、决策树分析、影响图技术、模糊数学法、关键事件法等投资风险定量分析，虽大多采用仿真方法，但也有不足之处。首先存在基础数据不足的难题；其次是不易求解。在项目风险管理过程中，风险分析是最困难的，管理者往往陷入困难的境地，即为了追求准确，就必须应用复杂的概率计算方法和采用精度较高的模型，但是限于资料的稀缺和时间的紧迫，这种计算方法和模型就被迫放弃。而定量分析与定性分析相结合是一种比较好的办法。

1）概率分布

概率分布表明了每一可能事件及其发生的概率，由于诸事件的互斥性，这些概率之和为1。可以使用历史数据资料或理论概率分布来建立实际概率分布。

(1) 历史资料法。在基本相同的条件下，通过观察各个潜在的风险在长期历史中已经发生的次数，就能估计每一可能事件的概率。这种估计是每一事件过去已经发生的频率。由于人们缺乏广泛而足够的经验，因此不能用这种方法建立可靠的概率分布。

(2) 理论分布法。当历史资料不充分或不可信时，项目风险经理可以根据理论上的某些概率分布来补充或修正，从而建立项目风险的分布图。常用的风险概率分布是正态分布。正态分布可以描述许多风险的概率分布，如财产损失、交通事故等。还有一些风险分析中常用的理论概率分布，如泊松分布、三角形分布、离散分布、阶梯长方形分布、梯形分布、立项分布和对数正态分布等。

(3) 专家打分评价法。为了建立风险的概率分布，可以利用主观概率和合成概率。专家的评估是专家根据自身的专业素质以及丰富的实践经验，依照项目的具体情况做出的合理判断。可以将主观概率看成客观概率的近似值。

2）层次分析法

在工程建设项目风险分析中，层次分析法提供了一种灵活的、易于理解的工程评价方法。一般都是在工程建设项目招投标阶段使用层次分析法来评价工程建设项目的风险，它使风险管理者能在投标前就对拟建项目的风险情况有一个全面的认识，判断出工程建设项目的风险程度。

工程建设项目风险的分析和评估是个主观、客观结论相结合的过程，而对某些过程中潜在的风险因素或子因素的评价很难用定量数字来描述。层次分析法用于工程建设项目风险分析与评估正好恰当地解决了这个困难。它处理问题的程序与管理者的思维程序、分析解决问题的思路相一致，并用系统分析的方法，即把整个项目分解成若干个工作包，再逐一考虑每一个工作包的风险程度。在考虑过程中采用专家评判，并用定量原则检验这一评判的正确性，最后再综合成整个项目的风险，既有定性分析，又有定量结果，为管理者提供一个全面了解项目全过程中风险情况的机会，使其决策更为科学。

3）事故树分析法

事故树分析法亦称故障树分析（Fault Tree Analysis，FTA）法，是一种演绎的逻辑分析法。

应用在项目风险评估中主要是遵循从结果找原因的原则，将投资项目风险形成的原因由总体到部分，按树枝形状逐级细化，分析项目风险及其产生原因之间的因果关系。即在前期预测和识别各种潜在风险因素的基础上，运用逻辑推理的方法，沿着风险产生的路径，求出风险发生的概率，并提供各种控制风险因素的方案。

4）敏感性分析

敏感性分析要测算一些风险因素发生变化时对投资项目评价指标变化的幅度、判断风险因素变化引起对评价指标变化的敏感程度。它是量化及评估各风险因素对投资项目目标潜在影响的方法，有助于判定哪种风险最有可能对项目产生影响。

5）蒙特卡洛模拟法

模拟法是利用系统模型对系统行为进行分析，将对项目目标潜在影响的不确定性因素具体化、定量化。对工程建设项目进行模拟最常用的形式是利用项目的网络图作为项目模型。大多数模拟的基础是蒙特卡洛模拟法。它随机地从每个不确定风险因素中抽取样本，对整个投资项目进行计算，重复进行数次，模拟各式各样的不确定性组合，获得各种组合的数个结果，进而通过统计方法处理这些结果数据，找出项目变化的规律。

在连续型概率分布的假定下，投资项目的现金流量呈现一种多样化的概率分布。这时，通常采用的方法是运用随机模拟分析方法进行分析。随机模拟分析又称蒙特卡洛模拟或蒙特卡洛分析技术。随机模拟分析的原理是利用计算机技术，对每一个不确定性因素根据其概率分布特征进行随机抽样，选取数据并计算出结果。对抽样计算得出的结果进行数值统计分析，然后根据这种分析计算得出的统计结果，对投资项目做出风险评估和决策。由于该方法抽样选取数据数量大、全面且有代表性，故能够较准确地反映投资项目的不确定性和风险，其分析结果具有较高的参考价值，在投资项目风险分析中应用十分普遍。

蒙特卡洛分析技术的主要步骤如下：

（1）编制风险清单。

（2）采用专家法确定风险因素影响结果范围和概率。

（3）采用模拟技术，确定风险组合以及影响结果，具体操作为：利用随机数，确定每一风险变量的取值；对每一数值组合，计算确定性结果，重复这一过程至数万次，使结果具有统计意义。

（4）对模拟计算结果进行统计分析和计算，并进行风险评估。

（5）绘出模拟计算结果（通常是 NPV 或 IRR）相应的概率分布。

7.4 项目投资的风险控制

风险控制是指风险管理者采取各种措施和方法，消灭或减少风险事件发生的各种可能性，或者减少风险事件发生时造成的损失。风险伴随着项目执行的整个过程，风险的出现会增加项目的费用，减缓项目的进度，并对项目的完成质量产生很大的影响，从而影响投资者的预期收益。

投资项目风险应对就是针对风险识别和评价的结果，为降低项目风险造成的损失而制定风险应对措施、应对战略和技术手段的过程，从而提高项目目标实现的可能性。项目风险应对是根据投资项目风险管理计划、风险排序、风险清单、概率分析和应对措施清单等依据，得出风险应对计划、剩余风险、附加风险、合同协议、应急储备量和向其他过程的输入等结果。风险应对计划的编制必须与风险的严重性、应对成本、项目环境下的现实性等相适应，并得到所有投资项目利益相关者和参与方的认同，还应由专人负责。

7.4.1 工程建设项目风险应对的主要工作

工程建设项目经过风险评估后，一般会出现两种情况（如图 7.3 所示）：一是项目的整体风险超过了项目利益相关者能接受的水平（即评价基准）；二是项目的整体风险在项目利益相关者能接受的评价基准范围内。针对这两种不同的风险，可以相应地采取不同的项目风险应对措施。

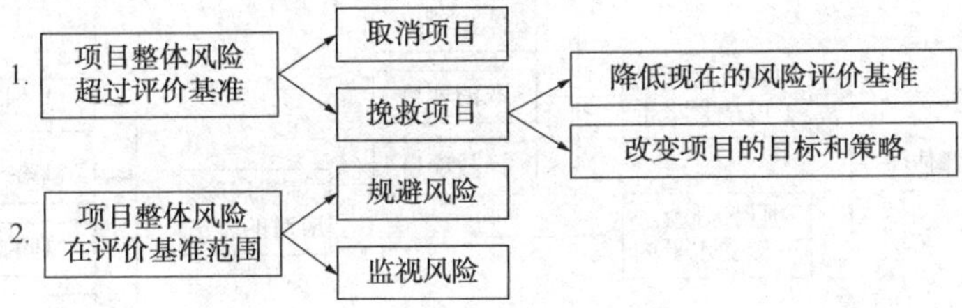

图 7.3 风险评估后的两种情况

（1）对于第一种情况，有两种选择：如果工程建设项目整体风险超过评价基准的接受水平很多时，无论采取何种措施和战略都无能为力，应该停止该工程建设项目，取消项目投资；当工程建设项目风险超过项目评价基准的可接受水平不多时，可采取挽救措施避免或减弱风险带来损失。挽救措施有如下两种：一是降低风险评价基准，对工程建设项目重新评价，判断分析项目风险评价基准降低后工程建设项目是否可行；二是改变工程建设项目的目标和策略等。无论采取哪一种措施，都要重做项目风险分析，降低项目风险评价基准后一般不能使工程建设项目达到原定的目标、在降低项目风险评价基准后，应按照图7.3中的第二种情况处理。

(2) 对于第二种情况，当工程建设项目整体风险水平在能够接受的评价基准范围之内，可被接受，则不必改变工程建设项目原定计划，而应集中注意力监视已识别出的风险，深入调查尚未显露的潜在新风险，努力提高工程建设项目取得成功的可能性。对于各种具体风险应该进行严格检查，必要时可采取规避等措施，把工程建设项目风险造成的损失控制在最小的范围内。

工程建设项目风险应对的主要工作如表7.3所示。

表7.3　工程建设项目风险应对的主要工作

依据(输入)	工具和方法	结果(输出)
1. 风险管理计划 2. 优先考虑的风险清单 3. 项目风险排队 4. 定量风险的优先清单 5. 项目的概率分析 6. 实现费用和时间目标的概率 7. 可能的应对措施清单 8. 风险极限 9. 风险的承担者抗风险能力 10. 普遍的风险成因 11. 定性与定量风险分析结果的趋势	避免(回避)风险 转移(合伙分担)风险 缓解(减轻)风险 接受(自留)风险	1. 风险应对计划 2. 剩余风险 3. 附加风险 4. 合同协议 5. 需要的应急储备量 6. 向其他过程的输入 7. 向修订项目计划的输入

7.4.2　工程建设项目风险应对的具体策略

根据工程建设项目风险评估的结果，项目团队可以使用不同的措施和方法来应对工程建设项目风险。具体可采用的工程建设项目风险应对的方法如图7.4所示。通常这些方法主要有风险回避、风险减轻、风险转移、风险自留和风险分散等。

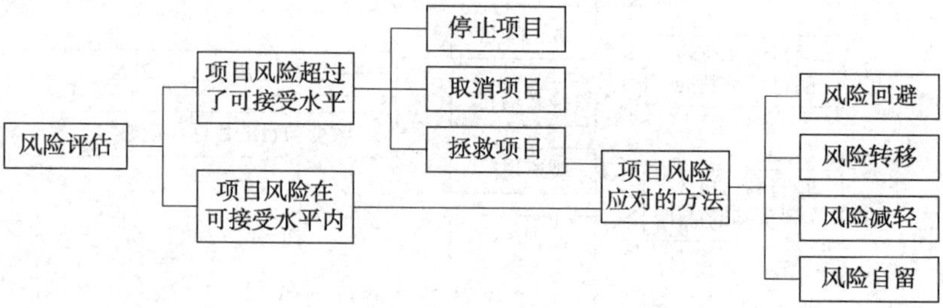

图7.4　工程建设项目风险应对方法

1) 工程建设项目风险回避

风险回避是工程建设项目投资风险应对的一个重要措施。在实际的工程建设项目中，经判断，该工程建设项目投资具有较大概率发生风险时，工程建设项目投资商就可以采取风险回避的方法使自己免遭风险损失。

风险回避是指当工程建设项目潜在风险发生可能性很大，或该项目活动的风险导致的损失也较大，或不利后果太严重，又无其他措施或策略可采用时，就可以采取主动放弃项目或改变项目目标与行动方案，以回避与项目相关联的风险的一种策略。风险回避是一种最彻底的风险应对方法和技术，可以在风险发生之前，完全消除该风险可能带来的各种损失。

在回避风险时，应注意下列几方面问题：一是当风险发生概率比较高、后果比较严重，并对风险的认识比较充分时，采用风险回避方法会获得良好效果。二是不是所有的风险都能采取回避方法，例如自然灾害、自然死亡等是不可回避的。三是回避了一种风险还有可能会产生新的风险。例如采用优质原材料代替劣质材料可避免质量风险，但同时有可能产生成本风险。

当采用其他风险应对方法的效果不理想时，就只能采用回避的方法。

在采取回避策略前，必须对风险有充分的认识，对威胁出现的可能性和后果的严重性有足够的把握。采取回避策略最好在项目活动尚未实施时，因为放弃或改变正在进行的项目一般都要付出高昂的代价。

工程建设项目风险回避就是通过变更项目计划，消除风险或产生风险的条件，或者保护项目目标免受风险的影响。虽然项目管理班子永远不可能消除所有的风险，但某些特定的风险还是可以避免的。在项目早期出现的某些风险事件，可以通过澄清需求、获取信息、加强沟通、听取专家意见的方式加以应对。如减少项目范围以避免高风险工作；增加项目资源或时间；采用一种熟悉的而不是创新的方法；或避免使用一个不熟悉的分包商，这些都可能是避免风险的做法。

2）工程建设项目风险转移(分担风险)

工程建设项目投资风险转移在投资风险应对中占有重要地位，通过投资风险转移，投资风险并没有减少，但是风险承担者发生了变化。

转移风险又称合伙分担风险，其目的不是消除或降低风险发生的概率和不利后果的大小，而是借用合同或协议在风险事故一旦发生时，将损失的一部分转移到项目以外的第三方身上。

实行转移风险的策略要遵循两个原则：一是必须让承担风险者得到相应的报答，如保险费。二是对于各个具体风险，谁最有能力管理就让谁分担。

采用这种应对策略所付出的代价大小取决于项目风险大小。当项目的资源有限不能实行减轻风险和预防风险策略，或风险发生频率不高，而潜在的损失或损害很大时，就可采用此应对措施。风险转移只是将管理风险的责任转移给另一方，并不能消除风险。

在财务风险应对中，转移风险责任是最为有效的方法。转移风险几乎总是会伴有向接受风险的一方支付风险成本，这类成本包括保险费用、履约保证金、担保和保证费用。可以使用合同方式将一些特定风险的责任转移给另一方。如果项目的设计是稳定的，那么使用固定价格合同就可以将责任转移给承包商。虽然成本补偿性合同将更多的风险遗留给了业主和资助者，但如果项目发生中期变更，这种合同可能有助于减少成本。

转移风险的主要方式包括出售、发包、保险、担保和开脱责任合同。

出售即通过买卖契约将风险转移给其他单位，这种方法在出售项目所有权的同时就把与之有关的风险也转移给了他人。例如房地产销售中的期房预售、工业企业的兼并与并购等。

在工程建设项目施工的招投标方式中，发包就是通过从项目执行组织外部获取货物、工程或服务而把风险转移出去。如在合同中增加索赔条款，承包商可将项目技术、设备和施工风险损失转移给合同相对方承担。

保险是转移风险最常用的方法，也是转换纯粹风险非常重要的手段，项目管理班子只要向保险公司缴纳一定数额的保险费、当风险事故发生时就能从保险公司获得相应的补偿，这就将项目风险转移给了保险公司。担保转移风险，担保是指为他人的债务、违约或失误，负间接责任的一种承诺。在工程建设项目管理中是指银行、保险公司或其他非银行金融机构为项目风险所负间接责任的一种承诺。

开脱责任合同是指在合同中列入开脱责任条款，要求对方在风险事故发生时不要求项目管理班子本身承担责任。

需要注意的是，当项目风险发生的概率较小但导致的损失较大，而且项目团队很难应付这种风险时，采用此法效果较好。在转移风险的过程中，必须让分担风险者（即项目转移方）获得与其承担的风险相匹配的利益或回报。与项目团队一起分担风险的第三方，必须有能力管理其所承担的风险。项目团队转移风险会付出一定代价。

3）工程建设项目风险减轻

相对于风险回避而言，风险减轻措施是一种积极的风险处理手段，它是指投资主体对不愿放弃也不愿转移的风险，通过降低其损失发生的可能性，设法将某一负面风险事件发生的概率和其后果降低到一种可以承受的限度。对照风险可能发生的概率和其后果，缓解的成本应是合理的。

风险缓解采用的形式可能是执行一种减少问题的新的行动方案，例如采用更简单一些的作业过程、进行更多的地震试验或工程技术试验或挑选更稳定的卖方。它可能涉及变更环境条件，以使风险发生的概率降低，例如增加项目资源或进度计划增加时间。

减轻风险是一种很重要的战略措施，其目的是降低风险发生的可能性，或减小风险造成的损失，或两者兼有之。在多数情况下，减轻风险所需要的成本与不减轻风险所导致的损失相比应是划算的。

在减轻风险过程中，可以根据不同的风险采取不同的策略，对于已知风险，项目团队可以在很大程度上加以控制，可以减少动用项目现有资源使风险减少。如通过压缩关键活动的时间来减轻项目的进度滞后的风险。对于可预测的风险，可以采取迂回策略，将每一风险都减少到项目利益相关者可以接受的水平上。例如政府投资的公共工程，在项目实施过程中削减项目预算的风险。对于不可预测的风险，要尽量使之转化为可预测的风险或已知的风险，然后加以控制和处理。

在对项目实施减轻策略时，最好将项目多种风险中的每个风险都减轻到可接受水平。具体风险都减轻了，则工程建设项目整体失败的概率就会减少，而成功的概率就会增加。实施减轻策略时，应设法将已识别的那些可预测或不可预测的风险变成已知的风险。这样，项目管理班子就可以对风险进行控制，动用项目的资源来减轻风险。

减轻项目技术风险、成本风险和进度风险的策略见表7.4。

表7.4 减轻项目风险的策略

	技术风险	成本风险	进度风险
策略	强调团队支持 改善问题处理和沟通 经常进行项目监督 咨询项目管理专家	经常进行项目监督 使用WBS、PERT或CPM 理解项目，目标团队支持	经常进行项目监督 使用WBS、PERT或CPM 选择最具经验的项目经理

4）工程建设项目风险自留(亦称接受风险)

工程建设项目风险自留也是工程建设项目投资风险应对的一种常用措施。风险自留是指项目管理班子可以把风险事件的不利后果自愿接受下来自己承担风险导致的所有后果。接受风险有主动和被动之分：主动接受是指当风险实际发生时，马上启动执行在项目风险管理规划阶段已经准备好的相应的风险应急计划；被动接受风险是指在风险事件造成的损失数额不大，不影响项目大局时，项目管理班子将损失接受下来，列为项目的一种费用。当采取其他风险规避方法的费用超过风险事件造成的损失数额时，可采取接受风险方法。

积极的接受行动包括制订一个应急计划，以备风险发生之用。

应急计划适用于项目进行中发生的已识别的风险。提前制订应急计划能够大大减少风险发生时应对行动的成本。如果风险有很大的影响，或所选择的战略可能并不完全奏效，那么就应着手编制一个退出计划。退出计划可能包括分配应急储备、研发备用方案和变更项目范围。

消极的接受不需要采取任何行动，仅让项目管理班子在风险发生时，去应对风险。

最常用的风险接受措施是为了应对已知风险，建立一项应急补助或储备，包括一定量的时间、资金或其他资源。应急补助应由已被接受的风险的影响来决定，在某一可接受的风险暴露水平基础上进行测算。

5）工程建设项目风险分散

在工程建设项目风险应对中，有时还会用到风险分散策略。风险分散介于风险自留和风险转移之间，属于风险转移的策略范围。风险分散指风险承受主体的多元化，将本来由一个主体承担的风险分成由几个主体同时承担，达到降低风险损失的目的。当然，风险利润也随之分散。例如，一个投资项目需要资金，可以由某个投资商投资。风险分散则要求由若干个投资商联合投资，组成合资企业。一方面，一旦合资企业遭到损失，由大家共同承担，所受损失也能承受得起；另一方面，由于实行董事会决策，集合了大家的智慧，企业决策失误降低，经营风险也随之下降，起到了分散风险的目的。

6）工程建设项目政府防范

在工程建设项目风险应对中，政府也发挥着重要作用。

（1）政府防范的概念

工程建设项目风险政府防范是指政府为项目投资者提供风险防范的环境、分摊风险或承担一部分风险。一些工程建设项目(比如桥梁建设等)属于国家基础设施，这些工程的建设可以促进当地经济的发展。同时一些工程建设项目在建成后，可以带动相关产业的发展，从而拉动社会经济的发展。另外一些工程建设项目建成后可以解决一定的就业问题，并给当地政府带来巨大的财政税收等。因此，一些工程建设项目建成后，受益主体具有一定的广泛性和社会性，有必要实施政府的风险防范。

（2）工程建设项目风险政府防范

在工程建设项目风险应对中，政府可以采取的防范措施主要有：

① 提供土地及其他后勤保证：投资者投资一些基础性工程建设，需要政府在供水、供电、生活服务等方面提供便利条件。政府应主动协调电力、邮电、供水、劳动等职能部门与投资者之间的联系，积极疏导项目承建方与当地政府和群众的关系，维持良好的治安和施工秩序。

② 竞争保证：一些工程建成后，获取收益，需要一定的期限。为了保证经营企业有稳定的收入，政府承诺特许权期限内不在项目附近兴建任何竞争性建设项目，以避免过度竞争引起投资者经营收益的下降。

③ 经营期保证：即要求政府保证投资公司一定时期的特许经营权，不因投资者利润的丰厚而要求提前收回项目或以其他方式损害其利益。从投资者角度来说，经营期越长越有利。当然，并不是任何工程建设项目都可以要求政府提供经营期保证，否则有悖于市场经济的自由竞争。

④ 政府为投资者提供一定的税收优惠政策或为投资企业提供信贷担保。

上面介绍了多种工程建设项目风险应对策略。在工程建设项目实践中，风险应对的各种策略都是组合使用的，一部分风险较大的项目，可能一开始就被回避；另一些被业主、承包商所接受的项目中，分散、自留、保险、合同转移、风险减轻等策略，都应随时间、环境、条件的不同，分别采取不同的策略。

7.4.3 投融资项目风险管理要点

1）投资项目投资前风险审核要点

投资项目投资前，应审核以下风险要点。

（1）项目的整体收益(不仅建设期的收益，运营期的收益也有可能因为政府维修养护较少造成亏损)，资金回流情况。

（2）若涉及政府付费，应注意项目政府方偿债能力、财政拨付能力，关注付款节点、资金来源及相关支持文件，关注政府近几年公共预算情况。

（3）若工程建设项目涉及政府出资，应注意政府出资的形式，何时出资，以及资金到位时间，防范政府支付风险，关注协议中是否明确约定政府建设期补助和可行性缺口补助的支付节点、额度，设定好违约罚则。

（4）项目公司的融资模式、融资方案是否可行，是否能够提供稳定的资金保障。

（5）涉及联合体，联合体其他成员的资金拨付能力，资本金能否到位；决策权约定；管理费用约定；收益与风险分配约定；股权退出机制事宜。

（6）投资协议中涉及的税收优惠政策是否享受，若后期因税收政策变动，增加项目公司的费用的应给予相应补偿，如增值税、所得税、耕地占用税、土地使用税、个人所得税、印花税等。

2）投资项目建设期风险关注点

投资项目建设期应关注以下风险要点：一是项目公司融资及时到位，并按期支付工程款；二是项目部收益是否达到预期，整体资金回流款情况；三是关注综合回报率，对项目建立动态分析，根据项目可研报告、目前实际情况、未来预测，从建设期的施工利润、运营期的投资回报整体分析包括运营期维修养护费，综合回报率能否达到投资项目的收益要求；四是关注会计核算。

3）投资项目运营期风险关注点

关注资金回流，收入模式是政府购买服务还是运营收费，属于金融资产模式还是无形资产模式，要对政府的财政预算关注，与政府协调好关系，确保运营期财政预算中有自身的款项，确保财政拨款及时到位。另外，要时刻关注资产是否减值，每年至少要进行一次减值测试。此外，要关注运营期的维修养护费用、政府补助相关内容。

4）关注股权退出机制

关注股权退出机制，集团公司需在运营期实现股权退出，不承担运营风险，并尽早实现资金回流。对此，需要提前整体筹划，筹划股权退出时间要注意是运营前期、中期还是末期；筹划退出形式注意是政府回购、其他社会资本金收购还是资产证券化；筹划退出的税务政策，尽量将税费转嫁受让方。

7.5 PPP 投资模式下建筑企业施工项目税务问题及解决策略

7.5.1 PPP 投资模式在建筑企业施工项目中出现的税务问题

（1）融资阶段涉税问题

通常情况下，PPP 项目权益资金投入上难以满足基本建设要求，在 PPP 项目运转时，大规模项目融资是不可避免的。从我国当前融资现状来看，主要采用银行贷款的方式。2016 年 3 月 23 日，国家税务总局、财政部发布《关于全面推开营业税改征增值税试点的通知》(财税〔2016〕36 号)，做出了这方面的规定，在“营改增”实施后，纳税人购进的贷款服务及直接相关费用，适用 6%税率且不得抵扣销项税额。

在贷款利息处理时，工程项目可以根据实际情况决定是否资本化，可以分别纳入“财务费用”或“在建工程”中，反映在利润表上，企业也可以根据实际情况进行扣除。在 PPP 投资模式中，施工项目应综合考虑增值税、企业所得税两种因素的影响，有效降低税收成本。

（2）关于项目中涉税问题考虑

企业投资项目在进行税收筹划工作时，需要对“营改增”税收政策进行充分考虑，建筑项目所涉及的内容及款项较多，包含机械、材料等使用费，这些费用都可以利用增值税抵扣办法进行抵扣，但不能获取增值税专用发票，导致进项税额抵扣不足。所以，建筑企业财务人员需要将税负减轻，站在投资方及施工方角度对问题进行充分考虑。除此之外，项目在合作过程中，应选择具备纳税人资格的企业，不管是施工材料供应企业，还是分包公司，建筑单位都应该进行严格审核，将进项税额实际抵扣限度提高，为企业带来经济效益。

（3）项目运营中的税收问题

项目在实际运营过程中，需要充分注意组织性质及政府补贴等相关优惠政策。对组织形式进行选择时，需要建立在PPP投资模式之上，选择科学合理的组织形式，将其与建设规模进行结合，充分了解之后再决定是否要成立项目公司进行管理及资金筹措等税收筹划工作，经济开发区也需要对税收优惠政策进行充分利用，在合法情况下减少税收。建筑企业施工项目建设所采用的PPP投资模式是基础性施工项目，并没有较大的盈利能力，政府补贴能够对整个施工工作进行保障，免于征收税，但需要将资金进行独立核算，符合税法及相关文件要求。项目投资过程中应将所得税优惠增加，让PPP投资模式在项目建设过程中发挥作用，将税务成本降低。但以上阐述的所有问题，企业并未充分落实。

（4）移交阶段涉税问题

通常情况下，PPP项目资产移交是指运营期届满后，PPP项目公司将项目资产无偿移交给政府或者政府指定的单位。目前没有统一的税收法规文件对PPP项目资产无偿移交的涉税事项做出明确的规定，只能参照既有的税收政策，但各地在政策理解和税收征管上都存在很大的差异。在退出模式上，PPP项目通常有两种，即股权退出和资产移交。股权退出又可以分为两种，股权减资和股权转让。进行股权转让时，应按照现行的标准缴纳企业所得税；股权减资则按照一定的比例，对股利所得或者投资转让获利，计算出相应的企业所得税。进行资产移交时，通常在合同期满或者按照约定将资产进行转移，投资人不再和本项目有利益关系。在进行资产移交时，分公司应将所有资产、债权、劳动力等全部转让，在这个过程中，土地使用权转让、不动产转让不需要缴纳增值税，而其他资产清算及损失需要计入企业所得税中。

7.5.2 PPP投资模式下建筑企业施工项目税务问题解决策略

（1）做好税收政策的设计和修订

建筑施工企业要明确PPP投资模式下税收政策的顶层设计，为税务工作的开展奠定良好的基础。在工作开展的过程中，财务人员需要对城市轨道交通、市政公路、城铁等项目有深入的了解，能有效解决工作开展中的各种问题。与此同时，要充分借鉴国内外类似项目的成功经验，根据项目的基本情况，明确项目实施过程中的职责和权限，加大相关税收政策的了解，确保税收政策的前瞻性，为项目的开展创造有利条件。

（2）逐步完善与项目增值税相关的抵扣链条

随着“营改增”的不断推进，建筑施工企业要对行业的基本特性有深入的了解，税收实务工作的开展要综合考虑合同、项目资金、发票等影响因子，结合项目本身的特点，确保增值税税负体系的针对性和有效性。在开展具体工作时，主要应注意以下两点：一是利息费用问题，建筑施工企业对了解国家财政承受能力、渐进性抵扣政策，同时对增值税抵扣原理有所认识；二是拆迁成本，在具体操作中，拆迁成本数额较大，同时存在一定的波动性，这种情况可以借鉴房地产行业的成功经验。

（3）健全PPP投资模式下基础设施投资项目的相关税务政策

在PPP投资模式下，对建筑施工企业税务方面的问题有以下几点建议。

首先，在合理的范围内适当延长项目损失弥补期限。我国政府对于建筑施工企业给予了一定的政策优惠，企业要综合考虑运营成本、资本利用效率、利率大小以及项目资金占比等多种因素，从而在一定程度上延长项目亏损弥补期，维护建筑施工企业的利益。

其次，根据PPP投资项目的基本特征，改变传统税收政策利润时间，变更为项目启动时点。

再次，在“大众创业、万众创新”的背景下，无形资产的载体存在一定区别，要对时间尺度所描述的线性关系有准确的把握，对单一直线法进行相应的改善，提升PPP投资模式下资金筹集的灵活性。

最后，不同的地区在税务政策上存在较大的差别，应根据当地的基本特点，制定相应的衔接措施，可以从以下两个方面进行：一是充分考虑影响施工投资效益造成的后果，通过高新技术研究费用的扣除，比如按照规定在一定时间内扣除利息；二是政府根据当地的基本情况，可以为即将到期的项目提供政策上的税收优惠。

(4) 扩大PPP投资模式增值税的抵扣范围

在实际应用中我们发现，金融机构得到的利息收入需要缴纳一定比例的增值税，企业在进行利息支出而没有相应的抵扣进项税额时，利息支出呈现重复征税的特点。究其原因，利息支出不允许扣除是因为财政方面。在“营改增”背景下，结构性减税虽然在一定程度上缓解了企业的压力，但是也给财政收入带来了负面影响。在PPP项目中，利息支出占据的比例相当大，利息的进项税额虽然不能扣除，但增加了PPP项目的增值税负担。不仅如此，PPP项目往往对城市基础设施建设和整体发展起到关键作用，通过增加PPP项目可以有效带动周边项目的发展，在一定程度上提升其他方面的税收来源。在开展工作的过程中，通过扩大PPP项目增值税的抵扣范围，PPP投资企业可以从银行等金融机构或者其他机构取得利息支出的增值税发票来抵扣进项税额，达到政府和企业的双赢。

(5) 明确和完善政府补贴相关的税收问题

政府补贴涉及增值税和所得税，为了更好地发挥税收政策的导向作用，地方财政对公共基础设施领域的补贴应免征增值税。在处理政府补贴时，根据具体情况对折旧和摊销进行扣除，从而有效减少政府补贴面临的各种问题，为建筑施工企业的经济效益提供保障。

目前，我国很多建筑施工企业都对PPP投资模式进行了充分研究，且加大了研究资金及时间等投入，除此之外，其他很多行业也在利用PPP投资模式促进企业发展。PPP投资模式在未来发展中能够将政府及企业之间所产生的风险及收益问题置于双赢模式下，让企业发展更加有保障。目前有多种PPP投资模式，但所有模式的法律关系相对复杂，所涉及主体因素较多。所以，企业在应用此模式时，需加强对模式的了解，根据企业目前实际发展状况做出科学决策及建议，让PPP投资模式能够促进企业运行，解决企业面临的税务问题。

7.6 国有企业“控股不控权”风险控制

国有企业“控股不控权”是指因公司章程设置缺陷等因素导致国有股东虽拥有公司控股权，却无法对公司经营管理行使控制权的现象。国有企业“控股不控权”问题是公司未规范运作的一种表现，存在潜在的导致企业经营管理失控和国有资产流失的风险，属于目前被国资委、审计署、各级巡视组严厉查处的一类问题。因此，及时有效地解决国有企业“控股不控权”的问题是必要的。

1）国资委“控股不控权”问题专项整治行动的要求

国有股东“控股控权”并不是简单粗暴地干涉标的企业的经营自主权，而是重点关注混改企业的规范管理和强化监督，其中监督就是对发现的异常行为要及时调查，要追责问责。

自 2022 年开始，国资委加强了对企业经营合规性的要求，并针对“控股不控权”问题在中央企业内部开展专项整治行动，要求国有企业重点排查控股子公司在“加强党的领导”“决策机制保障”“关键人员管理”“财务资金管控”“主要业务运行”等方面存在的“不控制”问题，着力避免国有企业出现重大经营风险，导致国有资产流失或受损。

2）“控股不控权”问题是巡视审计重点关注的领域

近年来，国有企业“控股不控权”问题是中央及地方各级巡视组重点关注的合规性问题。如针对中国盐业集团有限公司对所属中盐能源有限公司等六家二级企业控股不控权的问题，审计署依法出具了审计报告、下达了审计决定书，要求其限期完成整改。针对中国国电集团“控股不控权”的问题，中央巡视组向中国国电集团公司党组反馈了巡视意见，指出其“在经营和企业并购中向民企输送利益”。

中国盐业集团有限公司针对部分所属企业控股不控权，管控能力较弱问题，采取了多种措施，通过规范董事会建设、派驻总会计师等，加强对所属企业的管控力度。

中国国电集团针对“在经营和企业并购中向民企输送利益”问题，制定了多项整改措施。一是积极配合司法机关对涉法案件进行调查。根据司法机关判决结果，对相关单位领导人员的经营管理责任、党风廉政建设责任进行认定，严肃追责。根据中央巡视组要求，成立专门小组，赴境外对涉案企业的海外资产进行了初步核查，通过法律途径追讨欠款。二是严格规范“三会”(股东会、董事会、监事会)运作，全面清理控股公司章程。督促集团公司及所属公司派出股东代表和董事、监事坚决维护集团公司权益。全面规范和清理控股公司章程，对章程规定不利于国有资产保值增值的，依法进行修改，依据章程调整“控股不控权”企业的管理层。三是对于“控股不控权”的企业，实施分类处置。对于无法实现有效控制的两家企业，已按照国务院国有资产监督管理委员会(以下称“国资委”)有关规定，进场挂牌进行处置。对其余四家企业，已加派领导干部到控股或参股企业任职，确保对控股企业的有效管理。此外，还加强对并购项目审计评估审核把关。对重大项目采取专家组会审制度，加强对项目现场和审计、评估报告的审查核实。对审计、评估机构未勤勉尽职、出现重大失误的，暂停其与国电的业务或将该机构从集团公司机构库剔除。深入调查上栗煤业并购全过程，分清责任，对五名责任人给予了党纪政纪处分，并依法催收山西有关煤炭公司股权转让余款。

3）相关企业主动开展“控股不控权”问题自查自纠工作

根据国资委、审计署以及各级巡视组的工作精神，各相关企业主动开展“控股不控权”问题的自查自纠工作，主动从制度建设和实施落地层面发现问题、改正问题。

在制度建设方面，中国机械工业集团有限公司下属苏美达公司 2022 年修订《投资管理办法》，明确规定“新设或存量控股公司应在加强党的领导、决策机制保障、关键人员管理、财务资金管控和主要业务运行方面强化公司治理，确保国有控股股东的独立法人地位，杜绝‘控股不控权’情形的发生”。中国航天科工集团有限公司所属航天长峰公司于2022年出台《北京航天长峰股份有限公司合规管理规定》，明确“子公司章程须经公司本部法律审核，防止‘控股不控权’”。

在实施落地方面，根据中国核工业集团下属同方股份公告披露的信息，为贯彻国资委“控股不控权”问题专项整治工作要求，解决对投资企业持股50%以上但无实际控制权的问题，防范投资风险，公司所属全资子公司同方金融控股(深圳)有限公司加强了对同方莱士医药产业投资(广东)有限公司的控制和管理。经与同莱广东的其他股东沟通协商，同莱广东经股东会审议通过，修改了《公司章程》、调整了董监高人员。在持有同莱广东51%股权比例不变的情况下，同方金控在同莱广东董事会中提名董事过半数，取得了对同莱广东的实际控制权，并将其纳入公司合并报表范围。

2021年6月4日，国务院国资委在中国一汽以“现场+视频”形式召开中央企业改革三年行动推进会。国务院国资委党委书记、主任，国资委全面深化改革领导小组组长郝鹏强调，各中央企业要牢牢把握混合所有制改革的正确方向，坚持“三因三宜三不”原则(“三因”指因地施策、因业施策、因企施策；“三宜”指宜独则独、宜控则控、宜参则参；“三不”指不搞拉郎配、不搞全覆盖、不设时间表)，坚决防止将混改企业户数、比例和进度等作为衡量改革成效的标准。要对决策审批、审计评估、产权交易、职工安置等重点环节加强监督，防止“控股不控权”“失控失管”“只投不管”。要以差异化管控为突破口，推动混改企业全面建立灵活高效的市场化经营机制，在三项制度改革上率先取得突破。其中，三项制度改革是指国务院针对国企的三项制度改革，即劳动、人事、分配；人事部三项制度改革，即公务员制度、事业单位人事制度、工资福利。对此，国有企业必须明确整改措施，加强股权投资管理，防止发生重大风险。

第8章 项目融资风险评估管理

8.1 项目融资风险概述

8.1.1 项目融资风险概念及特征

项目融资风险是指在项目融资过程中，出现的不确定因素，以及这些不确定因素对项目目标产生有利或不利影响的机会事件发生的可能性及损失发生的不确定性。

项目融资风险从风险产生的要素上来说，指在项目融资工作中，对潜在的各种导致项目预期目标失败的可能性或事件，而这些不确定性的事件构成了项目融资的风险要素。通常人们理解的风险是具有负面性的，而风险具有客观性、潜在性、可测性、相对性、随机性等特征，正确了解风险的特点，识别和评估风险、控制风险，减少因项目风险发生而导致的财产损失，成功实现项目预期目标。

项目融资的风险随着项目开展阶段的不同其特征也有所不同，其融资风险在项目建设开发阶段随着资金的不断投入而增加，在项目试运营阶段的商业完工时达到最高值，项目试运营成功，遂进入正式运营阶段，随着项目收入的增加，用于偿还贷款的项目现金流量增加使其融资风险逐渐降低，其特征如图 8.1 所示。

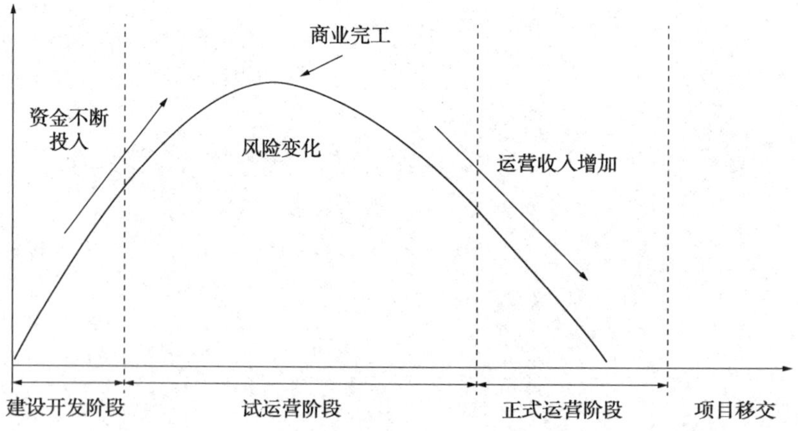

图 8.1 项目融资风险的阶段性特征

8.1.2　项目融资风险的分类

风险是指对某一事件的全过程的预期目标，可能产生的不利因素发生的概率及后果。项目融资时间长、涉及面广，潜在风险巨大，研究融资中的风险及其分配与管理是项目融资过程中最重要的环节。项目融资的全过程就是风险识别、风险评估、风险分摊和风险控制的过程。

为了更好地认识和判断项目的风险，我们可以从不同角度对项目风险进行分类。在风险分类的基础上，投资者可以根据项目及环境的特点，进行项目风险因素的识别和评估。本节将从项目的发展阶段、项目风险的可控制性、项目的投入要素、项目风险的表现形式四个不同的角度，对项目风险的识别做出全面的说明。这当中必然存在着部分内容的重叠，有些风险只发生在项目某个特定阶段，而其他一些风险则可能贯穿于整个项目的始终。

项目的建设和运营过程可以按照时间顺序分为三个阶段，即项目建设开发阶段、项目试运营阶段、项目正式运营阶段。在项目的这三个阶段里，银行的债务资金拨付和项目的债务资金偿还具有明显的时间特性。对于贷款银行来说，其在建设期和试运营期的风险随着未偿还贷款数额的增加而不断加大，因此，在这两个阶段，银行一般要求较高的追索权和较完善的融资信用保证体系。而进入正式运营期以后，融资风险迅速降低，银行一般会放松对投资者的追索权限制。项目各个阶段风险特性的差异除表现为风险的大小不同以外，还表现为风险的表现形式的不同。

1）按项目的发展阶段分

按照项目的发展阶段，风险可以划分为三个阶段，即项目建设开发阶段风险、项目试运营阶段风险和项目正式运营阶段风险。每个阶段的项目风险都有不同的特点。

（1）项目建设开发阶段风险

项目在正式建设之前通常会有一个较长的预开发阶段，包括项目的规划、可行性研究、工程设计，对于资源项目还会包括地质勘探、储量确定、矿石金属性试验等一系列工作。在这一时期，项目有许多未知的和不确定的因素，这时期的投资也带有风险投资的性质。这一阶段的风险通常由项目投资者承担，银行不会通过项目融资的形式为此阶段的项目提供债务资金，其风险不包括在项目融资风险之中。

项目建设开发阶段的风险是从项目正式动工建设开始计算的。项目动工建设之后，大量的资金投入购买工程用地、购买工程设备、支付工程施工费用当中，贷款的利息也由于项目还未产生任何收入而计入资本成本。从贷款银行的角度看，在这一阶段，随着贷款资金的不断投入，项目的风险也随之增加，在项目建设完工时项目的风险也达到或接近最高点。这时，如果因为任何不可控制或不可预见的因素，造成项目建设成本超支，不能按预定时间完工甚至项目无法完成，贷款银行所承受的损失也是最大的。因此，在这一阶段，银行要求投资者提供强有力的信用支持以保证项目的顺利完成。只有在对项目建设有百分之百把握的前提下，贷款银行才会取消对投资者提供附加信用支持的要求。

投资者利用不同形式的工程建设合同，实现对项目建设期风险的合理分配，并有可能将部分项目建设期风险转移给工程承包公司。这类合同的一个极端是固定价格、固定工期的“交钥匙”合同，另一个极端是“实报实销”合同。在两者之间又有多种中间类型的合同形式。在“交钥匙”合同中，项目建设的控制权和建设期风险全部由工程公司承担；而在“实报实销”合同中，项目建设期风险全部落在项目的投资者身上。

贷款银行在这一阶段往往要着重考虑以下因素的可能性和影响：①由于工程、设计或技术方面的缺陷，或由于不可预见因素的影响，造成项目生产能力不足或产量和效率低于计划指标；②由于能源、机器设备、原材料及承建商等因素造成项目建设成本超支，不能按预定时间完工甚至项目无法完成；③石油、天然气或其他矿藏资源的储量达不到预计的开采数量；④由于各种因素造成的竣工延期而导致的附加利息支出；⑤土地、建筑材料、燃料、原材料、运输、劳动和管理人员以及可靠的承包商的可获得性；⑥其他不可抗力因素引发的风险。

(2) 项目试运营阶段风险

项目融资在试运营阶段的风险仍然是很高的，即使这时项目建成投产了，如果项目不能按照原定的成本计划生产出符合“商业完工”条件的产品和服务，也就无法达到项目预期的现金流量目标。这必然危及贷款的偿还，给项目投资者带来相应的风险。

贷款银行一般不把项目建设的结束作为项目完工的标志。在项目融资中，引入一个“商业完工”的概念来判断项目是否进入正式运营期。根据这一概念，在融资文件中具体规定项目产品的产量和质量、原材料、能源消耗定额以及其他一些技术经济指标作为完工指标，并且将项目达到这些指标的时间下限也作为一项指标，只有项目在规定的时间范围内满足这些指标时，才被贷款银行认定为正式完工。

(3) 项目正式运营阶段风险

项目试运营满足了“商业完工”的具体指标，即进入项目的正式运营阶段。在这一阶段，项目进入正常的运转，如果项目可行性研究报告中的假设条件符合实际情况的话，项目应该具有足够的现金流量支付生产经营费用、偿还债务，并为投资者提供理想的收益。

从这一阶段起，贷款银行的项目风险随着债务的偿还逐步降低，融资结构基本上依赖于项目自身的现金流量和资产，成为一种“无追索”的结构。这一阶段的项目风险主要表现在生产、市场、金融以及其他一些不可预见的因素方面。

2) 按项目风险的可控制性分

从项目投资者是否能够直接控制的角度，又可以将风险划分为两类：系统风险、非系统风险。前者指与市场客观环境有关、超出了项目自身的风险；后者指可由项目实体自行控制和管理的风险。然而，这两种风险的划分并不绝对。有时候不可控风险也可以通过一定的手段予以消减，而另外一些时候可控风险却无法避免。

(1) 系统风险

项目的系统风险是指项目的生产经营由于受到超出企业控制范围的经济环境变化的影响，而遭受到损失的风险。这类风险企业无法控制，与宏观市场环境有关，超出了自己控制范围，并在很大程度上也无法准确预测。

系统性风险不能通过增加不同类型的投资数目而排除，因为造成这种风险的要素将会影响整体资本市场的运动和所有的投资活动。系统性风险的典型例子有政府经济政策(如税收、货币政策等)的调整、经济衰退、世界性能源危机、中长期资本市场利率激增等。这种风险包括国家风险和金融风险。一般用项目保险的方式来控制系统风险，使贷款银行和投资者一起去管理和控制这部分风险。

该风险主要包括项目的金融风险(利率风险和汇率风险)、部分项目的市场风险、项目的政治风险、项目的法律风险。

(2) 非系统风险

非系统风险是指一个项目所特有的风险，是指与项目建设和生产经营管理直接有关的风险，包括信用风险、完工风险、生产风险、技术风险、经营风险、环保风险和市场风险等。这类风险是项目投资者在项目建设或生产经营过程中无法避免，而且必须承担的风险，同时也是投资者可自行管理和控制的风险。

非系统风险一般可以通过多样化、分散化投资战略加以避免或减少。对于非系统风险，投资者只能作出定性的判断，而不可能取得统一的定量分析标准。非系统风险项目常采用担保来控制非系统风险，即可用各种合同契约的形式转让给项目投资者或其他项目参与者来管理和控制风险。

在项目融资中，将项目的风险按照可控制性加以分类，是希望能够按照不同的风险性质对其加以控制与管理。作为项目融资的贷款银行，对于不同性质风险的处理方式是不一样的。对于项目的非系统风险，贷款银行总是尽可能地以各种合同契约形式，将其转移给项目的投资者或其他项目参与者；但是对于项目的系统风险，在一定程度上，贷款银行是可以接受的，并且愿意和项目的投资者一起来管理和控制这类风险。

这两种基本的风险种类以不同的形式存在于项目的开发、建设、试运营及正式运营阶段，如何识别这些风险，并在各参与者之间分配风险并进行必要的管理，是项目融资成败与否的一个重要因素。

3) 按项目的投入要素分

项目在开发和经营的过程中需要投入的要素可以划分为五大类：人员、时间、资金、技术和其他要素。因此，从项目投入要素的角度，风险可以划分为以下几种：

人员风险指人员来源的可靠性、技术熟练程度、流动性、生产效率、工业关系、劳动保护立法及实施、管理素质、技术水平、市场销售能力、质量控制、对市场信息的敏感性及反应灵活程度、公司内部政策、工作关系协调等因素带来的风险。

时间风险指生产计划及执行、决策程序及时间、原材料运输问题、原材料短缺的可能性、在建设期购买项目土地及设备延期的可能性、工程建设延期的可能性、达到设计生产水平的时间、单位生产效率等因素带来的风险。

资金风险指由产品销售价格及变化、汇率变化、通货膨胀因素、项目产品购买者或项目设备使用者的信用、年度项目资本开支预算、现金流量、原材料及人工成本、融资成本及变化、税收及可利用的税务优惠、管理费用和项目生产运营成本、土地价值、项目破产以及与破产有关的法律规定等带来的风险。

技术风险指由项目风险的技术要素即综合项目技术评价(选择成熟技术是减少项目融资风险的一个原则)、设备可靠性及生产效率、产品的设计或生产标准等带来的风险。

其他风险指由其他一些因素可能给项目带来的风险，如产品需求、产品替代可能性、市场竞争能力、投资环境(立法、外资政治环境、外汇管制)、环境保护立法、项目的法律结构和融资结构、知识产权、自然环境、其他不可抗拒因素等造成的风险。

以上几种要素无论哪一种要素(不仅仅是资金要素)出现问题，都会对项目的经济强度产生影响。

4) 按项目风险的表现形式分

按照项目风险在各个阶段的表现形式，可以将风险划分为十种基本类型：信用风险、完工风险、生产风险、市场风险、金融风险、政治风险、法律风险、不可抗力风险、环境保护风险及国家风险。

8.2 项目融资风险的识别

8.2.1 项目融资风险识别技术

1) 项目融资风险识别步骤

项目融资风险识别，可以通过以下三个步骤进行。

第一步，收集资料。资料和数据能否到手、是否完整，都会影响项目融资风险损失的大小。

第二步，估计项目风险形式。风险形式估计是要明确项目融资的目标、战略、战术，以及实现项目融资目标的手段和资源，以确定项目融资及其环境的变数。

第三步，根据直接或间接的症状将潜在的风险识别出来。

原则上，风险识别可以从原因查结果，也可以从结果反过来找原因。从原因查结果，就是先找出本项目会有哪些事件发生，发生后会引起什么样的结果。例如，在项目进行过程中，关税税率会不会变化，关税税率提高或降低会引起怎样的后果。从结果找原因，比如，建筑材料涨价将引起项目超支，哪些因素会引起建筑材料涨价呢？项目进度拖延会造成诸多不利后果，造成进度拖延的常见因素有哪些？是项目执行组织最高管理层犹豫不决、政府有关部门审批程序烦琐复杂、设计单位没有经验，还是手头的工作太多、施工阶段进入雨季等。

2) 项目风险识别的工具和技术

在具体识别风险时，还可以利用以下的工具和技术。

(1) 核对表

人们考虑问题时有联想的习惯。在过去经验的启示下，思想常常变得很活跃，浮想联翩。风险识别实际上是关于将来风险事件的设想，是一种预测。如果把人们经历过的风险事件及其来源罗列出来，制成一张核对表，那么项目管理人员看了就容易开阔思路，容易想到项目会有哪些潜在的风险。核对表可以包含多种内容，比如，以前项目成功或失败的原因，项目其他方面规划的结果(范围、成本、质量、进度、采购与合同、人力资源与沟通等计划成果)，项目产品或服务的说明书，项目班子成员的技能，项目可用的资源等。还可以到保险公司索取资料，认真研究其中的保险条例。这些资料能够提醒人们还有哪些风险尚未考虑到。项目融资风险核对表的形式如表 8.1 所示。

表 8.1 项目融资风险核对表

项目融资成功的条件	项目融资风险
(1)融资只涉及信用风险，不涉及资本金；	(1)工期延误，因而利息增加，收益推迟；
(2)原材料、能源的成本和供应要有保障；	(2)成本费用超支；
(3)项目产品或服务要有市场；	(3)技术失败；
(4)承包商、管理人员富有经验、诚实可靠；	(4)承包商财务失败；
(5)合营各方签有令各方都满意的协议书；	(5)政府过多干涉；
(6)主权、国家风险令人满意，无没收风险；	(6)未向保险公司投保人身伤害险；
(7)货币、利率、外汇风险事先已有考虑；	(7)原材料涨价或供应短缺、不及时；
(8)主要的项目发起者已投入足够资本金；	(8)项目技术陈旧；
(9)对通货膨胀率已进行了预测；	(9)项目产品或服务在市场上没有竞争力；
(10)项目本身的价值足以充当担保物；	(10)项目产品或服务寿命期比预期缩短；
(11)对资源和资产已进行了满意的评估；	(11)项目管理不完善；
(12)成本超支已考虑缴纳足够的保险费；	(12)对于担保物的估计过于乐观；
(13)对不可抗力环境保护问题已采取措施	(13)项目所在国政府无财务清偿力
(14)投资者可以获得足够高的资金收益、投资收益率和资产收益率	

(2) 项目工作分解结构

风险识别要减少项目结构的不确定性，就要弄清项目的组成、各个组成部分的性质、它们各个组成部分相互间的关系、项目同环境之间的关系等。项目工作分解结构是完成这项任务的有力工具。项目管理的其他方面，如范围、进度和成本管理，也要使用项目工作分解结构。因此，在风险识别中，利用这个已有的现成工具并不会给项目管理班子增加额外的工作量。

(3) 常识、经验和判断

以前建设过的工程项目积累起来的资料、数据和教训，以及项目建设班子成员个人的常识、经验和判断在风险识别时非常有用。尤其对于那些采用新技术、无先例可循的工程项目，更是如此。另外，把项目有关各方找来，同他们就风险识别进行面对面的讨论，也有可能触及一般规划活动中未曾发现或发现不了的风险。

(4) 实验或试验结果

利用实验或试验结果识别风险，实际上是花钱买信息。例如，在地震区建设高耸的电视塔，预先做一个模型，放到振动台上进行抗震试验。实验或试验还包括数字模型、计算机模拟或市场调查等方法。

(5) 敏感性分析

敏感性分析，就是分析并测定各个因素的变化对指标的影响程度，判断指标(相对于某一项目)对外部条件发生不利变化时的承受能力。一般情况下，在项目融资中需要测度敏感性的变量要素主要有：价格、利率、汇率、投资、生产量、工程期限、税收政策、项目寿命期等。这样，项目管理人员就能识别出风险隐藏在哪些项目的变量或假设之下。

敏感性分析的基本步骤如下。首先确定分析指标。在工程项目融资风险分析中，通常采用 NPV 指标。然后选择需要分析测度的变量要素。接着计算各变量要素的变动对指标的影响程度。最后确定敏感性因素，对项目的风险情况作出判断。

（6）事故树分析

在可靠性工程中，常常利用事故树进行系统的风险分析。此法不仅能识别出导致事故发生的风险因素，还能计算出风险事故发生的概率。具体介绍见“7.2.2 工程建设项目风险识别方法”。

（7）专家打分法

专家打分法是一种最常用的、最简单的、易于应用的分析方法。它的应用由两步组成：首先，识别出某一种特定工程项目可能遇到的所有风险，列出风险调查表；其次，利用专家经验，对可能的风险因素的重要性进行评价；最后，综合成整个项目风险水平。具体步骤如下。

① 确定每个风险因素的权重，以表征其对项目风险的影响程度。

② 确定每个风险因素的等级值，按可能性很大、比较大、中等、不大、较小这五个等级，分别以 1.0、0.8、0.6、0.4、0.2 打分。

③ 将每个风险因素的权重与等级值相乘，求出该项风险因素的得分，再求出此工程项目风险因素的总分。显然，总分越高说明风险越大。

④ 将项目风险评价结果与评价标准进行比较，作出决策。

如表 8.2 为某海外工程的风险调查表，其中，WX 叫风险度，表示一个项目的风险程度。由 $\sum WX=0.56$，说明该项目的风险属于中等水平，可以投标，报价时风险费也可取中等水平。

表 8.2　某海外工程风险调查表

可能发生的风险因素	权数(W)	风险因素发生的可能性					WX
		很大 1.0	比较大 0.8	中等 0.6	不大 0.4	较小 0.2	
政局不稳	0.05			√			0.03
物价上涨	0.15		√				0.12
业主支付能力	0.1			√		√	0.06
技术难度	0.2						0.04
工期紧迫	0.15			√			0.09
材料供应	0.15						0.12
汇率浮动	0.1			√			0.06
无后续项目	0.1				√		0.04
合计	—	—	—	—	—	—	0.56

为进一步规范这种方法，可根据以下标准对专家评分的权威性确定一个权重值。①在国内外进行国际工程承包工作的经验。②是否参加已投标准备，对投标项目所在国及项目情况的了解程度。③知识领域(单一学科或综合性多学科)。④在投标项目风险分析讨论会上发言的水平等。

该权威性的取值建议在0.5~1.0之间，1.0代表专家的最高水平，其他专家取值可相应减少，投标项目的最后的风险度值为：每位专家评定的风险度乘以各自权威性的权重值，所得之积合计后再除以全部专家权威性的权重值之和。

该方法适用于工程项目融资决策的前期。这个时期往往缺乏项目具体的数据资料，主要依据专家经验和决策者的意向，得出的结论也不要求是资金方面的具体值，而是一种大概的程度值，它只能是进一步分析的基础。

（8）蒙特卡洛模拟法

采用蒙特卡洛模拟法计算风险的实质是在计算机上做抽样试验，然后用具体的风险模型进行计算，最后用统计分析方法得到所求的风险值。它是估计经济风险和项目风险常用的一种方法。具体介绍可见“7.3.2 工程建设项目风险分析与评估的工具和方法”。

8.2.2 项目融资的风险因素

风险因素是指促使某一特定风险事故发生或增加其发生的可能性或扩大其损失程度的原因或条件。构成风险的因素越多，产生损失的可能性就越大，损失也就会越严重。由于项目融资的风险因素极为广泛，我们可以从不同角度对项目融资的风险因素进行分类。如从项目实施阶段划分，可分为投标阶段的、合同谈判阶段的和合同实施阶段的风险因素；从技术角度可分为技术的与非技术的风险因素；按风险的性质划分，可分为政治的、经济的、技术的、公共关系的和管理的风险因素等。下面对项目融资按项目风险的表现形式分类的因素进行说明。

（1）信用风险

有限追索的项目融资是依靠有效的信用保证结构支撑起来的。组成信用保证结构的各个项目参与者是否有能力履行其职责，是否愿意并且能够按照法律文件的规定，在需要时履行其所承担的对项目融资的信用保证责任，就构成项目融资所面临的信用风险。

信用风险贯穿于项目的各个阶段。提供项目信用保证的项目参与者（包括项目投资者、工程公司、产品购买者、原材料的供应者等）的资信状况、技术和资金能力、以往的表现和管理水平等都是评价项目信用风险程度的重要指标。

（2）完工风险

项目的完工风险存在于项目建设阶段和试生产阶段。其主要表现形式为：项目建设延期；项目建设成本超支；由于种种原因，项目迟迟达不到设计规定的技术经济指标；在极端情况下，由于技术和其他方面的问题，项目可能面临完全停工。

完工风险是项目融资的一项主要核心风险，因为如果项目不能按照预定计划建设投产，项目融资所赖以依存的基础就受到了根本的破坏。

项目建设期出现完工风险的概率是比较高的。根据已有统计资料，无论是在发展中国家还是在发达国家，均有大量的项目不能按照规定的时间或者预算建成投产，导致项目融资成本大幅度上升。在一些发展中国家，当地工业技术水平、管理水平相对落后是造成项目完工风险的一个重要因素，但是这并不等于说在发达国家进行投资就不需要考虑完工风险了。根据实践经验，在美国、加拿大和澳大利亚这样的发达工业国家，造成完工风险的一个重要因素是工业关系和劳资纠纷问题。

为了限制及转移项目的完工风险，贷款银行通常要求投资者或工程公司等其他项目参与者提供相应的“完工担保”。

(3) 生产风险

项目的生产风险是对项目在试运营阶段和正式运营阶段存在的技术、资源储量、能源和原材料供应、生产经营、劳动力状况等风险因素的总称，是项目融资的另一个主要的核心风险。项目的生产风险直接关系着项目是否能够按照预定的计划正常运转，是否具有足够的现金流量支付生产费用和偿还债务。然而，在“风险分担”形式上，与完工风险通常被要求由项目投资者全部或大部分承担不同，贷款银行愿意更多地依靠项目现金流量作为偿还债务的主要来源，即在项目风险的假设前提下与投资者共同分担一部分生产风险。项目生产风险的主要表现形式如下：

① 技术风险。作为贷款银行，项目融资不是风险投资，因而银行的原则是只为采用经市场证实的成熟生产技术的项目安排有限追索性质的项目融资，对于任何采用新技术的项目，如果不能获得投资者强有力的技术保证和资金支持，是不可能得到项目融资的。

② 资源风险。对于依赖某种自然资源(如石油、天然气、煤矿、金属矿等)的生产型项目，在项目的生产阶段有无足够的资源保证是一个很大的风险因素。因此，对于这类项目的融资，一个先决条件是要求项目的可供开采的资源总储量与项目融资期间内所计划采掘或消耗的资源量之比要保持在风险警戒线之上。资源风险评价的公式称为资源覆盖比率，见式(8.1)。

$$\text{资源覆盖比率}(RCR)=\frac{\text{可供开采资源总数量}}{\text{项目融资期间计划开采资源量}} \tag{8.1}$$

一般要求资源覆盖比率应在 2 以上。

③ 能源和原材料供应风险。能源和原材料供应由两个要素构成：能源和原材料的价格及供应的可靠性。一些重工业部门(如电解铝厂和铜冶炼厂)和能源供应部门(如火力发电站)对能源和原材料的稳定供应依赖性很大，能源和原材料成本在整个生产成本中占有很大的比重，价格波动和供应可靠性成为影响项目经济强度的一个主要因素。对于这类项目，没有能源和原材料供应的恰当安排，项目融资基本上是不可能的。长期的能源和原材料供应协议是减少项目能源和原材料供应风险的一种有效方法。这种安排可以保证项目按照一定的价格稳定地得到重要能源和原材料。

④ 经营管理风险。经营管理风险主要用来评价项目投资者对于所开发项目的经营管理能力，而这种能力是决定项目的质量控制、成本控制和生产效率的一个重要因素。

项目投资者以往在同一领域是否具有成功的经验是贷款银行衡量项目经营管理风险的一项重要指标。经验证明，在一个由多个投资者组成的合资项目中，如果项目经理(即负责项目日常生产管理的公司)是由一个在这一领域具有良好资信的投资者承担，那么无论是整个项目进行融资，还是其中个别投资者单独进行融资，这一因素都会成为项目良好的信用支持。

评价项目的经营管理风险主要从三个方面考虑：一是项目经理在同一领域的工作经验和资信；二是项目经理是否为项目投资者，如果是投资者，还要看在项目中占有多大比例，一般经验是项目经理同时又是项目最大投资者(40%以上)，对于项目融资是很有帮助的；

三是除项目经理的直接投资外，项目经理是否具有利润分成或成本控制奖励等鼓励机制。

（4）市场风险

项目最终产品的市场风险同样包含着价格和市场销售量两个要素。有些产品，如黄金、白银、石油等，被认为只具有价格风险而没有市场销售量风险；但是对于绝大多数产品而言，则是同时具有价格和市场销售量的双重风险。

不难看出，降低项目市场风险的方法需要从上述两方面入手。项目融资要求项目必须具有长期的产品销售协议作为融资的支持，这种协议的合同买方可以是项目投资者本身，也可以是对项目产品有兴趣的具有一定资信的第三方。通过这种协议安排，合同买方对项目融资承担了一种间接的财务保证义务，如图 8.2 所示。

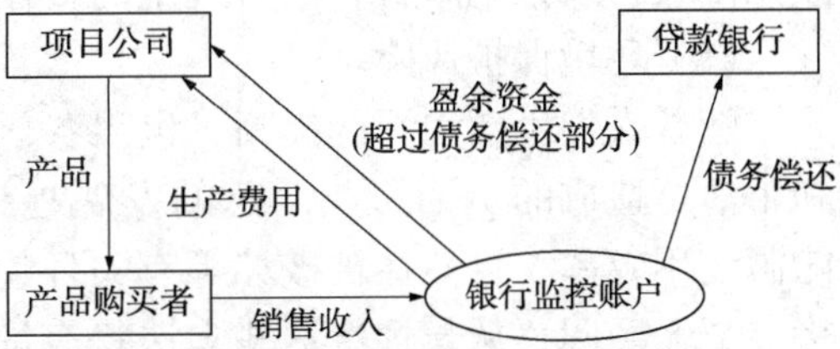

图 8.2　长期销售协议对项目融资的财务保证作用

长期销售协议的期限要求与融资期限相一致。销售数量通常是这一时期项目所生产的全部产品或者大部分产品，在销售价格上则根据产品的性质分为浮动定价和固定定价两大类型。

在有关降低项目市场风险的谈判过程中，如何建立一个合理的价格体系，对于投资者和贷款银行双方无疑都是一个重要的问题。双方均需要对市场的结构和运作方式有清楚的认识，对各方承受项目市场风险的能力有正确的判断。

（5）金融风险

项目的金融风险表现在利率风险、外汇风险和通货膨胀风险三个方面。

利率风险是指在经营过程中，由于利率变动直接或间接地造成项目价值降低或收益受损。

外汇风险涉及东道国货币的自由兑换、经营收益的自由汇出以及汇率波动所造成的货币贬值问题。境外的项目发起人一般希望将项目产生的利润以本国货币或者硬通货汇往本国，以避免因为东道国的通货膨胀而蒙受损失。而资金投入与利润汇出两个时点上汇率的波动可能对项目发起方的投资收益产生较大的影响。

通货膨胀风险是指由于国家宏观经济的变化，引起货币贬值，从而使投资者在协议确定的项目收费标准下，无法按期收回投资所带来的风险。

（6）政治风险

凡是投资者与所投资项目不在同一个国家或者贷款银行与所贷款项目不在同一个国家的项目，都有可能面临由于项目所在国家的政治条件发生变化而导致项目失败、项目信用结构改变、项目债务偿还能力改变等方面的风险，这类风险统称为项目的政治风险。项目的政治风险可分为两大类：一类表现为国家风险，即项目所在国政府由于某种政治原则或外交政策上的原因，对项目实行征用、没收，或者对项目产品实行禁运、联合抵制，终止债务偿还的潜在可能性；另一类表现为国家政治经济法律稳定性风险，即项目所在国在外汇管理、法律制度、税收制度、劳资关系、环境保护、资源主权等与项目有关的敏感性问题方面的立法是否健全，管理是否完善，是否经常变动。项目的政治风险可能涉及项目的各个方面和各个阶段，从项目的选址、建设，一直到生产经营、市场销售、产生现金流量、利润回收等项目的全过程。

(7) 法律风险

法律风险是指东道国法律的变动给项目带来的风险，主要是指法律的变动可能引起各参与方约束的变动，进而改变各参与方的地位所带来的风险。违约风险是指项目参与方因故无法履行或拒绝履行合同所规定的责任和义务而给项目带来的风险。

(8) 环境保护风险

随着人们生活水平的提高，世界各国普遍开始关注工业项目对自然环境，对人类健康和生活所造成的负面影响。总的发展趋势是对于工业项目的排放标准、废物处理、噪声、能源使用效率、自然植被破坏等有关环境保护方面的立法在世界大多数国家变得越来越严格。毫无疑问，从长远看这些立法将有助于自然环境和人类生活环境的改善，促进工业生产技术和科研水平的提高。然而在短期内，作为项目投资者却有可能因为严格的环境保护立法而被迫降低项目生产效率，增加项目生产成本，或者增加新的资金投入以改善项目的生产环境，更严重的甚至会迫使项目无法继续。对于项目融资的贷款银行，环境保护风险不仅表现在由于增加生产成本或资本投入而造成项目经济强度降低甚至丧失原有的经济强度，而且表现在一旦项目投资者无法偿还债务时，贷款银行取得项目的所有权和经营权之后也必须承担同样的环境保护的压力和责任。更进一步说，由于存在环境保护方面的问题，项目本身的价值降低了。因此，在项目融资期内有可能出现的任何环境保护方面的风险应该和上述其他风险一样得到充分重视。

8.3 项目融资的风险评估

在项目融资中，风险错综复杂，有些风险因素难以确定其数量值，对于风险发生的可能性和危害程度只能借助于专家的经验和主观判断。对于可量化的风险，必须对其进行定量分析，只有对项目风险做出正确的分析，才能找出限制项目风险的方法和途径，设计出规避风险的融资结构。

项目融资的风险分析是在项目可行性研究的基础上进行的，可行性研究中经常使用的项目现金流量模型，是项目风险评估的重要定量分析工具。根据项目融资的特点和要求，运用项目现金流量模型，对影响项目经济强度的各种因素的变动风险做出准确的数量化的描述，为项目融资的方案设计，提供重要的数据支持。项目风险分析的基本思路为：确定选用什么样的标准来测定项目的经济强度；通过与所选定的标准进行比较，判断各种因素对项目的影响程度。

8.3.1 项目风险收益率——CAPM 模型确定

CAPM 模型(Capital Asset Price Model)又称资本资产定价模型，是项目融资中被广泛接受和使用的一种确定项目风险收益(贴现)率的方法。在项目融资中，进行项目总体经济强度分析时，首先遇到的问题就是项目风险贴现率的确定问题，选定了贴现率才能计算项目的投资收益和净现值，并评价项目的经济强度。CAPM 模型如式(8.2)所示。

$$R_i=R_f+\beta_i(R_m-R_f)=R_f+\text{风险收益率} \tag{8.2}$$

式中：R_i为在给定风险水平β_i条件下项目i的合理预期投资收益率，也即项目i带有风险校正系数的贴现率（风险校正贴现率）；R_f为无风险投资收益率；β_i为项目i的风险校正系数，代表项目对资本市场系统风险变化的敏感程度；R_m为本市场的平均投资收益率。

将风险校正贴现率代入项目现金流量净现值的计算公式(8.3)中。

$$NPV = \sum_{t=0}^{n} (CI - CO)_t (1 + R_i)^{-t} \tag{8.3}$$

式中：NPV为项目的净现值；n为计算期数，一般为项目的寿命期；$(CI-CO)_t$为第t年项目的净现金流量，其中CI为现金流入量，CO为现金流出量；R_i为贴现率。

可以计算出考虑到项目具体风险因素之后的净现值，见式(8.4)。

$$NPV = \sum_{t=0}^{n} (CI - CO)_t [1 + R_f + \beta_i (R_m - R_f)]^{-t} \tag{8.4}$$

根据项目现金流量的净现值的计算，如果$NPV \geqslant 0$，则表明项目投资者在预期的项目寿命期内，至少可以获得相当于项目贴现率的平均投资收益率，项目收益将大于或等于投资的机会成本，项目是可行的。如果$NPV<0$，说明该项目的投资机会成本过高，项目不可行。需要注意的是，此处为了简化分析，做了一定的假设，即无风险投资收益率(R_f)、资本市场平均投资收益率(R_m)及风险校正系数在项目的寿命期内保持不变。

8.3.2　项目融资的敏感性分析

项目的风险分析是在可行性研究的基础上，运用可行性研究中所使用的现金流量模型进行风险分析，当确定了风险贴现率后，就可以计算项目的净现值，判断项目的投资能不能满足最低风险收益的要求。如果项目的投资能满足最低风险收益的要求，对于项目投资者来说，从风险分析的角度看，项目是可行的，但这并不意味着项目一定能满足融资的要求。为了设计合理的融资结构，满足投资方和债务方对相应风险的共同要求，就需要在现金流量模型的基础上建立项目的融资结构模型。合理的项目融资结构模型需要考虑项目的债务承受能力和投资者可以得到的投资收益率。通常，在一系列债务资金的假设条件下，通过调整现金流量模型中各种变量之间的比例关系，来验证预期的融资结构是否可行。采用的方法是在建立了现金流量模型的基础方案之后，进行模型变量的敏感性分析，考察项目在各种可能条件下的现金流量状况及债务承受能力。

所谓敏感性分析，就是分析并测定各个因素的变化对指标的影响程度，判断指标（相对于某个项目）对外部条件发生不利变化时的承受能力。一般情况下，在项目融资中需要测度敏感性的变量要素主要有：价格、利率、汇率、投资、生产量、工程延期、税收政策、项目寿命期。

8.3.3　项目融资中的风险评价指标

完成了项目现金流量模型的敏感性分析之后，我们获得了有关项目经济强度的一系列数据，接下来的工作是计算项目的风险评价指标，然后运用指标来评价项目的债务承受能力。项目融资中最经常使用的风险评价指标主要有项目债务覆盖率、资源收益覆盖率、项目债务承受比率。

项目的债务覆盖率是指项目可用于偿还债务的有效净现金流量与债务偿还责任的比值，它是贷款银行对项目风险的基本评价指标，可以通过现金流量模型计算出项目债务覆盖率。

对于依赖某种自然资源(如煤矿、石油、天然气等)的生产型项目，在项目的生产阶段有无足够的资源保证是一个很大的风险因素。因此，对于这类项目的融资，一般要求已经证实的可供项目开采的资源总储量是项目融资期间计划开采资源量的两倍以上。

项目债务承受比率是项目现金流量的现值与预期贷款金额的比值。和项目债务覆盖率一样，项目债务承受比率也是项目融资中经常使用的指标。在项目融资中，项目债务承受比率的取值范围一般要求在 1.3~1.5 之间。

8.4 项目融资的风险控制

8.4.1 项目融资风险的分担原则

对于项目融资而言，有效分担和减少风险是至关重要的。只有将风险分担给最适合管理它的一方时，这种风险分担才是最有效的。虽然一些风险没有照此原则分担，项目融资仍可进行。但是由于项目方和债权人认为，要承担更多的风险就应得到更多的回报，因而成本及最终的资费就会高一些。为了减轻项目融资的风险，项目的投资者在运作项目融资的过程中必须建立和坚持以下原则：确定项目的关键风险；评价项目每一种风险的可接受程度；确定最适合承担某种风险的各当事人。

在国际项目融资中，项目风险的识别和分配对项目参与人来说是一个核心问题。项目风险的分配并不是对每个参与人平均分配风险，而是将所有的风险都分配给最适合承担的一方，即项目的任何一种风险应完全由对该风险偏好系数较大的项目参与人承担，使项目的整体满意度最大。例如，一般认为，东道国政府最适合承担项目的政治风险而不是商业风险，而境外投资者却正好相反，他们有能力承担商业风险而对政治风险望而却步。在这种情况下，如果能够通过各种协议让参与人各得其所，那么，境外投资者和东道国政府就不会因为不得不面对自己不熟悉的风险而将风险成本估计得过高。

8.4.2 工程项目融资的风险分担机制

工程项目的风险分担机制是基于项目的实践，寻找项目中风险分担的一般规律而形成的一套理性化的制度。从静态来看，风险分担机制就是通过这套制度来反映风险与项目参与方之间，与项目整体相互协调、相互作用的方式。风险分担机制的内涵就是构成这套制度的几个方面的要素。风险分担机制可以概括为以下四个方面。

1）风险分担主体

风险分担的主体是在风险分担中风险的期望收益受到影响的项目各参与方。对风险分担主体的确定，必须建立在专业的风险评价和对参与方客观分析的基础上，然后根据评价结果以及风险与参与方的相关程度等来确定风险分担的主体，包括风险直接作用对象，以及风险发生所间接影响到利益的其他项目参与方。从特许经营项目来看，主要参与方为政府、私人投资者、金融机构、承建商以及运营商，形成了工程项目融资的主要结构。一个成功的工程项目融资结构应该是在项目中没有任何一方单独承担起全部项目债务的风险责任。融资结构一旦建立，任何一方都要准备承担未能预料到的风险。

2）风险分担决策动因和模型

风险分担决策动因是影响风险分担主体进行风险分担决策的内部原因。风险分担主体在进行风险分担决策时，必然会有一定要考虑的因素。这些因素是风险分担主体本质的体现，也是其参与项目的根本目标，因此决定了风险分担决策的方向。一般需要建立风险分担指标体系来全面、系统地反映风险分担主体的决策动因。同时，还需要建立风险分担模型，用量化指标来分析和评价参与方对风险的控制能力以及承担风险的意愿，最终确定工程项目融资风险的最佳承担者。风险分担模型可以为工程项目融资风险在各参与方之间合理公平地分配提供可行的量化方法。

3）行为导向制度

行为导向制度是工程项目各参与方在风险分担上所期望的努力方向和行为方式的规定。在项目中，风险分担主体基于决策动因所做出的风险分担决策可能面向各个方向，即不一定都指向风险有效分担、风险收益最大化的风险分担目标。这就需要在项目各参与方中培养和建立统一的风险分担价值目标。行为导向一般强调全局观念、集体观念以及长远观念，这些观念都是为实现项目及项目各参与方的长远利益目标服务的。借用人力资源管理学的激励措施，在工程项目中可以建立相似的措施制度，比如：奖励对风险的积极控制；奖励合作，反对内讧；奖励对风险果断有效的行动而不是无用的分析；奖励对整体利益的关注而不是单纯计较个体得失等。这些措施可以在一定程度上激励风险分担主体以积极合作的态度分担风险。

4）行为归化制度

行为归化是指对风险分担主体进行风险分担行为上的同化以及对违反行为规范或达不到要求的处罚。由于工程项目一般具有投资大、期限长、参与方众多等特点，各参与方在风险分担过程中的合作、整体及共赢的观念显得尤其重要。因此，除了在选择项目参与方时需要谨慎，还有必要建立相应的行为归化制度来保证项目各参与方对项目其他参与方及项目整体的善意行为，各参与方在经济实力、业务范围、参与项目的程度、价值观等方面有着个体的特征，因此风险决策不一定符合其他参与方和项目的整体利益，甚至可能造成破坏性影响。因此，应在风险分担中建立行为归化制度，使工程项目中风险分担的价值观和目标逐渐统一。

以上四个方面的制度和规定都是工程项目风险分担机制的构成要素，风险分担机制是这四个方面的总和。其中，风险分担主体是行为的具体执行者，风险决策动因和模型起到发动行为的作用，行为导向制度和行为归化制度起到导向、规范和制约风险分担行为的作用。

设计风险分担机制应当注意：风险分担机制要迫使项目各参与方尽量采用市场手段与自身高效经营和管理，而不是靠将风险转移给其他参与者来降低风险；风险分担机制要有利于降低各参与方的风险控制成本，提高私营部门控制风险的积极性；风险分担机制要能使各参与方控制风险的行为有利于项目社会效益的提高。

8.4.3 项目融资风险的防范措施

在项目融资过程中，项目参与方谈判的核心问题之一，就是各方对风险的合理分析和严格地管理，这也是项目融资能否成功的关键。由于项目融资具有有限追索或无追索的特点，对于借款方而言，风险降低了。但是就项目而言，其风险依然存在。所以识别、评估项目中存在的风险，制定相应的措施，编制风险管理计划并付诸实施是十分必要的。下面针对项目融资中的不同风险，探讨其防范方法和措施。

1）信用风险的防范

（1）政府对于信用风险的防范方法。政府确保发起人完成项目的最有效办法，是对保证的条件给予实质性的落实。例如，土地划拨或出让、原材料供应、价格保证、保证产品最低购买量以及保证外币兑换等。

政府委派法律专家或财务顾问与债权人和发起人接触并协助其工作，要求其将有关财务信息、担保手续公开化，以便确保项目资金的按时到位。

（2）债权人管理和控制信用风险的方法。①项目公司提供担保合同或其他现金差额补偿协议，一旦出现资金不足，能筹措到应急资金以渡过难关。②建筑承包商提供保证，提供因其未能履约造成损失的担保银行的保函。③项目发起人提供股权资本或其他形式的支持。④产品购买者提供长期销售合同。⑤项目供应商提供长期供货合同，以保证原材料的来源。⑥项目运营方提供具备先进的管理技术和管理方法的证明。⑦评估保险公司、再保险公司按保单支付的能力和保险经纪人的责任。

2）完工风险的防范

贷款银行是项目完工风险的主要受害者之一，为了限制和转移项目的完工风险，贷款银行通常要求工程承建公司提供相应的“完工担保”，同时也可以聘请项目管理代表，代表贷款方监督项目的建设进展、完工情况。项目公司也可以通过投保来寻求完工保证。几种常用的完工保证形式有：(1)无条件完工保证。即投资者提供无条件资金支持，以确保项目可以达到项目融资所规定的“商业完工”条件。(2)债务收购保证。即在项目不能达到完工标准的情况下，由项目投资者将项目债务收购或转化为负债。(3)其他。如单纯技术完工保证，提供完工保证基金和最佳努力承诺等。

3）生产风险的防范

生产风险主要是通过一系列的融资文件和信用担保协议来防范。针对生产风险种类不同，可以设计不同的合同文件。一般通过以下一些方式来实现：项目公司与信用好且可靠的伙伴，就供应、燃料和运输问题签订有约束力的、长期的、固定价格的合同；项目公司拥有自己的供给来源和基本设施(如建设项目专用运输网络或发电厂)；在项目文件中订立严格的条款，涉及承包商和供应商的包括延期惩罚、固定成本，以及项目效益和效率的标准等。另外，提高项目经营者的经营管理水平也是降低生产风险的有效途径。

4）市场风险的防范

市场风险的降低取决于项目初期能否做好充分的可行性研究。在项目的建设和运营过程中，签订在固定价格或是可预测价格基础上的，长期原材料及燃料供应协议和“无论提货与否均须付款”产品销售协议，也可以在很大程度上降低项目的市场风险。

对于市场风险的管理控制方法有：

(1) 做好国内外市场调研分析。主要应研究分析以下问题：项目的需求量有多大；还有多少家公司提供这种产品或服务；项目自身的市场占有率和市场渗透力如何；项目产品或服务有无其他替代；顾客或用户的消费习惯是否会有新变化；未来的通货膨胀率大致是多少。

(2) 签订购买合同，确保项目收益。通过签订或取或付的产品购买合同或供或付的长期供货合同锁定产品的价格，确保项目收益。其中产品购买合同是项目融资能力的基础，合同中规定的产品购买价格要涵盖产品的固定成本，而且合同必须在整个项目贷款期内都有效。

(3) 政府或其公共部门保证。主要是要求政府或其公共部门，在协议中明确承诺项目运营的头几年内，保证最低需求量以确保项目的成功。在这种情况下，通常由相关的使用机构来提供最低需求量和价格的保证。

(4) 建立独立账户。针对现金流量时高时低的情况，通过设立独立账户，优先支付项目债务利息。政府在项目建设期，提供附属贷款，保证偿还债务利息。

5) 金融风险的防范

金融风险相对较为复杂。金融风险中汇兑风险相对简单，而且一般来讲，汇兑风险可能与政治风险、法律风险相关。汇率风险的消除要利用到一些金融衍生工具，如汇率期权、掉期交易来对冲风险。利率风险的消除也可以通过金融衍生工具来对冲其风险，其条件是资产、负债及收益使用的是可交易的硬通货。常用的消除利率风险的金融衍生工具包括利率期货、期权、掉期、远期利率协议等，具体将在“8.4.5 项目融资风险管理的金融衍生工具”中进行介绍。对于通货膨胀风险，可采取在协议中规定相应条款，将项目产品和服务的价格，与东道国的通货膨胀率和当地货币与贷款货币的利率挂钩，采用包含通货膨胀率与利率因素在内的价格调整公式，作为以后对价格进行核查的依据，在通货膨胀率与利率波动超出一定范围时调整价格，或相应增加收费，或延长特许期限，以保证项目产生的现金流量足以偿付债务，保证投资收益。另外还可以在产品购买协议中制定逐步提高价格的相应条款。

6) 政治风险的防范

降低项目政治风险程度的方法之一是政治风险保险，包括纯商业性质的保险和政府机构的保险。在安排项目融资时应尽可能寻求项目所在国政府、中央银行、税收部门或其他有关政府机构的书面保证。在东道国寻找合作伙伴，或是银团中的债权人来自东道国友好的国家，也将极大地降低项目融资中的政治风险。

7) 法律风险的防范

对于项目债权人来说，管理法律风险的最好办法是在早期通过自己的律师了解和研究东道国的法律风险。如果可能，最好事先得到东道国政府法律机构的确认。在一些情况下，可能需要利用东道国的某些法律条款，使之作为融资的先决条件。另外，项目公司与东道国政府签订相互担保协议，真正做到互惠互利，在一定程度上也为项目的发起方和债权人提供法律保护。

8）环境保护风险的防范

对于环境保护风险的管理控制方法有：

（1）投保。这是项目发起人和债权人通常的做法，当然保险不可能面面俱到，它很难涵盖事故以外的产生连锁效应的风险损失，何况重大环境损害的潜在责任是无限的。

（2）可行性研究。把项目的法律可行性研究（特别是环保方面），作为项目总的可行性研究的一个重点来对待。

（3）提出融资特殊条件。债权人可要求债务人将令人满意的环境保护计划作为融资的一个特殊前提条件，并且该计划应留有一定余地，确保将来能适用强度更大的环保管制。

（4）制定好项目文件。该项目文件应包括项目公司的陈述、保证和约定，确保项目公司自身重视环保，遵守东道国的有关法律、法规等。

（5）提高生产效率。运营商不断提高生产效率，努力研发符合环保标准的新技术和新产品。

8.4.4 项目融资中的保险

在大多数项目融资中，经常利用保险来降低项目风险。随着工程项目规模的日趋扩大，特别是公路、铁路、桥梁和隧道以及电站等大型基础设施建设项目的增多，加大了项目投资者的风险。如果在保险方面没有得到充分的保障，这样的工程项目将无法吸引合适的投资者。因此项目保险在项目融资中扮演着一个非常重要的角色，很多债权人越来越认识到保险在项目融资中所处的地位，所以对保险的需求也随之增长。

项目保险（Project Insurance）一般可分为商业风险的保险和政治风险的保险。

1）商业风险的保险

（1）商业保险的范围

商业风险保险的范围分别体现在项目的建设和运营两个阶段中，在建设阶段项目保险将覆盖以下内容：①在项目建设过程中给项目单位带来的物质损失；②对项目其他资产如办公楼、汽车等造成的物质损失；③在运输过程中造成的损失；④对工人、职员及第三者造成的责任损失；⑤对环境造成的破坏；⑥由于保险事故造成成本增加而导致的工期延误。

在项目运营阶段，保险的覆盖范围是：①在经营过程中给项目单位带来的物质损失；②对其他资产如工厂、机器设备、交通工具等造成的物质损失；③在项目产品销售以前的运输过程中的损失；④对工人、职员及第三者造成的损失；⑤环境破坏造成的损失；⑥商业受阻、利润下降等损失。

（2）商业保险的种类

在项目融资中，由于每个国家的法律体系不同，保险的种类有很大的差别，但一般主要有以下险种：

① 建设工程一切险。这一险种涉及建筑工程占较大比例的项目，如机械厂、电站等。该险种的内容是为工程项目的财产损失或灭失提供保障，主要是针对建筑施工中意外的、突发性的或不可预料的因素导致的财产损失或灭失提供保险。这一险种的期限包括建筑安装期、试运营期，而且，保单责任一般扩展到项目开始商业运作为止。

② 预期利润损失险。预期利润损失险与建设工程一切险是相辅相成的，本保险是对由

于开工延误导致业主的经济损失的保障。其重要特点是只保障由于建设工程一切险所承保的因素导致的延误。因此，建设工程一切险的保险责任越宽，则本保险责任也越宽。当然，同建设工程一切险一样，在损失发生时，也有必要分清保险责任导致的损失和非保险责任导致的损失，尤其在复杂的工程中，保险人还需要监督工程的进展情况。

③ 第三者责任险。第三者责任保险主要是对由于施工造成的对第三者的身体伤害(包括死亡)和财产损失所承担的法律责任进行保险。

④ 海洋货运保险。这一险种是为通过轮船将设备或原材料运到项目地点的运输途中引起设备或原材料损失和损坏提供保险。

⑤ 海洋预期利润损失险。即对由于海洋货运保险事件发生引起的延误而使项目财务利润减少而提供的保险。

⑥ 经营一切险。即对在商业经营过程中引起的损失和损坏提供的保险。

⑦ 经营利润损失险。即对由于建设工程一切险所保险的事件发生而引起的项目财务利润减少而提供的保险。

⑧ 雇主责任险。即对导致项目员工死亡而应由雇主承担的法律责任提供的保险。

2) 政治风险的保险

许多国际的或双边的机构都承保政治风险，以促进国际投资的发展。不过其保险的范围一般较窄，而且保险条款较为烦琐。以下提供政治保险的机构及承保的范围。

(1) 多边投资担保局(Multilateral Investment Guarantee Agency，MIGA)

多边投资担保局成立于1988年，是世界银行的附属机构，总部在华盛顿。其宗旨是通过对非商业性风险提供担保(保险)，鼓励在发展中国家的外国投资。它包括联合保险和再保险。承保非商业性风险与提供促进性和咨询性服务是该机构的两项主要业务。

(2) 世界银行(Word Bank)

世界银行是世界银行集团的简称，由国际复兴开发银行、国际开发协会、国际金融公司、多边投资担保机构和解决投资争端国际中心五个成员机构组成；成立于1944年，1946年6月开始营业。凡是参加世界银行的国家必须首先是国际货币基金组织的会员国。世界银行总部设在美国首都华盛顿，有员工10000多人，分布在全世界120多个办事处。狭义的“世界银行”仅指国际复兴开发银行(International Bank for Reconstruction and Development，IBRD)和国际开发协会(International Development Association，IDA)。按惯例，世界银行集团最高领导人由美国人担任，为期5年。世界银行是一个国际组织，其一开始的使命是帮助在第二次世界大战中被破坏的国家的重建，主要任务是资助国家克服穷困。各机构在减轻贫困和提高生活水平的使命中发挥独特的作用。在2012年，世界银行为发展中国家或转型国家提供了大约300亿美元的贷款和帮助。世界银行与国际货币基金组织(International Monetary Fund，IMF)和世界贸易组织(WTO)一道，成为国际经济体制中最重要的三大支柱。

世界银行担保的范围主要是由外汇的不能获得或不能转移导致的损失、东道国政府的违约导致的损失等风险，且这种保险可以实现百分之百的理赔。但一般不对被没收风险和战争、暴乱导致损失的风险进行保险。

(3) 亚洲开发银行(Asian Development Bank)

亚洲开发银行(ADB)成立于1966年，该机构也对政治风险提供担保。其保险的范围同世界银行一样，主要是对外汇的不能获得风险和东道国政府违约风险进行保险。

(4) 美国海外私人投资公司[Overseas Private Investment Corporation(US)]

美国海外私人投资公司(OPIC)是美国政府的一个高级附属部门，位于华盛顿，成立于1971年，通过提供政治风险担保以支持美国私人企业在发展中国家和经济转型国家的经济开发与建设活动，如对外汇的不可获得风险、没收风险及政治暴乱风险予以担保。除此之外，还提供诸如投资前咨询服务、在有限追索基础上对外国直接投资项目提供资金等。

8.4.5 项目融资风险管理的金融衍生工具

金融衍生工具，又称“金融衍生产品”，是与基础金融产品相对应的一个概念，指建立在基础产品或基础变量之上，其价格随基础金融产品的价格或数值变动的派生金融产品。这里所说的基础产品是一个相对的概念，不仅包括现货金融产品，如债券、股票、银行定期存款单等，也包括金融衍生工具。作为金融衍生工具基础的变量则包括利率、汇率、各类价格指数、通货膨胀率等。

随着全球经济一体化的进程加快和国际金融市场的飞速发展，利率、汇率和大宗商品价格市场发生了根本性变化。集中表现在利率的波动性大幅度增加，汇率的变动频繁而剧烈，能源、原材料以及最终产品的价格也剧烈波动等。这些变化既增加了项目的风险，使项目风险管理在项目融资中显得越发重要，同时为分散这些风险也需要找到合适的手段。因此，金融衍生工具就成为项目融资风险管理的一个相对有效的工具，利用这些工具可以达到降低项目金融风险、生产风险、市场风险等相关风险的目的。

金融衍生工具可以按照基础工具的种类、风险—收益特性以及自身交易方法等的不同而有不同的分类。在现实中通常使用两种方法对衍生工具进行分类。一是按照衍生工具的原生资产性质，可以将金融衍生工具分为股票类、利率类、汇率类和商品类；二是按照产品类型，将金融衍生工具分为远期、期货、期权和掉期四大类。现结合两种分类对四种金融衍生工具分别加以说明。

1) 远期合约

远期合约是合约双方承诺在将来某一天以特定价格买进或卖出一定数量的标的物，标的物可以是大豆、铜等实物商品，也可以是股票指数、债券指数、外汇等金融产品。

远期合约是20世纪80年代初兴起的一种保值工具，也是最早出现的一种金融衍生工具。在远期合约有效期内，合约的价值随相关资产市场价格的波动而变化。若合约到期时以现金结清的话，当市场价格高于合约约定的执行价格时，由卖方向买方支付价差；相反，则由买方向卖方支付价差。双方可能形成的收益或损失都是无限大的。

远期合约是最简单的金融衍生工具，远期合约的特点在于虽然实物交割在未来进行，但交割价格已在合约签订时确定。远期合约的卖方承担了合约到期日向买方提供合约标的物(某种商品或金融产品)的义务，但是，卖方并不一定需要目前就拥有这种商品，它可以于合约到期日从现货市场上购入来履行合约。

远期合约的历史悠久，它的执行依赖于买卖双方履约的信用。理论上，远期合约适用于任何一种实物产品或金融产品的交易，实际上，最发达的远期合约市场是远期外汇合约、远期利率合约和远期商品合约。它们分别具有对汇率、利率和商品进行套期保值的功能，即利用远期合约锁定交易对象的价格，以利于控制成本、消除或降低风险。

远期合约优点是形式上比较灵活，合约双方可以根据各自需要谈判确定，在签署合约时一般不需要合约双方支付一定的费用。但其缺点是远期合约较近期合约交易周期长，时间跨度大，所蕴含的不确定性因素多，加之远期合约成交量及持仓量不如近期合约大，流动性相对差一些，因此呈现远期合约价格波动较近期合约价格波动剧烈且频繁，市场效率较低。正因为如此，在金融衍生工具中，对于合约的卖方来说，风险都转嫁给了买方，买方的违约风险较高。另外，远期交易还有其不易解决的问题，如交易的一方必须寻找合适的交易对象，交易的数量也要符合对方的要求等。

在项目融资中，项目公司可以通过在远期市场以远期合约方式来保值或锁定一种商品的价格，消除项目公司在建设和生产过程中因价格变化的不确定性带来的影响。但是由于远期合约期限相对比较短(期限多数不超过两年，少数可以到三年)，而项目融资期限往往较长，所以限制了远期合约在项目融资风险管理中的应用。

另外，在我国项目融资中，项目的收入是人民币，承包商要将其兑换成美元汇回总部，因而可以事先同当地银行签订出卖远期外汇合同，在规定的交割日将人民币收入卖给银行，按合约规定的远期汇率买入美元。这里要注意，签订远期外汇合约的同时要考虑汇率的变动情况和人民币收入时间与交割时间的匹配。如果根据经验判断美元会升值，可根据人民币收入的时间确定交割时间及远期汇率，以便到时买入美元，避免本币贬值损失。这种方法的缺陷是交割时间固定，到了规定的交割日期合约双方必须履约，时间匹配困难。

2）期货合约

期货合约是指由期货交易所统一制定的、规定在将来某一特定的时间和地点交割一定数量和质量商品的标准化合约。期货合约是期货交易的对象，期货交易参与者正是通过在期货交易所买卖期货合约，转移价格风险，获取风险收益。

期货合约是在现货合同和现货远期合约的基础上发展起来的，它们最本质的区别在于期货合约条款的标准化。在期货市场交易的期货合约，其标的物的数量、质量、交割地点、交割时间、交割方式、合约规模等条款都是标准化的，使期货合约具有普遍性特征。在期货合约中，只有期货价格是唯一变量，在交易所以公开竞价方式产生。

期货交易的品种既有现实中存在的资产，如商品期货合约和外汇期货合约，也有虚拟的资产，如股指期货合约、定期债券或定期存款期货合约。与远期合约相比，期货合约的流动性更好，期货合约的持有者可借交收现货或进行对冲交易来履行或解除合约义务。期货交易大多数都在期货交易所内进行，但由于期货市场上有大量的投机性买卖行为，所以大多数的期货合约在到期日之前已经卖掉或者是以现金做差额结算，很少真正实行实物交割，实际的产品销售协议和期货合约可以是完全分离的。

在项目融资中，项目公司可以通过期货市场对其产品、货币、利率等进行保值和固定价格，避免其价格波动带来的影响。另外，期货合约只要求支付一个初始保证金，此初始资金的数量可能少于类似的期权合约，可以节约成本，同时由于期货合约的流动性高，便于公司计算期货合约在不同时期的市场价格。还有就是期货合约由中央清算公司担保合约的履行，从而降低了合约的信用风险。但是，使用期货合约进行项目风险管理会带来潜在利润损失，机会成本也比较大，而且由于期货合约是标准化合约，只对特定的商品、货币和金融产品有效，合约条款和合约期限都有局限性，限制了期货合约在项目融资中的应用。

3）期权

期权是一种选择权，是指一种买方向卖方支付期权费（权利金）后拥有的能在未来某特定时间以特定价格（履约价格）买入或卖出一定数量的某特定商品的权利。期权是在期货的基础上产生的一种金融工具，期权的买方拥有选择是否行使买入或卖出的权利，而期权卖方都必须无条件服从买方的选择并履行成交时作出的期权合约允诺。

期权合约有看涨期权和看跌期权两类。前者给予合约持有人在未来某时以事先约定价格购买某一资产或商品的权利，而后者则给予以约定价格出售的权利。期权合约根据对有效期规定的不同，可以分为美式期权和欧式期权。美式期权可在合约到期前的任何一天执行，而欧式期权只能在到期日当日执行或放弃执行。

期权的基本特征在于它给予合约持有人的是一种权利而非义务，期权交易事实上就是这种权利的交易，买方有执行的权利也有不执行的权利，完全可以灵活掌握。期权交易可以包括利率、汇率、股票市场的股价指数和其他金融产品交易，也可以包括实际的商品的交易。

在项目融资中，作为风险管理工具经常使用的期权有利率期权、外汇期权和商品期权三种形式。

（1）利率期权

利率期权是指买方在支付了期权费后即取得在合约有效期内或到期时以一定的利率（价格）买入或卖出一定面额的利率工具的权利。利率期权有多种形式，常见的主要有利率上限、利率下限、利率上下限。

利率上限是客户与银行达成一项协议，双方确定一个利率上限水平，在此基础上，利率上限的卖方向买方承诺：在规定的期限内，如果市场参考利率高于协定的利率上限，则卖方向买方支付市场利率高于协定利率上限的差额部分；如果市场利率低于或等于协定的利率上限，卖方无任何支付义务。同时，买方由于获得了上述权利，必须向卖方支付一定数额的期权手续费。

利率下限是指客户与银行达成一项协议，双方规定一个利率下限，卖方向买方承诺：在规定的有效期内，如果市场参考利率低于协定的利率下限，则卖方向买方支付市场参考利率低于协定利率下限的差额部分；若市场参考利率大于或等于协定的利率下限，则卖方没有任何支付义务。作为补偿，卖方向买方收取一定数额的手续费。

利率上下限，是指将利率上限和利率下限两种金融工具结合使用。具体地说，购买一个利率上下限，是指在买进一个利率上限的同时，卖出一个利率下限，以收取的手续费来部分抵销需要支出的手续费，从而达到既防范利率风险又降低费用成本的目的。而卖出一个利率上下限，则是指在卖出一个利率上限的同时，买入一个利率下限。

利率期权为项目公司提供了一种规避利率风险的金融工具。与利率掉期相比，利率期权的优点在于，如果期权所有人认定执行该项交易对他不利，可以不必履行期权合约。这样利率期权既帮助了投资者避免利率上涨的风险，又在合适的价格条件下帮助投资者获得了利率下降的好处。由于项目融资的长期性特点，在项目融资中使用的多数是较为复杂的中期利率期权形式，时间常为3~10年。

(2) 外汇期权

外汇期权又称货币期权，是近年来兴起的一种交易方式。权利的买方有权在未来的一定时间内按约定的汇率向权利的卖方(如银行)买进或卖出约定数额的货币，同时权利的买方有权不执行上述买卖合约。

在对汇率变化趋势掌握不准的情况下，外汇期权既为项目公司提供了套期保值的方法，又为项目公司提供了从汇率变动中获利的机会，因此，采用外汇期权可以为项目公司风险管理提供较大的灵活性。

(3) 商品期权

商品期权和利率期权、货币期权的概念极为相似，根据项目对某一种商品市场的不同需求和依赖程度，项目公司可以通过购买期权或者卖出期权进行风险管理。

对于项目投资者来说，期权交易具有投资少、收益高、降低风险、保有权利的作用。购买者只需支付一笔期权权利金，就可取得买入或卖出商品的权利。一旦投资者预期与市场变化相一致，即可获得可观收益；如果与预期相反，则可放弃使用权利。在交易中，投资者的风险是固定的，却可能带来潜在收益。但需注意的是，购入期权需支付期权费，期权费通常较高，在项目融资中，需要对项目风险进行全面评估，在此基础上决定是否采用期权作为项目风险管理工具。

由于期权允许其持有人在管理不可预见风险的同时不增加任何新的风险，使得期权在项目融资风险管理中有着更大的灵活性，它避免了信用额度范围的约束(投资银行根据客户的信用程度给予客户的交易额度)，只要项目支付了期权费，就可以购买所需要的期权合约，从而也就获得了相应的风险管理能力，而不需要占用任何项目的信用额度，或者要求项目投资者提供任何形式的信用保证。从实际的项目来看，国际工程项目存在着许多不确定因素，从合同签订到实际付款日时间不一定很明确，延期支付时有发生，一般的远期合约有时无法应用，期权合约正好解决这一问题。

在我国，项目承包商需要以人民币买入美元等可自由兑换货币，并从其他国家购买设备或向总部汇回利润时，就可以买入外币“买权”合约。当市场汇价高于期权合约协定汇价时，承包商可以要求对方履约，即以较低的协议汇价买到外汇；而当市场汇价低于期权合约协定汇价时，承包商可以不履约，而在现汇市场上购买低价的外汇。

4) 掉期

掉期也称互换，是交易双方依据预先约定的协议，在未来确定期限内，相互交换的交易。在国际金融市场一体化背景下，掉期交易作为一种灵活、有效的避险和资产负债综合管理的衍生工具，越来越受到国际金融界的重视和广泛应用，交易形式也不断拓展。在项目融资中，掉期特指用项目的全部或部分现金流量交换与项目无关的另一组现金流量，经常使用的掉期有利率掉期、货币掉期和商品掉期三种形式。

(1) 利率掉期

利率掉期也称利率互换，就是两个主体之间签订一份协议，约定一方与另一方在规定时期内的一系列时点上按照事先敲定的规则交换一笔借款，本金相同，只不过一方提供浮动利率，另一方提供的则是固定利率。利率的大小也是按事先约定的规则进行，固定利率订约之时就可以知晓，而浮动利率通常要基于一些有权威性的国际金融市场上的浮动利率进行计算，如LIBOR(伦敦银行间同业拆借利率)，或SHIBOR(上海银行间同业拆放利率)，在其基础上再加上或减去一个值的方法可以确定当期的浮动利率。此时，投资银行常常充当中介，与不同人签订掉期协议，再来平衡。一般的利率掉期是在同一种货币之间进行，从而不涉及汇率风险因素，利率掉期可以规避利率风险。

国际资本市场上较早一次利率掉期发生在1982年7月，当时，德意志银行发行了3亿美元7年期的固定利率欧洲债券的同时，通过与另外3家银行达成的掉期协议，交换成以LIBOR为基准利率的浮动利率债务。这项交易使得双方能利用各自在不同金融市场上的相对优势获得利益，即德意志银行按低于LIBOR的利率支付浮动利息，而其他三家银行则通过德意志银行的较高的资信等级换得了优惠的固定利率债务。

在国际项目融资中，最经常使用的规避利率风险的方法就是利率掉期。由于大多数的项目长期贷款都采用的是浮动利率，使项目有关各方承担较大的利率波动风险，这时，通过浮动利率与固定利率的掉期，将部分或全部的浮动利率贷款转换为固定利率贷款，在一定程度上可以起到管理项目风险的作用。

(2) 货币掉期

货币掉期(又称货币互换)是指两笔金额相同、期限相同、计算利率方法相同，但货币不同的债务资金之间的调换，同时也进行不同利息额的货币调换。简单来说，利率掉期是相同货币债务间的调换，而货币掉期则是不同货币债务间的调换。货币掉期双方互换的是货币，它们之间各自的债权债务关系并没有改变。初次互换的汇率以协定的即期汇率计算。它主要是针对不同货币的债务进行互换的安排。货币掉期作为一项常用的债务保值工具，主要用来控制中长期汇率风险，把以一种外汇计价的债务或资产转换为以另一种外汇计价的债务或资产，达到规避汇率风险、降低融资成本的目的。

在项目融资中经常使用的货币掉期工具是交叉货币掉期，它的主要特点是在安排货币掉期的同时安排利率掉期，将两者的优点结合起来，降低项目的汇率和利率风险。这种融资风险管理工具对于采用类似出口信贷作为主要资金来源的项目融资结构尤其适用，也可以用来改变那些有几种不同的货币和利率的项目的资产负债结构。

(3) 商品掉期

商品掉期是在两个没有直接关系的商品生产者和用户之间(或者生产者与生产者之间以及用户与用户之间)的一种合约安排，通过这种安排，双方在一个规定的时间范围内针对一种给定的商品和数量，相互之间定期地用固定价格的付款来交换浮动价格的付款。商品掉期可以细分为固定价格及浮动价格的商品价格互换、商品价格与利率互换两类，而固定价格及浮动价格的商品价格互换最为常见。

一般参与商品市场的企业面对的风险中，商品价格波动风险是企业最为重要的风险之一。以能源市场为例，当能源价格下跌时，企业利润受到挤压，资金流动性受到冲击；当价格上涨时，一些国家和地区的政府会出面干涉，以保护消费者。商品掉期主要是用来有效管理企业所面临的价格波动风险。

在项目融资中，商品价格波动所引起的风险经常存在，通过采用把项目原材料或者能源供应的成本与项目最终产出品的市场价格挂钩的方法可以降低这类风险。商品掉期的交易过程和利率掉期相似，但由于商品掉期的发展历史较短，并且受到国际商品市场的流通性、价格机制等因素的制约，所以商品掉期没有像利率掉期那样得到广泛的应用。在商品掉期的期限安排上，一般商品掉期的期限基本上不能超过 5 年，只有极少数商品可以安排长期(最长期限为 10 年)的掉期。

综上，由于掉期交易是运用不同的交割期限来进行的，可以避免因时间不一造成的汇率变动风险，在国际贸易与国际投资中发挥了积极的作用。由于掉期属于场外交易，合约非标准化，因此可以根据参与者的个性化需求，灵活设置掉期合约条款，以进行具有针对性的风险管理。虽然掉期可以高度自主化设计，但涉及交易的双方都存在着信用风险和流动性风险。此外，掉期拥有一个金融衍生品普遍存在的问题，即掉期属于表外业务，难以监管。其实，从某种程度上说，掉期的产生很重要的一个原因是为了逃避金融监管。因此，在项目融资中，利用掉期这一金融衍生工具可以有效地降低项目风险，但掉期不利的一面，诸如可能附带大量的经纪费用、信用风险和利率风险等，在一定程度上限制了这些风险工具的使用。

8.5　项目融资担保

项目融资担保作为项目融资结构中的一个重要组成部分，是项目风险分担和管理的主要手段之一，是将风险分担的结果落实到书面上的行为。它包含信用担保和物权担保两大部分。

8.5.1　项目融资担保概述

在民法上，担保是指以确保债务或其他经济合同项下的履行或清偿为目的的保证行为。它是债务人对债权人提供履行债务的特殊保证，是保证债权实现的一种法律手段。按照各国法律，担保可以分为两大类：一类是物的担保，指债务人或担保人以自己的有形财产或权益财产，为履行债务设定的物权担保，如抵押权、质押权、留置权等；另一类是人的信用担保，即担保人以自己的资信向债权人保证对债务人履行债务承担责任，有担保(保证书)、安慰信等形式。

项目融资担保指借款方或第三方以自己的信用或资产向境内外债权人做出的还款保证，具体分为物权担保和信用担保，即前面提到的物和人的担保。

鉴于项目融资的最大特点是“无追索或有限追索”，因此，项目融资中的担保和一般商业贷款的担保有着明显的不同，不能混为一谈。项目融资的贷款方关注的重点是项目的成功与否，而不是项目的现有资产价值，因此，它们要求担保能够确保项目按期、按质完工，正常经营，获取足够的现金流量来收回贷款；而一般商业债权人要求担保人应有足够的资产弥补债务人不能按期还款时可能带来的损失。担保在项目融资中有特殊的作用。它能把项目融资的某些风险，转嫁给本来不想直接参与经营，或直接为项目提供资金的有关方。通常的情况是，第三方担保人如果愿意出力，帮助建成项目，但是不想在自己的资产负债表上有所反映的话，可以不贷款或出资，而以提供担保承担商业风险的方式为项目做出贡献。

8.5.2 项目融资担保人

项目融资担保人可以分为三种：项目投资者，与项目有利益关系的第三方和商业担保人。

1）项目投资者

项目的直接投资者(即项目主办人)作为担保人是项目融资结构中最主要和最常见的一种形式。

在多数项目融资结构中，项目投资者通过建立一个专门的项目公司来经营项目和安排融资。但是采用这样的安排时，由于项目公司在资金、经营历史等各方面不足以支持融资，在很多情况下贷款银行会要求债务人提供来自项目公司之外的担保作为附加的债权保证。因而，除非项目投资者可以提供其他的能够被贷款银行接受的担保人，项目投资者在大多数情况下必须自己提供一定的项目担保，如“项目完工担保”“无论提货与否均须付款协议”和“提货与付款协议”等。

如果项目投资者对项目公司提供的担保是直接担保(即直接担保项目公司的一部分债务)，则根据国际通行的会计准则，这种担保需要作为一种债务形式表现在资产负债表中，至少需要作为一种债务形式在资产负债表的注释中加以披露。然而，如果项目投资者所提供的担保以非直接的形式，或者以预防不可预见风险因素的形式出现，其担保就可以在项目投资者为项目公司所承担的财务责任上披上一件“正常商业交易”的外衣，对于项目投资者本身的资产负债表的影响就较小。这种对企业资产负债表结构影响的考虑，是在工业国家以及一切市场经济国家开展企业经营活动的一个很重要的特点。因为如果某一项目的债务并入总公司的资产负债表之后，造成该公司的资产负债结构恶化，就可能会导致一系列的问题，包括影响该公司的信用、该公司的筹资能力、该公司股票在证券市场上的价格，以及削弱该公司承受任何财务风险和金融风险的能力等。

运用项目投资者提供的非直接的和以预防不可预见因素为主体的项目担保，加上来自其他方面的担保，同样可以安排成为贷款银行所能接受的信用保证结构，这是项目融资的主要优点之一。

2）与项目有利益关系的第三方

在项目融资结构中，所谓利用第三方作为担保人，是指在项目的直接投资者之外寻找其他与项目开发有直接或间接利益关系的机构，为项目的建设或者项目的生产经营提供担保。由于这些机构的参与在不同程度上分担了项目的一部分风险，为项目融资设计一个强有力的信用保证结构创造了有利的条件，所以对项目的投资者具有很大的吸引力。

(1) 政府机构

政府机构作为担保人在项目融资中是极为普遍的。政府机构为项目提供担保多从发展本国(或本地)经济，促进就业，增加出口，改善基础设施建设，改善经济环境等目的出发。这种担保对于大型工程项目的建设十分重要，尤其是对于发展中国家的大型项目，政府的介入可以减少政治风险和经济政策风险(如外汇管制)，增强投资者的信心；而这类担保是从其他途径得不到的。特许经营 BOT 模式就是一个典型的例子，政府的特许经营协议是特许经营 BOT 模式中不可或缺的重要一环，如果没有政府以特许经营协议形式做出的担保，投资银行及其他融资机构如果想利用 BOT 模式组织起项目融资是根本不可能的。

政府作为项目融资担保人的另一个目的是避免政府的直接股份参与，这在工业国家中是较为普遍的现象。由于立法上的限制或出于政治上、经济上的考虑，有时这些国家的政府很难直接参与项目投资，因而为了促进项目的开发，政府多提供一些贷款、贷款担保或者长期购买项目产品协议等形式的担保，作为间接对项目的参与。

政府担保的好处显而易见，即能增强投资者的投资信心，保证项目顺利实施，缓解国内经济建设所需巨额资金的压力，用较少的建设资金和信贷就可以达到促进经济发展的目的。

但其带来的弊端也不容忽视。第一，政府在某个项目中提供了相关法律或管制的担保，但在某些情况下政府又必须对其加以改变，这就会限制自己在此领域颁布新法规、实施新管制的自由性，造成与国家根本利益相悖的局面。第二，政府过多的担保会削弱引入私人资本所产生的益处。项目融资中积极引入私人资本的作用，就在于私人资本可以更好地管理风险和控制成本，对市场需求的刺激有更灵敏的反应速度，经济效率较高等。若政府过多地为项目提供担保，如提供有关项目投资回报率的担保，则项目公司就会丧失降低项目成本和高效运营项目的动力，从而使项目成本远高于正常水平，这显然与引入私人资本的目的不符。第三，政府过多的担保会加大政府守信的成本，侵蚀国家财政的健康。

（2）与项目开发有直接利益关系的商业机构

这类商业机构作为担保人，其目的是通过为项目融资提供担保而换取自己的长期商业利益。这些利益包括：①获得项目的建设合同；②获得项目设备的供应、安装合同；③保证担保人自身产品的长期稳定市场（如果被担保项目是担保人自身产品的主要消费者）；④保证担保人自身可以获得长期稳定的原材料、能源供应（如果被担保项目的产品是担保人所需要的主要原材料或能源）；⑤保证担保人对项目设施的长期使用权（如被担保项目是码头、铁路等公用设施项目，虽然项目由其他机构所拥有，但是项目的建成投入使用对担保人至关重要）。

因此，能够提供这种第三方项目担保的商业机构可以归纳为以下三类：

工程承包公司。为了在激烈的竞争中获得大型工程项目的承包合同，在很多情况下工程承包公司愿意提供项目的完工担保（如“交钥匙”工程），有时甚至愿意为项目投资者提供一定的财务安排。例如在 PPP 投资模式中工程承包公司的作用。

项目设备或主要原材料的供应商。卖方信贷以及项目设备质量（运营）担保是项目设备供应商通常提供的担保形式。原材料供应商则主要以长期、稳定、价格优惠的供应协议作为对项目的支持。这种协议往往带有“无论提货与否均须付款”类型合同的性质，一般以“供货或付款”的形式出现。

项目产品（设施）的用户。与上一类相反，项目用户从保障项目市场的角度为项目融资提供一定的担保或财务支持。这种类型的例子很多，一般以长期合同或预付款的形式出现，多集中在能源、原材料工业和基础设施项目中。

（3）世界银行、地区开发银行等国际性金融机构

这类机构虽然与项目的开发并没有直接的利益关系，但是为了促进发展中国家的经济建设，对于一些重要的项目，有时可以寻求到这类机构的贷款担保。这类机构在项目中的

参与同样可以起到政府机构的作用，减少项目的政治、商业风险，增强商业银行对项目融资的信心。

3）商业担保人

商业担保人与以上两种担保人在性质上是不一样的。商业担保人以提供担保作为一种盈利的手段，承担项目的风险并收取担保服务费用。商业担保人通过分散化经营降低自己的风险。银行、保险公司和其他的一些专营商业担保的金融机构是主要的商业担保人。

商业担保人提供的担保服务有以下两种基本类型。

第一种类型是担保项目投资者在项目中或项目融资中所必须承担的义务。这类担保人一般为商业银行、投资公司和一些专业化的金融机构，所提供的担保一般为银行信用证或银行担保。

第二种类型是为了防止项目意外事件的发生。这类担保人一般为各种类型的保险公司。项目保险是项目融资文件中不可缺少的一项内容。保险公司提供的项目保险包括广泛的内容，除项目资产保险外，项目的政治风险保险在有些国家也是不可缺少的。项目保险在性质上等同于其他类型的担保。

8.5.3 项目融资担保形式

1）信用担保

项目融资中的信用担保又称人的担保，是当事人之间的一种合同关系。其主要作用是，由担保人为某一项目参与方向债权人提供担保，当该项目参与方无法履行合同义务时，由担保人负责代其履行义务或承担赔偿责任。在信用担保中，担保人的信用是至关重要的，往往是债权人决定是否给予贷款所要考虑的关键性因素。

在项目融资中，担保人通常是法人，包括债务人以外的其他企业、商业银行、政府、官方信贷机构等。

(1) 完工担保

完工担保是一种有限责任的直接担保形式。完工担保所针对的项目完工风险包括：由于工程或技术上的原因造成的项目拖期或成本超支；由于外部纠纷或其他外部因素造成的项目拖期或成本超支；由于上述任何原因造成的项目停建以致最终放弃。

由于在项目的建设期和试产期，贷款银行所承受的风险最大，项目能否按期建成投产并按照其设计指标进行生产经营是以项目现金流量为融资基础的项目融资的核心，因此，项目完工担保就成为项目融资结构中一个最主要的担保条件。

大多数的项目完工担保属于仅仅在时间上有所限制的担保形式，即在一定的时间范围内(通常在项目的建设期和试生产或试运行期间)，项目完工担保人对贷款银行承担着全面追索的经济责任，在这一期间，项目完工担保人需要尽一切方法去促使项目达到“商业完工”的标准并支付所有的成本超支费用。

由于完工担保的直接财务责任在项目达到“商业完工”标准后就立即终止，项目融资结构也从“完全追索”转变成为“有限追索”性质，贷款银行此后只能单纯(或绝大部分)地依赖于项目的经营，或者依赖于项目的经营加上“无货亦付款”等类型的有限信用保证支持来满足债务偿还的要求，所以对于项目“商业完工”的标准及检验是相当具体和严格的。这其中包括了对生产成本的要求、对原材料消耗水平的要求、对生产效率的要求以及对产品质量和产品产出量的要求。无论哪项指标不符合在融资文件中所规定的指标要求，都会被认为是没有达到项目完工担保的条件，项目完工担保的责任也就不能解除，除非贷款银行同意重新制定或放弃部分"商业完工"标准。

项目完工担保的提供者主要由两类公司组成：一类是项目的投资者；另一类是承建项目的工程承包公司及金融保险机构。

第一类是由项目的投资者作为完工担保人。由直接投资者作为项目完工担保人是最常用，也是最容易被贷款银行所接受的方式。因为项目的投资者不仅是项目的最终受益人，而且由于股本资金的投入使其对项目的建设和运行成功与否有着最直接的经济利益关系，所以如果项目的投资者作为担保人，就会想方设法使项目按照预定的计划完成，同时由项目投资者作为完工担保人也可以增加贷款银行对项目前途的信心。

第二类是由工程承包公司及金融保险机构相结合作为完工担保人。由工程承包公司以及其背后的金融保险机构提供的项目完工担保，是包括在工程承包合同中的一项附加条件，通过这种担保条件的引入可以减少项目投资者所需承担的完工担保责任。

当项目是由具有较高资信和管理经验丰富的工程承包公司承建时，特别是对于技术比较成熟的资源性、能源性和基础设施性工程项目，可以增加贷款银行对项目完工的信心，从而减少投资者在完工担保方面所需承担的压力。

然而，在大多数项目融资中，投资者是不可能彻底摆脱其完工担保责任的，但是可以通过在工程合同中引入若干种完工担保条件转移一部分完工风险给工程承包公司，起到对项目投资者一定的保护作用。这些做法包括：投标押金、履约担保；留置资金担保；预付款担保；项目运行担保。

上述各种担保形式一般是由工程承包公司背后的金融保险机构作为担保人提供的，其目的是保证工程承包公司有足够实力按期完成项目的建设工程，并确保一旦工程承包公司无法继续执行其合同时，根据担保受益人(项目投资者或项目融资中的贷款银行)的要求，由担保人无条件地按照合同规定向受益人支付一定的资金补偿。这种完工担保经常以银行或其他金融机构的无条件信用证形式出现。这种担保与项目投资者的完工担保的区别是：投资者的完工担保要求尽全力去执行融资协议，实现项目完工；而工程承包公司的完工担保只是在工程合同违约时，支付工程合同款项的一部分(通常是5%~30%。在美国，由保险公司提供的工程履约担保有时可以达到100%的合同金额)给予担保受益人。因此，这种担保只能作为项目投资者完工担保的补充，并且和投资者提供的担保一样，其担保信用在很大程度上依赖于提供担保人的资信状况。

(2)"无论提货与否均须付款"协议和"提货与付款"协议

"无论提货与否均须付款"协议和"提货与付款"协议是两类既有共性又有区别，并且是国际项目融资所特有的项目担保形式。"无论提货与否均须付款"协议和"提货与付款"协议，是项目融资结构中的项目产品(或服务)的长期市场销售合约的统称。这类合约形式几乎在所有类型的项目融资中都得到广泛的应用，从各种各样的工业项目，如煤矿、有色金属矿、铁矿、各种金属冶炼厂、石油化工联合企业、造纸和纸浆项目，一直到公用设施和基础设施项目，如海运码头、石油运输管道、铁路集散中心、火力发电厂等，因而在某种意义上已经成为项目融资结构中不可缺少的一个组成部分。同时，这类合约形式在一些项目融资结构中也被用于处理项目公司与其主要原材料、能源供应商之间的关系。“无论提货与否均须付款”协议和“提货与付款”协议在法律上体现的是项目买方与卖方之间的商业合同关系，尽管实质上是由项目买方对项目融资提供的一种担保，但是这类协议仍被视作商业合约，因而是一种间接担保形式。

“无论提货与否均须付款”协议和“提货与付款”协议在不同类型的项目中都得到了广泛的应用，协议双方根据项目的性质以及双方在项目中的地位，而采用各具特色的合同形式。

① “无论提货与否均须付款”协议和“提货与付款”协议。在生产型项目中，由于项目产品为有形产品，因此所签订的产品购买合同称为“无论提货与否均须付款”协议或“提货与付款”协议。

② 运输量协议。当被融资项目是生产服务型项目，如输油管道时，则提供长期运输服务的“无论提货与否均须付款”协议被称为运输量协议。运输量协议有许多种形式，但基本原则是一致的，即如果使用这种合同作为生产服务设施(输油管道)的项目融资担保，则这种服务的付款义务是无条件的，被贷款银行视为一种有保证的收入来源，而不管这种服务是否能够被使用和实际上是否被使用了。运输量协议也有“提货与付款”类型，其区别是只要生产服务性设施是可以使用的，项目服务的使用者就必须支付预定使用费，而不管是否真正使用了。不同性质项目的服务使用协议名称不尽相同，在有些项目中，这种协议也被称为委托加工协议或服务成本收费等。

③ “提货与付款”协议。一些项目需要具有长期稳定的能源、原材料供应，以保证其生产连续运行。根据“提货与付款”协议，项目所需能源、原材料的供应者承担着按照合同向项目定期提供产品的责任；如果不能履行责任，就需要向项目公司支付该公司从其他来源购买所需能源或原材料的价格差额。这类合同比较少见，只有在一家企业十分希望为产品开发长期稳定的下游市场情况时才会同意签订此类协议。

(3) 资金缺额担保

资金缺额担保，有时也称现金流量缺额担保，是一种在担保金额上有所限制的直接担保，主要作为一种支持已进入正常生产阶段的项目融资结构的有限担保。从贷款银行的角度，设计这种担保的基本目的有两个：第一个目的是保证项目具有正常运行所必需的最低现金流量，即至少具有支付和偿付到期债务的能力；第二个目的是在项目投资者出现违约的情况下，或者在项目重组及出售项目资产时保护贷款银行的利益，保证债务的回收。

① 以保证项目正常运行为出发点的资金缺额担保

维持一个项目正常运行所需要的资金包括三个方面：日常生产经营性开支；必要的大修、更新改造等资本性开支；如果项目资金构成中有贷款部分，还需要考虑到期债务利息和本金的偿还。

为了保证项目不至于因资金短缺而造成停工和违约，贷款银行往往要求项目投资者以某种形式承诺一定的资金责任，以保证项目的正常运行，从而使项目可以按照预定计划偿还全部银行贷款。

由项目投资者在指定的银行中存入一笔预先确定的资金作为担保存款，或者由指定银行开出一张备用信用证，是资金缺额担保的一种形式。这种担保形式在为新建项目安排融资时比较常见。对于一个新建项目，虽然从融资的角度，该项目可能已通过“商业完工”标准的检验，但是并不能保证在其生产经营阶段百分之百的成功，尤其是由于新建项目没有经营历史也没有相应资金积累，抗意外风险的能力比经营多年的项目要脆弱得多，因而贷款银行多会要求由项目投资者提供一个固定金额的资金缺额担保，作为有限追索融资结构中信用保证结构的一个组成部分。这种担保存款或备用信用证金额在项目投资中没有一个统一的标准，一般取为该项目年正常运行费用总额的25%~75%，其数额主要取决于贷款银行对项目风险的识别和判断。在一定年限内，投资者不能撤销或将担保存款和备用担保信用证额度挪作他用，担保存款或备用信用证额度通常随着利息的增加而增加，直到一个规定的额度。当项目在某一时期现金流量出现不足以支付生产成本、资本开支或者偿还到期债务时，贷款银行及其他融资机构就可以从担保存款或备用信用证额度中提取资金。

② 以降低贷款银行损失为出发点的资金缺额担保

项目的投资者和开发者对不同类型项目的开发战略有明显的区别。例如，对于大型基础设施项目和资源性项目，投资者着眼点往往放在项目的长期经营上，并着重于投资的长期收益；然而，对于房地产项目，投资者则往往着眼于选择好的时机将项目出售并赚取高额利润。因此，贷款银行在考虑后一类型项目的融资时，要求项目投资者提供资金缺额担保的侧重点是放在项目出售、重组或项目出现违约情况下如何保护债权人利益的方面。

债权人在项目出售、重组或违约拍卖情况下出现的损失有三种可能性：项目资产处理费用损失；资产处理费用加上利息损失；前两种损失再加上贷款本金损失。针对这些情况，资金缺额担保要求项目投资者在进入项目融资结构时除投入相应的股本资金外，还需承担一定的未来项目资产价值波动风险。这种类型担保通常有一个上限，或者按贷款原始总额的百分比确定(惯例为20%~50%)，或者按预期项目资产价值的百分比确定。例如，一个房地产开发项目的总造价为1000万美元，采用90%的有限追索项目融资，由投资者提供占贷款额25%的资金缺额担保，即225万美元担保上限。若干年后，债务降为750万美元。由于某种原因投资者必须出售项目，如果净收入为650万美元，则贷款银行须动用100万美元的担保金；如果净收入为550万美元，则贷款银行须动用200万美元的担保金；如果项目净收入低于525万美元，则贷款银行须承担一定的项目亏损。

(4) 安慰信

安慰信一般是指由项目主办方或政府写给债权人，对贷款人发放给项目公司的贷款表示支持的信。它通常是在担保人不愿接受法律约束的情况下所采用的一种担保形式。它对债权人表示的支持一般体现在以下三个方面：

① 经营支持。担保人声明在其权利范围内将“尽一切努力保证按照有关政策支持项目公司的正常经营”。

② 不剥夺资产。政府保证不会没收项目资产或将项目国有化。

③ 提供资金。担保人同意向项目公司提供一切必要手段使其履行经济责任。例如，母公司愿意在其子公司遇到财务困难时提供帮助等。

安慰信最显著的特征是其条款一般不具有法律约束力，而只有道义上的约束力；即使明确规定了法律效力，安慰信也会由于条款的弹性过大而不能产生实质性的权利义务。然而，由于关系到担保人自身的资信，违反安慰信虽然不引起法律责任，但会影响到担保人今后的业务，故资信良好的担保人一般不会违背自己在安慰信中的诺言。因此，贷款方愿意接受担保人出具的这类安慰信。

我国的中央政府部门或地方政府部门往往为大型项目融资向贷款方出具安慰信，一方面是向贷款方提供信誉担保；另一方面可为项目的进展创造良好的支持环境。这种做法对于我国的这些项目尤其重要。

2）物权担保

项目融资的物权担保是指项目公司或第三方以自身资产为履行贷款债务提供担保。

国内信贷活动虽然广泛使用物权担保，但在项目融资这种国际融资活动中，却较少使用物权担保，作用也不明显。这是因为贷款方不易控制跨国担保物，而更重要的是因为项目融资追索权有限。项目公司自身的资产一般不能使贷款方放心，贷款方看重的是项目本身，而非项目公司目前的资产。

虽然物权担保对于借款方没有特别大的压力，但是它仍然能够约束项目有关参与方认真履行合同，保证项目顺利建成和运营。此外，在项目融资中，借款方以项目资产做担保，使贷款方能够控制项目的经营，进而顺利地收回贷款。

按担保标的物的性质，项目融资物权担保可分为不动产物权担保和动产物权担保。

（1）不动产物权担保

不动产是指土地、建筑物等难以移动的财产。在项目融资中，项目公司一般以项目资产作为不动产担保，但其不动产仅限于项目公司的不动产范围内，而不包括或仅包括很少部分项目发起方的不动产。在一般情况下，如果借款方违约或者项目失败，贷款方往往接管项目公司，或者重新经营，或者拍卖项目资产，弥补其贷款损失。但这种弥补对于大额的贷款来说，往往是微不足道的。因为项目的失败往往导致项目资产，特别是不动产本身价值的下降，难以弥补最初的贷款额。例如管道项目，如果管道流量很少，那么管道设施本身只是一堆废铁。

（2）动产物权担保

动产物权担保是指借款方（一般为项目公司）以自己或第三方的动产作为履约的保证。动产可以分为有形和无形动产两种：前者如船舶、设备、商品等；后者如合同、特许权、股份和其他证券、应收账、保险单、银行账户等。由于处理动产物权担保在技术上比不动产物权担保方便，故在项目融资中使用较多。

在项目融资中，无形动产担保的意义更大些。一方面有形动产的价值往往因为项目的失败而价值大减；另一方面也因为有形动产涉及多个项目参与方，其权力具有可追溯性，而且这种追溯是有合同等文件作为书面保证的。

8.5.4 中央企业融资担保管理

为进一步加强中央企业融资担保管理，防范重大资金损失风险，促进企业高质量发展，2021 年 11 月 19 日，国务院国资委印发了《关于加强中央企业融资担保管理工作的通知》（国资发财评规〔2021〕75 号）（以下简称《通知》）。

1）《通知》的具体内容

（1）完善融资担保管理制度。融资担保主要包括中央企业为纳入合并范围内的子企业和未纳入合并范围的参股企业借款和发行债券、基金产品、信托产品、资产管理计划等融资行为提供的各种形式担保，如一般保证、连带责任保证、抵押、质押等，也包括出具有担保效力的共同借款合同、差额补足承诺、安慰承诺等支持性函件的隐性担保，不包括中央企业主业含担保的金融子企业开展的担保以及房地产企业为购房人按揭贷款提供的阶段性担保。中央企业应当制定和完善集团统一的融资担保管理制度，明确集团本部及各级子企业融资担保权限和限额、融资担保费率水平，落实管理部门和管理责任，规范内部审批程序，细化审核流程。制定和修订融资担保管理制度需经集团董事会审批。加强融资担保领域的合规管理，确保相关管理制度和业务行为符合法律法规和司法解释规定。

(2) 加强融资担保预算管理。中央企业开展融资担保业务应当坚持量力而行、权责对等、风险可控原则。将年度融资担保计划纳入预算管理体系，包括担保人、担保金额、被担保人及其经营状况、担保方式、担保费率、违规担保清理计划等关键要素，提交集团董事会或其授权决策主体审议决定。担保关键要素发生重大变化或追加担保预算，需重新履行预算审批程序。

(3) 严格限制融资担保对象。中央企业严禁对集团外无股权关系的企业提供任何形式担保。原则上只能对具备持续经营能力和偿债能力的子企业或参股企业提供融资担保。不得对进入重组或破产清算程序、资不抵债、连续三年及以上亏损且经营净现金流量为负等不具备持续经营能力的子企业或参股企业提供担保，不得对金融子企业提供担保，集团内无直接股权关系的子企业之间不得互保，以上三种情况确因客观情况需要提供担保且风险可控的，需经集团董事会审批。中央企业控股上市公司开展融资担保业务应符合《中华人民共和国证券法》和证券监管等相关规定。

(4) 严格控制融资担保规模。中央企业应当转变子企业过度依赖集团担保融资的观念，鼓励拥有较好资信评级的子企业按照市场化方式独立融资。根据自身财务承受能力合理确定融资担保规模，原则上总融资担保规模不得超过集团合并净资产的40%，单户子企业(含集团本部)融资担保额不得超过本企业净资产的50%，纳入国资委年度债务风险管控范围的企业总融资担保规模不得比上年增加。

(5) 严格控制超股比融资担保。中央企业应当严格按照持股比例对子企业和参股企业提供担保。严禁对参股企业超股比担保。对子企业确需超股比担保的，需报集团董事会审批，同时，对超股比担保额应由小股东或第三方通过抵押、质押等方式提供足额且有变现价值的反担保。对所控股上市公司、少数股东含有员工持股计划或股权基金的企业提供超股比担保且无法取得反担保的，经集团董事会审批后，在符合融资担保监管等相关规定的前提下，采取向被担保人依据代偿风险程度收取合理担保费用等方式防范代偿风险。

(6) 严格防范代偿风险。中央企业应当将融资担保业务纳入内控体系，建立融资担保业务台账，实行定期盘点并对融资担保业务进行分类分析和风险识别，重点关注被担保人整体资信状况变化情况、融资款项使用情况、用款项目进展情况、还款计划及资金筹集情况，对发现有代偿风险的担保业务及时采取资产保全等应对措施，最大限度减少损失。

(7) 及时报告融资担保管理情况。中央企业应当随年度预算、决算报送融资担保预算及执行情况，应当按季度向国资委报送融资担保监测数据，融资担保余额按照实际提供担保的融资余额填报，应当如实填报对参股企业的超股比担保金额和对集团外无股权关系企业的担保金额，不得瞒报漏报。中央企业应当加强融资担保信息化建设应用，并做好与国资国企在线监管系统的融合。

（8）严格追究违规融资担保责任。中央企业应当对集团内违规融资担保问题开展全面排查，对集团外无股权关系企业和对参股企业超股比的违规担保事项，以及融资担保规模占比超过规定比例的应当限期整改，力争两年内整改50%，原则上三年内全部完成整改。对因划出集团或股权处置形成的无股权关系的担保、对参股企业超股比担保，应当在两年内清理完毕。融资担保应当作为企业内部审计、巡视巡查的重点，因违规融资担保造成国有资产损失或其他严重不良后果的，应当按照有关规定对相关责任人严肃追究责任。

2）《通知》的主要特点和内容

（1）管控范围更加“全”。《通知》明确管控范围包括所有融资担保，不仅包括为企业融资行为提供的各种形式担保，同时也包括具有担保效力的隐性担保。

（2）管控要求更加“严”。一方面，基于同股同权、控制风险原则，对中央企业融资担保实行“两禁两控”：严禁对集团外无股权关系企业担保，严禁对参股企业超股比担保，严控对高风险子企业担保，严控对子企业超股比担保。另一方面，严格限制担保规模。参考目前中央企业担保规模占净资产的平均比重、上市公司担保管理规定等，明确中央企业总担保规模不超过集团合并净资产的40%，单户子企业（含本部）担保额不能超过本企业净资产的50%。

（3）管控方式更加“实”。考虑企业担保属于重大风险事项，公司法等规定担保必须由董事会或股东大会决议，因此，《通知》从中央企业实际管理出发，要求担保预算由集团董事会或其授权决策主体审批以提高效率，但企业担保制度和特殊担保事项仍由集团董事会审批，充分发挥董事会的风险把关作用。

（4）整改要求更加“细”。明确对企业新开展违规融资担保行为进行严肃追责，要求企业对存量违规融资担保业务限期整改，力争两年内整改50%，原则上三年内全部完成整改。

3）《通知》的注意要点

（1）关于管控对象。《通知》的管控对象不仅包括中央企业集团本部，还包括中央企业所属各级子企业。

（2）关于隐性担保。企业提供共同借款合同、差额补足承诺、安慰函、支持函等函件是否具有担保效力，需要企业法律部门根据具体条款进行判定，具有担保效力的则属于隐性担保。

（3）关于对金融子企业担保管理要求。如确因客观情况需要对金融子企业提供担保，需经中央企业集团董事会审批，金融子企业范围参考中央企业每年度向国务院国资委报送的金融子企业决算报表库里的企业名单。

（4）关于集团内子企业之间担保管理要求。集团内无直接股权关系的子企业之间不得互保，如确因客观情况需要提供担保的，需经中央企业集团董事会审批，其中子企业对母公司提供担保适用此条规定。

参 考 文 献

[1]《关于加强中央企业融资担保管理工作的通知》(国资发财评规〔2021〕75号).

[2] 蔡伟程. 国际工程项目融资风险管理研究[D]. 南京：东南大学，2020.

[3] 陈晓莉. 投资项目评估[M]. 重庆：重庆大学出版社，2017.

[4] 程咏春. 贵都高速公路BOT项目财务风险管理研究[D]. 长沙：长沙理工大学，2014.

[5] 戴大双. 项目融资/PPP(第三版)[M]. 北京：机械工业出版社，2018.

[6] 董倩. 中小企业集群产业投资基金融资模式研究[D]. 金华：浙江师范大学，2014.

[7] 方磊. 项目投资评估与管理(第二版)[M]. 成都：西南财经大学出版社，2022.

[8] 冯斌. 浅析《项目融资业务指引》的几个关键点[J]. 河北金融，2009(9)：39-40+72.

[9] 甘霖. 浅析工程项目投融资[J]. 商业文化(上半月)，2011(8)：36.

[10] 简迎辉. 工程项目管理——融资理论与方法[M]. 北京：中国水利水电出版社，2014.

[11] 蒋红芸，康玲. 财务管理[M]. 北京：人民邮电出版社，2015.

[12] 蒋先玲. 项目融资(第三版)[M]. 北京：中国金融出版社，2008.

[13] 孔祥庚. 湖南华强公司变频卧式涡旋压缩机项目投资决策研究[D]. 长沙：湖南大学，2012.

[14] 李航. 关于解决国有企业控股不控权问题必要性的探讨[Z/OL]. https://zhuanlan.zhihu.com/p/627447868.

[15] 李西盈. 城市地下轨道交通项目融资模式选择研究[D]. 济南：山东建筑大学，2022.

[16] 李忠峰. 规范专项债 助力稳投资[N]. 中国财经报，2021-11-13(1).

[17] 刘尔思. 项目投融资理论与创新[M]. 昆明：云南科技出版社，2010.

[18] 刘红霞，申铖. 用改革的方法开大开好地方政府规范举债融资"前门"——六部门相关负责人解读两办地方专项债新规[Z/OL]. http://yss.mof.gov.cn/zhuantilanmu/dfzgl/xwbd/201906/t20190613_3276778.htm.

[19] 刘晶晶. 基础设施项目BLT模式运行机制设计优化研究[D]. 天津：天津理工大学，2014.

[20] 刘亚臣，包红霏. 工程项目融资[M]. 北京：机械工业出版社，2017.

[21] 刘亚臣. 项目融资[M]. 北京：化学工业出版社，2017.

[22] 雒立轩，刘国田. 中资基建企业参与拉美基础设施投资问题研究——以PPP模式为例[J]. 工程建设与设计，2021(8)：156-158.

[23] 吕志鹏. 高速公路PPP项目投资方风险评价与对策[J]. 工程建设与设计，2019(7)：311-313.

[24] 乔玉洋. 财务管理学：理论·案例·模型[M]. 南京：东南大学出版社，2017.

[25] 宋程. REITs在基础设施PPP项目中的应用初探[J]. 工程建设与设计，2020(6)：227-228.

[26] 孙玉梅. 工程项目融资[M]. 成都：西南交通大学出版社，2016.

[27] 王广斌，安玉侠. 项目融资[M]. 上海：同济大学出版社，2016.

[28] 王虹，徐玖平. 项目融资管理(第二版)[M]. 北京：经济管理出版社，2012.

[29] 王建村. 昌乐县"书香门第"住宅小区建设项目投资风险管理研究[D]. 青岛：中国海洋大学，2012.

[30] 王金龙. A公司扩建项目投资效益分析与投资风险控制[D]. 长春：吉林大学，2016.

[31] 吴亚平. 40年投融资体制改革的基本经验[J]. 宏观经济管理，2019(2)：24-28+42.

[32] 鄢红英，徐银光，李艳. 旅游轨道交通投融资模式探讨[J]. 工程建设与设计，2020(13)：208-210.

[33] 严军. 工程建设项目风险管理研究和实例分析[D]. 上海：上海交通大学，2008.

[34] 杨世芳. PPP产业基金投资风险评价研究[D]. 郑州：郑州大学，2018.

[35] 余利. PPP项目投资测算与财务指标运用分析[J]. 工程建设与设计，2021(5)：168-171.

[36] 袁从法. 关于工程项目投融资模式分析的报告[J]. 时代金融，2019(15)：112-113.

[37] 张冲. 投融资工程项目建设管理策划重点探析[J]. 安徽建筑，2022(9)：179-180.

[38] 张春玲．现代煤化工项目融资风险研究[D]．北京：对外经济贸易大学，2020.
[39] 张慧．项目融资模式选择关键因素探讨[J]．科技视界，2012(27)：457-458.
[40] 赵辉．基础设施项目融资模式及其选择研究[M]．天津：南开大学出版社，2014.
[41] 郑立群．工程项目投资与融资(第二版)[M]．上海：复旦大学出版社，2011.
[42] 郑宪强．工程项目融资[M]．武汉：华中科技大学出版社，2020.
[43] 中华人民共和国国家发展和改革委员会高技术司．“十四五”新型基础设施建设解读稿之九：新型基础设施建设呼唤新型投融资体系[Z/OL]．https://www.ndrc.gov.cn/fzggw/jgsj/gjss/sjdt/202111/t20211129_1305575.html.

后　记

伴随着我国经济的高速发展，国内基础设施建设资金投入的不断加大，为工程项目建立、规模扩大提供了良好的先决条件，与此同时，巨大的资金需求问题也随之被提出。工程项目投融资一经出现就受到了社会各界的关注。工程项目投融资解决了建筑企业在以往投融资过程中受到的限制和困难，从而为工程项目立项决策、施工建设打下了坚实的基础。此外，这种新型的融资模式也为国家建设提供了新的投融资途径，减轻了政府部门和建筑企业的资金压力。

当下，国内建筑工程行业持续发展，各种工程项目大量出现，对外开放力度逐渐增大，引入了不同的新型投融资方式及其管理理念，为国内建筑工程行业的发展创造了更加有利的外部环境。同时，国内在新兴投融资模式选择、风险管理等方面的经验相对不足，需要业内人士在持续不断的实践过程中进行积极探索，以便在发挥新型投融资工程项目建设管理方式优势之余，有效地规避其中潜在的各种风险。企业也需要按照自身情况以及工程项目的具体特点，选择恰当的投融资方式，做好风险评估与管理工作，保证资金安全，从而保障工程项目有序开展。